单墫 主编

数学奥林匹克
命题人讲座

解析几何

黄利兵 陆洪文 著

上海科技教育出版社

图书在版编目(CIP)数据

解析几何/黄利兵,陆洪文著. —上海:上海科技教育出版社,2010.9(2024.7重印)
(数学奥林匹克命题人讲座)
ISBN 978-7-5428-5039-3

Ⅰ.①解… Ⅱ.①黄… ②陆… Ⅲ.解析几何—高中—教学参考资料 Ⅳ.G634.653

中国版本图书馆CIP数据核字(2010)第123368号

责任编辑:卢　源
封面设计:童郁喜

* 数学奥林匹克命题人讲座 *

解析几何

单　壿　主编

黄利兵　陆洪文　著

上海科技教育出版社有限公司出版发行
(上海市闵行区号景路159弄A座8楼　邮政编码201101)
www.ewen.co　www.sste.com
全国新华书店经销　上海颛辉印刷厂有限公司印刷
开本890×1240　1/32　印张8.375　字数217000
2010年9月第1版　2024年7月第15次印刷
ISBN 978-7-5428-5039-3/O·677
定价:32.00元

丛书序

读书,是天下第一件好事。

书,是老师。他循循善诱,传授许多新鲜知识,使你的眼界与思路大开。

书,是朋友。他与你切磋琢磨,研讨问题,交流心得,使你的见识与能力大增。

书的作用太大了!

这里举一个例子:常庚哲先生的《抽屉原则及其他》(上海教育出版社,1980年)问世后,很快地,连小学生都知道了什么是抽屉原则。而在此以前,几乎无人知道这一名词。

读书,当然要读好书。

常常有人问我:哪些奥数书好?希望我能推荐几本。

我看过的书不多。最熟悉的是上海的出版社出过的几十本小册子。可惜现在已经成为珍本,很难见到。幸而上海科技教育出版社即将推出一套"数学奥林匹克命题人讲座"丛书,帮我回答了这个问题。

这套丛书的书名与作者初定如下:

黄利兵	陆洪文	《解析几何》
王伟叶	熊 斌	《函数迭代与函数方程》
陈 计	季潮丞	《代数不等式》
田廷彦		《圆》
冯志刚		《初等数论》
单 墫		《集合与对应》《数列与数学归纳法》
刘培杰	张永芹	《组合问题》
任 韩		《图论》
田廷彦		《组合几何》

| 唐立华 | 《向量与立体几何》 |
| 杨德胜 | 《三角函数·复数》 |

显然,作者队伍非常之强。老辈如陆洪文先生是博士生导师,不仅在代数数论等领域的研究上取得了卓越的成绩,而且十分关心数学竞赛。中年如陈计先生于不等式,是国内公认的首屈一指的专家。其他各位也都是当下国内数学奥林匹克的领军人物。如熊斌、冯志刚是2008年IMO中国国家队的正副领队、中国数学奥林匹克委员会委员。他们为我国数学奥林匹克做出了重大的贡献,培养了很多的人才。2008年9月14日,"国际数学奥林匹克研究中心"在华东师范大学挂牌成立,担任这个研究中心主任的正是多届IMO中国国家队领队、华东师范大学数学系教授熊斌。

这些作者有一个共同的特点:他们都为数学竞赛命过题。

命题人写书,富于原创性。有许多新的构想、新的问题、新的解法、新的探讨。新,是这套丛书的一大亮点。读者一定会从这套丛书中学到很多新的知识,产生很多新的想法。

新,会不会造成深、难呢?

这套书当然会有一定的深度,一定的难度。但作者是命题人,充分了解问题的背景(如刘培杰先生就曾专门研究过一些问题的背景),写来能够深入浅出,"百炼钢化为绕指柔"。另一方面,倘若一本书十分浮浅,一点难度没有,那也就失去了阅读的价值。

读书,难免遇到困难。遇到困难,不能放弃。要顶得住,坚持下去,锲而不舍。这样,你不但读懂了一本好书,而且也学会了读书,享受到读书的乐趣。

书的作者,当然要努力将书写好。但任何事情都难以做到完美无缺。经典著作尚且偶有疏漏,富于原创的书更难免有考虑不足的地方。从某种意义上说,这种不足毋宁说是一种优点:它给读者留下了思考、想象、驰骋的空间。

如果你在阅读中,能够想到一些新的问题或新的解法,能够发现书中的不足或改进书中的结果,那就是古人所说的"读书得间",值得祝贺!

我们欢迎各位读者对这套丛书提出建议与批评。

感谢上海科技教育出版社,特别是编辑卢源先生,策划组织编写了这套书。卢编辑认真把关,使书中的错误减至最少,又在书中设置了一些栏目,使这套书增色很多。

单 墫
2008 年 10 月

目录

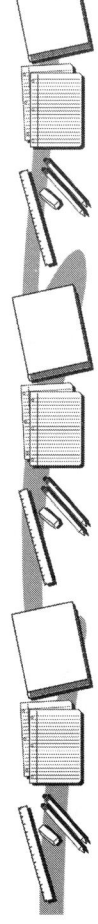

前言 / 1

第一讲 直线与圆 / 1

§1.1 直线 / 1
§1.2 圆的方程 / 22

第二讲 圆锥曲线 / 40

§2.1 椭圆 / 40
§2.2 双曲线 / 54
§2.3 抛物线 / 78
§2.4 圆锥曲线的综合问题 / 93

第三讲 射影变换 / 114

§3.1 直线间的射影对应 / 115
§3.2 圆锥曲线上的交比 / 125
§3.3 极点和极线 / 134

第四讲 仿射性质和度量性质 / 142

§4.1 直径和共轭方向 / 143
§4.2 焦点和准线 / 153
§4.3 仿射对应 / 161

第五讲 三线坐标系 / 170

§5.1 点和直线的坐标 / 171

§5.2 圆锥曲线 / 181

§5.3 三角形的几何 / 189

第六讲 复数方法 / 198

§6.1 直线和圆 / 199

§6.2 外心和垂心 / 206

§6.3 垂极点 / 214

参考答案及提示 / 221

前　言

　　解析几何,又称坐标几何,其主要特征是通过建立坐标系,利用代数或分析的手段来研究几何。它是许多现代数学分支如代数几何、微分几何等的基础。在高中数学中,它也是不可或缺的重要部分。

　　有人认为,高中数学所触及的解析几何内容虽不少,仍比较浅显;即使在奥林匹克数学中,解析几何似乎也仅仅是一试的内容。如此认识解析几何是完全错误的。解析几何并非一味地死算,而是含有丰富的技巧和思想。理解这些技巧和思想,对于进入 CMO 以及今后进一步的学习都大有裨益。

　　解析几何的历史可追溯至两千多年前的阿波罗尼乌斯(Apollonius),但将它的建立归功于笛卡儿(R. Descartes),已是目前的定论。事实上,与笛卡儿同时代的棣莫弗(A. de Moivre)对此也有重大贡献(注:我们在中学教科书中看到的棣莫弗公式就出自此人之手)。

　　中学阶段解析几何的一个重要篇章是圆锥曲线。这个主题,无论是古希腊时代还是在射影几何兴旺发达的 19 世纪,都是异常丰富多彩的一页。在 19 世纪早期活跃的几何学家沙勒(M. Chasles)、彭赛列(J-V. Poncelet)和施泰纳(J. Steiner)等,对于圆锥曲线都有独到的研究,各自留下了以他们的名字命名的许多定理。本书将为读者展现这些定理中的沧海一粟。

　　本书第一、二讲介绍了解析几何的基本内容,在高中知识(直线和二次曲线等)的基础上,列举了一些例题和习题,让我们充分体会到几何问题代数化的力量。特别是,当距离的平方出现在问题之中时,解析几何常常表现出更多的方便(比如证明到三角形三顶点距离的平方和最小的点是该三角形的重心)。而对于椭圆、双曲线和抛物线,目前也只能利用解析几何,如用纯粹的平面几何则太困难了。这说明,代数并

1

非仅仅是几何问题的简单化、机械化,有时也是一种必不可少的延伸方法。这部分内容由同济大学数学系陆洪文撰写。

第三讲介绍了一些简单的射影几何知识。我们并不打算介绍整个射影几何的宏大理论,而只把目光集中于那些看起来较为简单的定理。为此,我们选择了这样一条路线,从直线间的射影对应入手,过渡到圆锥曲线上的射影对应,并进而介绍极点和极线的理论。这与通常公理化的处理方式颇有不同之处。

第四讲将站在射影几何的角度考察圆锥曲线的仿射性质和度量性质。读者将了解到,仿射几何与射影几何的区别,只不过是把无穷远直线从所有直线中独立出来而已。而相似几何只是进一步选定两个特殊点,即"圆点"。有了这些认识,圆锥曲线的直径、共轭方向、渐近方向、焦点和准线等都可通过射影概念加以定义。这也就为解题提供了一些新的思路。

第五讲是前两讲的综合,它引进了新的工具,即三线坐标系。虽然三线坐标与重心坐标是完全平行的体系,但近年来重心坐标似乎更流行一些。在作者看来,三线坐标在表达某些几何条件时有明显的优势,但其短处在于经常需要进行三角函数的化简。在这里,我们提出了一些技术来解决这个问题,只是未构成系统的算法。

最后一讲介绍的是复数方法,这是高中知识的加深。特别是关于垂极点和西姆森线等方面的内容,给我们耳目一新的感觉。

后四讲可看做提高部分,由南开大学数学系黄利兵撰写。

作者
2010.4.22

第一讲 直线与圆

§1.1 直　线

一、直线的倾斜角和斜率

1. 倾斜角 α：当直线 l 与 x 轴相交时，x 轴绕着交点按逆时针方向旋转到和 l 重合时所转过的最小正角为 α；当直线 l 与 x 轴平行或重合时，规定 $\alpha=0$，故 $0 \leqslant \alpha < \pi$.

2. 斜率 k：$k=\tan\alpha$. 当 $\alpha=0$ 时，$k=0$；当 $0<\alpha<\dfrac{\pi}{2}$ 时，$k>0$；当 $\alpha=\dfrac{\pi}{2}$ 时，k 不存在（直线没有斜率）；当 $\alpha>\dfrac{\pi}{2}$ 时，$k<0$.

3. 两点斜率公式——直线方向坐标化：

已知直线上两点 $P_1(x_1,y_1)$，$P_2(x_2,y_2)$，则直线的斜率 $k=\dfrac{y_2-y_1}{x_2-x_1}(x_1 \neq x_2)$.

注意：(1) 斜率公式与两点的顺序无关；

(2) 斜率公式不需求出直线的倾斜角，因此使用较方便；

(3) 斜率公式是研究直线方程的各种形式的基础，必须熟记并灵活运用；

(4) 当 $x_1=x_2$，$y_1 \neq y_2$ 时，直线与 x 轴垂直，倾斜角 $\alpha=\dfrac{\pi}{2}$，没有斜率.

例1 已知直线 l 的倾斜角 α 满足条件 $\sin\alpha + \cos\alpha = \dfrac{1}{5}$,求直线 l 的斜率 k.

分析 关键是怎样从 $\sin\alpha + \cos\alpha = \dfrac{1}{5}$ 求得 $\tan\alpha$,并注意隐含条件.

解 ∵ $\sin\alpha + \cos\alpha = \dfrac{1}{5}$,且 $0 \leqslant \alpha < \pi$,

∴ $\dfrac{\pi}{2} < \alpha < \dfrac{3\pi}{4}$,且 $(\sin\alpha + \cos\alpha)^2 = 1 + \sin 2\alpha = \dfrac{1}{25}$,

∴ $\sin 2\alpha = \dfrac{2\tan\alpha}{1 + \tan^2\alpha} = -\dfrac{24}{25}$,

解得 $\tan\alpha = -\dfrac{3}{4}$ 或 $-\dfrac{4}{3}$.

由 $\tan\alpha < -1$ 知,所求的斜率 $k = -\dfrac{4}{3}$.

本题很多同学不会舍去 $-\dfrac{3}{4}$,错为两解.倾斜角 α 满足 $\sin\alpha + \cos\alpha = \dfrac{1}{5}$,说明角 α 在第二象限,且 $\sin\alpha > |\cos\alpha|$,故 $\dfrac{\pi}{2} < \alpha < \dfrac{3\pi}{4}$.善于发现题设中的隐含条件,有助于数学能力的提高.

二、直线的方程

直线方程有点斜式、斜截式、两点式、截距式、参数式、一般式和法线式.

学习了直线的方程,应思考如下问题:直线方程各种形式的适用范围?哪种形式适用范围更广?哪种形式更利于作图?

要注意发现关系,发现优劣,发现特殊.

以下归纳供参考.

1. 点斜式:$y-y_0=k(x-x_0)$.要求斜率k存在,因此不能表示与x轴垂直的直线.

2. 斜截式:$y=kx+b$.适用范围同上.

3. 两点式:$\dfrac{y-y_1}{y_2-y_1}=\dfrac{x-x_1}{x_2-x_1}$.要求$x_1\neq x_2$且$y_1\neq y_2$,因此不能表示与$x$轴垂直的直线,也不能表示与$y$轴垂直的直线.

4. 截距式:$\dfrac{x}{a}+\dfrac{y}{b}=1$.要求在$x$轴上的截距$a$和$y$轴上的截距$b$存在,且$ab\neq 0$,因此不能表示与$x$轴或$y$轴垂直的直线,也不能表示过原点的直线.

5. 参数式:$\begin{cases}x=x_0+at,\\y=y_0+bt\end{cases}$($t$是参数).任何直线均能表示.特别当$a^2+b^2=1$时,$t$的绝对值等于线段$P_0P$的长度,其中$P_0(x_0,y_0)$,$P(x,y)$.

6. 一般式:$Ax+By+C=0(A,B$不同时为零$)$.任何直线均能表示.

7. 法线式:$x\cos\theta+y\sin\theta-p=0(0°\leqslant\theta<360°,p\geqslant 0)$.

其中,θ是该直线法向量(由坐标原点引一条与该直线垂直的直线,以坐标原点为起点、交点为终点的向量,即为要求的法向量)与x轴正方向的夹角,p是该法向量的长度.

参数式可以有多种形式.例如:

设直线过点$M_1(x_1,y_1),M_2(x_2,y_2)$,则该直线上的动点$M(x,y)$的坐标满足

$$x=\dfrac{x_1+\lambda x_2}{1+\lambda},\ y=\dfrac{y_1+\lambda y_2}{1+\lambda}(\text{参数}\lambda\neq -1),$$

而M分线段M_1M_2的比为λ.

关于直线参数方程,还可以更进一步地描述如下.

直线 l 过点 $P(x_0,y_0)$,则直线 l 的参数方程为 $\begin{cases} x=x_0+t\cos\alpha, \\ y=y_0+t\sin\alpha, \end{cases}$ (t 为参数,α 为倾斜角).$|t|$ 的几何意义是直线上的点到点 P 的距离,$t>0$ 时此点在点 P 的上方,$t<0$ 时此点在点 P 的下方.

例 2 求下列直线 l 的方程:

(1) l 在 y 轴上的截距是 -2,倾斜角的正弦为 $\dfrac{4}{5}$;

(2) l 过点 $A(1,2)$,且与两坐标轴的截距和为 0;

(3) l 过点 $P(2,3)$,且与两坐标轴的截距相等;

(4) l 的倾斜角为 $\dfrac{2\pi}{3}$,且与原点距离为 7.

分析 关键是确定直线方程中的待定系数.

(1) 设直线 l 的倾斜角为 α,

则 $\sin\alpha=\dfrac{4}{5}$,故斜率 $k=\tan\alpha=\pm\dfrac{4}{3}$,

由斜截式得 $y=\dfrac{4}{3}x-2$ 或 $y=-\dfrac{4}{3}x-2$.

∴ 所求直线 l 的方程为 $4x+3y+6=0$ 或 $-4x+3y+6=0$.

(2) 设直线 l 的方程为 $\dfrac{x}{a}+\dfrac{y}{-a}=1$ 或 $y=kx$.

由点 $A(1,2)$ 在 l 上得 $\dfrac{1}{a}+\dfrac{2}{-a}=1$ 或 $2=k$,

解得 $a=-1$ 或 $k=2$.

∴ l 的方程为 $x-y+1=0$ 或 $2x-y=0$.

(3) **方法一**:利用点斜式(本题斜率存在且不为零).

设直线 l 的方程为 $y-3=k(x-2)$.

令 $x=0$,得在 y 轴上的截距 $b=-2k+3$;

令 $y=0$,得在 x 轴上的截距 $a=2-\dfrac{3}{k}(k\neq 0)$.

由两坐标轴上截距相等,得 $-2k+3=2-\dfrac{3}{k}$,

解得 $k=-1$ 或 $\dfrac{3}{2}$,

∴ l 的方程为 $x+y-5=0$ 或 $3x-2y=0$.

方法二:利用一般式.

设直线 l 的方程为 $x+y+c=0$ 或 $kx-y=0$.

由于点 $P(2,3)$ 在 l 上,得 $2+3+c=0$ 或 $2k-3=0$,

解得 $c=-5$ 或 $k=\dfrac{3}{2}$(下略).

(4) **方法一**:利用点线距离公式(详见本节第三部分).

设直线 l 的方程为 $y=x\tan\dfrac{2\pi}{3}+b$,即 $y=-\sqrt{3}x+b$.

由原点到 l 的距离为 7 得 $\dfrac{|b|}{2}=7$,$b=\pm 14$.

∴ l 的方程为 $\sqrt{3}x+y\pm 14=0$.

方法二:利用直线方程的法线式.

∵ 法线角 $\theta=\alpha\pm\dfrac{\pi}{2}=\dfrac{2\pi}{3}\pm\dfrac{\pi}{2}$,

∴ 直线 l 的方程为 $x\cos\left(\dfrac{2\pi}{3}+\dfrac{\pi}{2}\right)+y\sin\left(\dfrac{2\pi}{3}+\dfrac{\pi}{2}\right)-7=0$ 或

$x\cos\left(\dfrac{2\pi}{3}-\dfrac{\pi}{2}\right)+y\sin\left(\dfrac{2\pi}{3}-\dfrac{\pi}{2}\right)-7=0$,

∴ l 的方程为 $\sqrt{3}x+y\pm 14=0$.

> **点评** 学习直线的方程常犯的错误是忽略方程各种形式的应用条件,因此造成丢解.本例中各个小题均为两解,你做对了吗?

例3 直线 l 过点 $A(3,2)$,且被 $l_1:x-3y+10=0$ 和 $l_2:2x-y-8=0$ 所截的线段恰以 A 为中点. 求直线 l 的方程.

分析 本题容易陷入会列式不会求解的误区,使解题半途而废. 例如,设直线 l 交 l_1 于点 $B(x_1,y_1)$,交 l_2 于点 $C(x_2,y_2)$,则由题意,列出方程组
$$\begin{cases} x_1-3y_1+10=0, \\ 2x_2-y_2-8=0, \\ x_1+x_2=6, \\ y_1+y_2=4. \end{cases}$$
为避免解多元方程组,必须减少未知数,并巧用中心对称.

解 方法一:减少未知数

设直线 l 交 l_1 于点 $B(3t-10,t)$,交 l_2 于点 $C(a,2a-8)$.

由 BC 中点为 A,得 $\begin{cases} 3t-10+a=6, \\ t+2a-8=4, \end{cases}$

解得 $\begin{cases} t=4, \\ a=4, \end{cases}$ 故点 $B(2,4)$.

由两点式得,AB 所在的直线的方程为 $\dfrac{y-2}{4-2}=\dfrac{x-3}{2-3}$,

即直线 l 的方程为 $2x+y-8=0$.

方法二:巧用中心对称

设直线 l 交 l_1 于点 $B(3t-10,t)$,

则 B 关于 $A(3,2)$ 的对称点 $C(16-3t,4-t)$ 在直线 l_2 上.

故 $2(16-3t)-(4-t)-8=0$,

解得 $t=4$,点 $B(2,4)$. 下同方法一,略.

方法三:利用参数方程

设直线 l 的参数方程为 $\begin{cases} x=3+t\cos\theta, \\ y=2+t\sin\theta, \end{cases}$ (t 为参数),

代入方程 $(x-3y+10)(2x-y-8)=0$,即 $2x^2-7xy+3y^2+12x+14y-80=0$ 中,

得 $(2\cos^2\theta-7\sin\theta\cdot\cos\theta+3\sin^2\theta)t^2+(10\cos\theta+5\sin\theta)t-28=0$.

由 $t_1+t_2=0$,得 $10\cos\theta+5\sin\theta=0$,
故 l 的斜率 $k=\tan\theta=-2$,
所以直线 l 的方程为 $2x+y-8=0$.

> **点评** 解析几何中,常常遇到有思路但运算繁难的问题,因此要研究运算的方法和技能.设四个未知数列四个独立的方程,理论上说没有错误,但实际上这样做的同学却往往没有解出来.方法一利用点 B,C 分别在直线 l_1,l_2 上,只设两个未知数,克服了"多元"的困难.方法二利用 BC 的中点为 $A(3,2)$ 等,只设一个未知数,也解决了问题.方法三用到直线参数式方程的特殊形式,其几何意义是 $|AB|=|t_1|$,$|AC|=|t_2|$,由 BC 的中点为 $A(3,2)$,知 $t_1+t_2=0$,从而求出直线 l 的斜率得解.三种方法中,以方法二最简便,其余两种也给了我们方法上的启示,值得学习.

三、两条直线的位置关系

1. 两条直线平行、垂直的充要条件

直线 $l_1:A_1x+B_1y+C_1=0$;
直线 $l_2:A_2x+B_2y+C_2=0$.

(1) $l_1 /\!/ l_2 \Leftrightarrow$ 方程组 $\begin{cases} A_1x+B_1y+C_1=0, \\ A_2x+B_2y+C_2=0 \end{cases}$ 无解.

(2) 当 $A_1B_1C_1 \neq 0$ 时,$l_1 /\!/ l_2 \Leftrightarrow \dfrac{A_2}{A_1}=\dfrac{B_2}{B_1} \neq \dfrac{C_2}{C_1}$.

(3) $l_1 \perp l_2 \Leftrightarrow A_1A_2+B_1B_2=0$.

2. 求直线的斜率

(1) 已知直线的倾斜角 $\alpha\left(\alpha\neq\dfrac{\pi}{2}\right)$，则斜率 $k=\tan\alpha$；当 $\alpha=\dfrac{\pi}{2}$ 时，直线没有斜率.

(2) 已知直线上两点 $P_1(x_1,y_1)$, $P_2(x_2,y_2)(x_1\neq x_2)$，则斜率 $k=\dfrac{y_2-y_1}{x_2-x_1}$.

(3) 已知直线在 x 轴、y 轴上的截距分别为 $a,b(a\neq 0)$，则斜率 $k=-\dfrac{b}{a}$.

(4) 已知直线方程的一般式 $Ax+By+C=0(B\neq 0)$，则斜率 $k=-\dfrac{A}{B}$.

(5) 已知直线 $l_1\parallel l_2$，且 l_1 斜率为 k_1，则 l_2 的斜率 $k_2=k_1$.

(6) 已知直线 $l_1\perp l_2$，且 l_1 斜率为 $k_1(k_1\neq 0)$，则 l_2 的斜率 $k_2=-\dfrac{1}{k_1}$.

注意：直线的倾斜角 α 一定存在，且 $0\leqslant\alpha<\pi$. 直线的斜率 k 不一定存在，且 $k\in\mathbf{R}$.

3. 距离和夹角公式

(1) 两点间距离公式：若 $P_1(x_1,y_1)$, $P_2(x_2,y_2)$，则 $|P_1P_2|=\sqrt{(x_1-x_2)^2+(y_1-y_2)^2}$.

(2) 点线距离公式：若 $P(x_0,y_0)$，直线 l 的方程为 $Ax+By+C=0$，则 P 到 l 的距离
$$d=\dfrac{|Ax_0+By_0+C|}{\sqrt{A^2+B^2}}.$$

(3) 两平行线间距离公式：若 l_1,l_2 的方程分别为 $Ax+By+C_1=0$, $Ax+By+C_2=0$，其中 $C_1\neq C_2$，则 l_1 与 l_2 之间的距离 $d=\dfrac{|C_1-C_2|}{\sqrt{A^2+B^2}}$.

(4) 两条直线 l_1,l_2 的夹角 θ 的公式：

当 $A_1A_2+B_1B_2\neq 0$ 时，$\tan\theta=\left|\dfrac{A_1B_2-A_2B_1}{A_1A_2+B_1B_2}\right|$；

当 k_1, k_2 存在且 $k_1 k_2 \neq -1$ 时,$\tan\theta = \left|\dfrac{k_2 - k_1}{1 + k_1 k_2}\right|$.

例 4 试判断两条直线 $l_1: x + (m+1)y = 2 - m$,$l_2: mx + 2y = -8$ 的位置关系.

解 $\because$ $2 - m(m+1) = -(m+2)(m-1)$,

且系数 $A_1 A_2 + B_1 B_2 = m + 2(m+1) = 3m + 2$,

$\therefore$ 当 $m \neq 1$ 且 $m \neq -2$ 时,直线 l_1 与 l_2 相交;特别当 $m = -\dfrac{2}{3}$ 时,$l_1 \perp l_2$;

当 $m = 1$ 时,$l_1 \parallel l_2$;

当 $m = -2$ 时,l_1 与 l_2 重合.

例 5 求下列直线 l_1, l_2 的夹角 θ:

(1) $l_1: x - 2y + 4 = 0$,$l_2: y = 3x - 2$;

(2) $l_1: 3x + 4y + 2 = 0$,$l_2: x = 1$;

(3) l_1, l_2 的斜率分别为方程 $x^2 - 4x + 1 = 0$ 的两根.

解 (1) $\because$ $k_1 = \dfrac{1}{2}$,$k_2 = 3$,

$\therefore$ $\tan\theta = \left|\dfrac{k_2 - k_1}{1 + k_1 k_2}\right| = \dfrac{3 - \dfrac{1}{2}}{1 + \dfrac{3}{2}} = 1$,$\theta = \dfrac{\pi}{4}$.

(2) **方法一**:套公式

$\because$ $A_1 = 3, B_1 = 4, C_1 = 2, A_2 = 1, B_2 = 0, C_2 = -1$,

$\therefore$ $\tan\theta = \left|\dfrac{A_1 B_2 - A_2 B_1}{A_1 A_2 + B_1 B_2}\right| = \left|\dfrac{0 - 4}{3 + 0}\right| = \dfrac{4}{3}$,

$\therefore$ $\theta = \arctan\dfrac{4}{3}$.

方法二:数形结合

作出直线 l_1, l_2,如图 1.1.

由图可知 l_1, l_2 的夹角与 l_1 的倾斜角的补角 $\arctan \dfrac{3}{4}$ 互余.

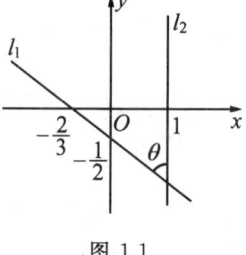

图 1.1

$\therefore \theta = \dfrac{\pi}{2} - \arctan \dfrac{3}{4}$.

(3) **方法一**:解一元二次方程

$\because x^2 - 4x + 1 = 0$ 的两根 $k_1 = 2 + \sqrt{3}, k_2 = 2 - \sqrt{3}$,

$\therefore$ 对应直线的倾斜角 $\alpha_1 = 75°, \alpha_2 = 15°$,

$\therefore$ 两条直线的夹角 $\theta = \alpha_1 - \alpha_2 = 60°$.

方法二:利用一元二次方程根与系数的关系

$\because x^2 - 4x + 1 = 0$ 的两根为 k_1, k_2,$\therefore \begin{cases} k_1 + k_2 = 4, \\ k_1 k_2 = 1, \end{cases}$

$\therefore (k_1 - k_2)^2 = (k_1 + k_2)^2 - 4 k_1 k_2 = 12$,

$\therefore \tan\theta = \left| \dfrac{k_2 - k_1}{1 + k_1 k_2} \right| = \dfrac{2\sqrt{3}}{1+1} = \sqrt{3}$, $\therefore \theta = \dfrac{\pi}{3}$.

例 6 求下列直线 l 的方程:

(1) 直线 l 在 x 轴上的截距是 -1,它的倾斜角的正弦值等于 $\dfrac{12}{13}$;

(2) 直线 l 的倾斜角是 $\dfrac{\pi}{3}$,且与原点的距离是 5;

(3) 直线 l 过点 $A(3,5)$,且与直线 $3x - 2y + 7 = 0$ 的夹角为 $45°$;

(4) 直线 l 过点 $P(1,0)$,且与两点 $A(-4,0), B(0,-2)$ 距离相等;

(5) 直线 l 过点 $A(-3,-2)$,且在两坐标轴上的截距相等;

(6) 直线 l 过点 $Q(1,2)$,且与圆 $x^2 + y^2 = 1$ 相切.

解 (1) $\because \sin\theta = \dfrac{12}{13}, (0 \leqslant \theta < \pi)$,$\therefore \tan\theta = \pm \dfrac{12}{5}$.

$\therefore l$ 的方程为 $12x + 5y + 12 = 0$ 或 $12x - 5y + 12 = 0$.

(2) 设 l 的方程为 $\sqrt{3}x-y+C=0$,则 $\dfrac{|C|}{2}=5$,$C=\pm 10$.

∴ l 的方程为 $\sqrt{3}x-y\pm 10=0$.

(3) ∵ $\left|\dfrac{k-\dfrac{3}{2}}{1+\dfrac{3}{2}k}\right|=1$,∴ $k=-5$ 或 $k=\dfrac{1}{5}$.

∴ l 的方程为 $5x+y-20=0$ 或 $x-5y+22=0$.

(4) 由题意,l 与 AB 平行或 l 过 AB 中点 $(-2,-1)$.

∴ l 的方程为 $x+2y-1=0$ 或 $x-3y-1=0$.

(5) 当 l 过原点时,方程为 $2x-3y=0$;

当 l 不过原点时,方程为 $x+y+5=0$.

(6) 当斜率 k 不存在时,$x=1$ 为圆的切线;

当斜率 k 存在时,$3x-4y+5=0$ 为圆的切线.

∴ l 的方程为 $x=1$ 或 $3x-4y+5=0$.

施泰纳-莱赫穆斯(Steiner-Lehmus)角平分线定理

两个底角平分线相等的三角形是等腰三角形.

这个问题是 1840 年莱赫穆斯(C. L. Lehmus)在给施图姆(C. Sturm)的一封信中提出的,首先回答这个问题的是施泰纳(J. Steiner).后来该问题就以施泰纳-莱赫穆斯定理闻名于世.论述它的论文百多年来屡见不鲜.

证明

方法一:反证法

这完全是平面几何中的方法,基本想法是证明两条底角平分线与对边的两个交点以及底边的两个端点这四个点应该共圆,如其不然,则可得出矛盾.在此不详细给出证明过程了.

方法二:三角法

设三角形 ABC 三条边长度为 a,b,c,三个内角为角 A,角 B,角 C,则角 A 平分线的长度是

$$t_a = \frac{2}{b+c}\sqrt{bcs(s-a)},$$

其中 $2s = a+b+c$.

如角 A 平分线的长度与角 B 平分线的长度相等,则

$$\frac{2}{b+c}\sqrt{bcs(s-a)} = \frac{2}{a+c}\sqrt{acs(s-b)},$$

于是
$$(a+c)^2 b(s-a) = (b+c)^2 a(s-b),$$

全部移到等式左边,得到

$$(a-b)((ab-c^2)s - ab(a+b+2c)) = 0.$$

左边的第二个因子等于

$$-\frac{1}{2}(c^2 a + c^2 b + c^3 + a^2 b + ab^2 + 3abc) < 0,$$

所以 $a = b$.

方法三:三角法的另一形式

令 $\quad b+c = T_a, a = 2s - T_a, s - a = T_a - s,$

则 $\quad t_a = \frac{2}{b+c}\sqrt{\dfrac{abcs(s-a)}{a}} = \frac{2}{T_a}\sqrt{\dfrac{abcs(T_a-s)}{2s-T_a}},$

$$t_a^2 (2s - T_a) T_a^2 = 4abcs(T_a - s),$$
$$t_a^2 T_a^3 - 2s t_a^2 T_a^2 + 4abcs T_a - 4abcs^2 = 0,$$

因此 T_a 是下列三次方程的一个实根:

$$t_a^2 x^3 - 2s t_a^2 x^2 + 4abcs x - 4abcs^2 = 0.$$

这个三次方程的判别式为

$(4abcs)^2 (-2s t_a^2)^2 - 4(-4abcs^2)(-2s t_a^2)^3 - 4(4abcs)^3 t_a^2$
$\quad + 18(-4abcs^2)(4abcs)(-2s t_a^2) t_a^2 - 27(-4abcs^2)^2 (t_a^2)^2$
$= 64(abc)^2 s^4 t_a^4 - 128(abc) s^5 t_a^6 - 256(abc)^3 s^3 t_a^2 + 576(abc)^2 s^4 t_a^4$
$\quad - 432(abc)^2 s^4 t_a^4$
$= -128(abc) s^5 t_a^6 + 208(abc)^2 s^4 t_a^4 - 256(abc)^3 s^3 t_a^2$
$= -16(abc) s^3 t_a^2 (8(s t_a^2)^2 - 13(abc) s t_a^2 + 16(abc)^2) < 0,$

最后一步是因为括号中二次型的判别式为

$$13^2 - 4 \times 8 \times 16 = 169 - 512 = -343 < 0.$$

于是,T_a 是该三次方程的唯一实根(还有一对共轭复根).

当 $t_a = t_b$ 时，由上述论述，可得
$$T_a = T_b,$$
从而 $a = b$.

方法四：解析几何

设三角形 ABC 三条边长度为 a, b, c，即
$$BC = a, \ AB = c, \ AC = b.$$

以底边 BC 为 x 轴，BC 的中点为原点，顶点 A 在上半平面，顶点 C 在 x 轴的正向建立坐标系，则三角形 ABC 的三个顶点 A, B, C，角 B 的平分线与对边的交点 E，角 C 的平分线与对边的交点 F 的坐标分别是
$$A(\alpha, \beta), B\left(-\frac{a}{2}, 0\right), C\left(\frac{a}{2}, 0\right), E(x_1, y_1), F(x_2, y_2),$$
其中 $\beta > 0$. BC 所在直线是 $l_1 : y = 0$，

AB 所在直线是 $\quad l_2 : \beta x - \left(\alpha + \dfrac{a}{2}\right) y + \dfrac{a}{2}\beta = 0$,

AC 所在直线是 $\quad l_3 : \beta x - \left(\alpha - \dfrac{a}{2}\right) y - \dfrac{a}{2}\beta = 0$.

因为 BE 是角 B 的平分线，E 到 AB 的距离等于它到 BC 的距离，所以
$$y_1 = \frac{\beta x_1 - \left(\alpha + \dfrac{a}{2}\right) y_1 + \dfrac{a}{2}\beta}{\sqrt{\beta^2 + \left(\alpha + \dfrac{a}{2}\right)^2}} = \frac{\beta x_1 - \left(\alpha + \dfrac{a}{2}\right) y_1 + \dfrac{a}{2}\beta}{c},$$

其中 $c = \sqrt{\beta^2 + \left(\alpha + \dfrac{a}{2}\right)^2}$，且原点与 E 在 AB 所在直线的同侧.

又点 E 在 AC 所在的直线上，于是我们有方程组
$$\begin{cases} \beta x_1 - \left(\alpha + \dfrac{a}{2} + c\right) y_1 = -\dfrac{a}{2}\beta, \\ \beta x_1 - \left(\alpha - \dfrac{a}{2}\right) y_1 = \dfrac{a}{2}\beta, \end{cases}$$

解得
$$\begin{cases} x_1 = \dfrac{(2\alpha + c)a}{2(a + c)}, \\ y_1 = \dfrac{\alpha\beta}{a + c}. \end{cases}$$

因为 CF 是角 C 的平分线,F 到 AC 的距离等于它到 BC 的距离,所以

$$-y_2 = \frac{\beta x_2 - \left(\alpha - \frac{a}{2}\right)y_2 - \frac{a}{2}\beta}{\sqrt{\beta^2 + \left(\alpha - \frac{a}{2}\right)^2}} = \frac{\beta x_2 - \left(\alpha - \frac{a}{2}\right)y_2 - \frac{a}{2}\beta}{b},$$

其中 $b = \sqrt{\beta^2 + \left(\alpha - \frac{a}{2}\right)^2}$,且原点与 F 在 AC 所在直线的同侧.

又点 F 在 AB 所在的直线上,于是我们有方程组

$$\begin{cases} \beta x_2 - \left(\alpha - \frac{a}{2} - b\right)y_2 = \frac{a}{2}\beta, \\ \beta x_2 - \left(\alpha + \frac{a}{2}\right)y_2 = -\frac{a}{2}\beta, \end{cases}$$

解得

$$\begin{cases} x_2 = \dfrac{(2\alpha - b)a}{2(a+b)}, \\ y_2 = \dfrac{a\beta}{a+b}. \end{cases}$$

因此有

$$BE^2 = \left(x_1 + \frac{a}{2}\right)^2 + y_1^2 = \left(\left(\alpha + \frac{a}{2} + c\right)^2 + \beta^2\right)\left(\frac{y_1}{\beta}\right)^2$$

$$= \left(2c^2 + 2c\left(\alpha + \frac{a}{2}\right)\right)\frac{a^2}{(a+c)^2},$$

$$CF^2 = \left(x_2 - \frac{a}{2}\right)^2 + y_2^2 = \left(\left(\alpha - \frac{a}{2} - b\right)^2 + \beta^2\right)\left(\frac{y_2}{\beta}\right)^2$$

$$= \left(2b^2 - 2b\left(\alpha - \frac{a}{2}\right)\right)\frac{a^2}{(a+b)^2}.$$

由 $$BE^2 = CF^2,$$

得到 $$c\left(\alpha + \frac{a}{2} + c\right)(a+b)^2 = -b\left(\alpha - \frac{a}{2} - b\right)(a+c)^2,$$

再由 $$\beta^2 + \left(\alpha - \frac{a}{2}\right)^2 = b^2, \beta^2 + \left(\alpha + \frac{a}{2}\right)^2 = c^2,$$

可得

$$\alpha = \frac{c^2 - b^2}{2a}, \alpha + \frac{a}{2} + c = \frac{(a+c)^2 - b^2}{2a}, \alpha - \frac{a}{2} - b = -\frac{(a+b)^2 - c^2}{2a},$$

这样我们有
$$((a+c)^2-b^2)(a+b)^2c=((a+b)^2-c^2)(a+c)^2b,$$
全部移到左边,可得
$$(c-b)((a+b)^2(a+c)^2+bc(a^2+2a(b+c)+b^2+bc+c^2))=0.$$

因为左边的第二个因子是正的,所以 $c=b$.

此外,还可以得出以下结论.

点 A 的横坐标 β 是三角形 ABC 在 BC 上的高,所以 $\beta=\dfrac{2\Delta}{a}$,其中 Δ 是三角形 ABC 的面积. 这样 A, E, F 这三个点的坐标是 $A\left(\dfrac{c^2-b^2}{2a}, \dfrac{2\Delta}{a}\right), E\left(\dfrac{c^2-b^2+ac}{2(a+c)}, \dfrac{2\Delta}{a+c}\right), F\left(\dfrac{c^2-b^2-ab}{2(a+b)}, \dfrac{2\Delta}{a+b}\right)$.

四、简单的线性规划

线性规划问题常出现在填空题、选择题中. 运用线性规划的知识可以解决一些简单的实际问题.

直线 $Ax+By+C=0$ 把平面上的点分为三类:直线上的点 (x_0, y_0) 都满足 $Ax_0+By_0+C=0$,直线一侧的点 (x_1, y_1) 都满足 $Ax_1+By_1+C>0$,直线另一侧的点 (x_2, y_2) 都满足 $Ax_2+By_2+C<0$.

常见题型是用二元一次不等式表示平面区域,并用线性规划的知识来解决一些简单的问题.

线性规划问题经常涉及格点、有理点、无理点的概念. 坐标平面上横、纵坐标都是整数的点称为**格点**(或整点);坐标平面上横、纵坐标都是有理数的点称为**有理点**;不是有理数的点称为**无理点**.

例7 已知 $a>0, b>0$,求不等式 $ax+by+c>0$ 表示的区域.

分析 作出直线 $ax+by+c=0$(虚线)后,关键是判断直线哪一侧的点 (x_1, y_1),使 $ax_1+by_1+c>0$ 恒成立.

解 因为斜率 $k=-\dfrac{a}{b}<0$，直线在 x 轴上的截距为 $-\dfrac{c}{a}$，在 y 轴上的截距为 $-\dfrac{c}{b}$，故作直线 l 的示意图，如图 1.2.

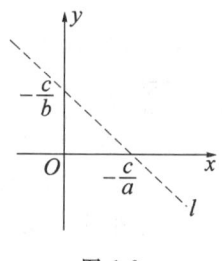

图 1.2

对于 l 上方任一点 $P(x_1,y_1)$，过 P 作与 y 轴平行的直线交 l 于 $Q(x_1,y_0)$，则 $y_1>y_0$.

∵ $ax_1+by_0+c=0, b>0$，

∴ $ax_1+by_1+c=(ax_1+by_0+c)+b(y_1-y_0)>0$，

∴ 不等式 $ax+by+c>0$ 表示的区域为直线 l 右上方的平面区域（不含边界）.

点评 作 $PQ\parallel y$ 轴交 l 于 Q 是关键的一步. 当 P 在 y 轴上时, PQ 即为 y 轴.

例 8 试讨论点线距离公式中,去掉绝对值符号的规律.

解 题目相当于已知点 $P(x_0,y_0)$，直线 $l:Ax+By+C=0$，要去掉 $d=\dfrac{|Ax_0+By_0+C|}{\sqrt{A^2+B^2}}$ 中绝对值的符号. 关键是判断 Ax_0+By_0+C 的正、负号.

为简便,设点 P 不在直线 l 上.

当 $B=0$ 时,不妨设 $A>0$，参见图 1.3（A）.

若点 P 在 l 右侧,有 $Ax_0+C>Ax_1+C=0$，其中点 $Q(x_1,y_0)$ 在 l 上,且 $x_0>x_1$，故 $Ax_0+By_0+C>0$.

同理,若点 P 在 l 左侧,则 $Ax_0+By_0+C<0$.

当 $B\neq 0$ 时,不妨设 $B>0$，参见图 1.3（B）.

若点 P 在 l 上方,有 $Ax_0+By_0+C>Ax_0+By_1+C=0$，其中点 $R(x_0,y_1)$ 在 l 上,且 $y_0>y_1$，故 $Ax_0+By_0+C>0$.

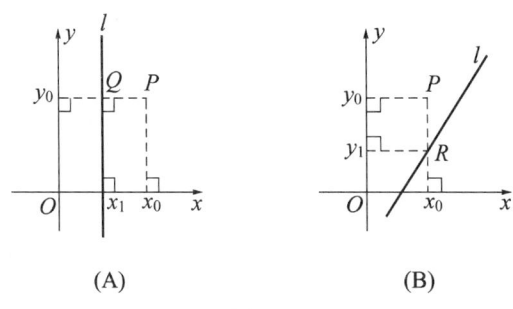

(A)　　　　　　　(B)

图 1.3

同理,若点 P 在 l 下方,则 $Ax_0+By_0+C<0$.

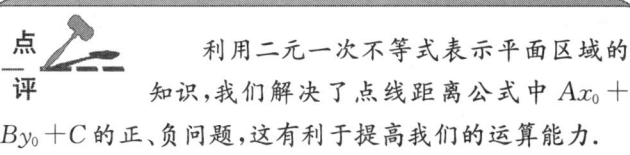

例 9　一根钢管长 11.1 米,需要截取 1.5 米和 2.5 米两种不同长度的小钢管(损耗不计). 问:如何截取可使残料最少?

分析　关键是利用约束条件,列出线性目标函数.

解　设截 1.5 米长的钢管 x 根,截 2.5 米长的钢管 y 根,其中 $x, y \in \mathbf{N}$,则残料 $t = 11.1 - (1.5x + 2.5y) \geqslant 0$.

作直线 $l: 11.1 - (1.5x + 2.5y) = 0$,如图 1.4.

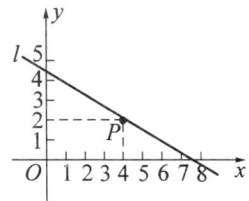

图 1.4

l 下方最靠近 l 的格点(横、纵坐标均为整数的点)为 $P(4, 2)$,

故当截取 1.5 米长的钢管 4 根,2.5 米长的钢管 2 根时,残料最少,最少为 0.1 米.

> **点评** 本题要求作图准确. 当看不清楚时,可以用代入检验的辅助方法. 如对点 $Q(6,1)$,代入检验 $t=11.1-(1.5\times 6+2.5\times 1)<0$,不合要求.

例 10 用不超过 500 元的资金购买单价分别为 60 元、70 元的单片软件和盒装磁盘,软件至少买 3 片,磁盘至少买 2 盒,则不同的选购方式共有(　　).

(A) 5 种　　　(B) 6 种　　　(C) 7 种　　　(D) 8 种

解 **方法一**:解不等式组,等价转化

设买软件 x 片,磁盘 y 盒,则

$$\begin{cases} 60x+70y\leqslant 500, \\ x\geqslant 3, \\ y\geqslant 2, \end{cases} x,y\in \mathbf{N},$$

∴ $\begin{cases} 3\leqslant x\leqslant \dfrac{50-7y}{6}\leqslant 6, \\ 2\leqslant y\leqslant \dfrac{50-6x}{7}\leqslant 4\dfrac{4}{7}, \end{cases} x,y\in \mathbf{N}.$

∴ 整数解 (x,y) 共 7 组:$(3,2),(3,3),(3,4),(4,2),(4,3),(5,2),(6,2)$.

故选(C).

方法二:线性规则,数形结合

∵ $60x+70y\leqslant 500, x\geqslant 3, y\geqslant 2$,且 $x,y\in \mathbf{N}$,

∴ 作直线 $6x+7y=50$,如图 1.5,得符合条件的 7 个点.

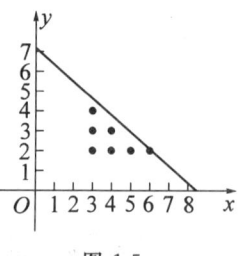

图 1.5

故选(C).

方法三:列表数点,列出所有符合条件的选购方式,共有 7 种(此处略).

故选(C).

> **点评** 本题为 1999 年全国高考试题第 14 题,难度系数 0.47.如果掌握了利用二元一次不等式表示平面区域的知识,此题就不再困难.

例 11 已知二次函数 $y=f(x)$ 的图像过原点,且 $1\leqslant f(-1)\leqslant 2$,$3\leqslant f(1)\leqslant 4$,求 $f(-2)$ 的取值范围.甲、乙两位同学分别用两种方法,得到两个不同的结果.

甲解:设 $f(x)=ax^2+bx(a\neq 0)$,

则
$$\begin{cases} 3\leqslant a+b\leqslant 4, & (1)\\ 1\leqslant a-b\leqslant 2, & (2) \end{cases}$$

$\frac{1}{2}((1)+(2))$ 得 $\quad 2\leqslant a\leqslant 3,\quad (3)$

$\frac{1}{2}((1)-(2))$ 得 $\quad \frac{1}{2}\leqslant b\leqslant \frac{3}{2}.\quad (4)$

∵ $f(-2)=4a-2b$,∴ $5\leqslant f(-2)\leqslant 11$.

乙解:设 $f(x)=ax^2+bx(a\neq 0)$,

则
$$\begin{cases} a+b=f(1),\\ a-b=f(-1), \end{cases}$$

∴
$$\begin{cases} a=\frac{1}{2}(f(1)+f(-1)),\\ b=\frac{1}{2}(f(1)-f(-1)). \end{cases}$$

∵ $f(-2)=4a-2b=3f(-1)+f(1)$,
且 $1\leqslant f(-1)\leqslant 2,3\leqslant f(1)\leqslant 4$,
∴ $6\leqslant f(-2)\leqslant 10$.

试判断:甲、乙同学的解法哪个正确?

解 **方法一** 甲的解法错误,错在(1),(2)⇒(3),(4),反之不行.用必要不充分条件代替原条件,使解的范围扩大([6,10]是[5,11]的子集).乙的解法正确.

方法二 利用本节的知识,还可以有以下的数形结合解法.

建立 a-O-b 平面直角坐标系,设 $f(x)=ax^2+bx(a\neq 0)$.

作直线 $l_1:a-b=1$;$l_2:a-b=2$;$l_3:a+b=3$;$l_4:a+b=4$,则点 $P(a,b)$ 的范围如图 1.6 中阴影部分所示.

∵ $f(-2)=4a-2b$,

∴ 作直线 $l:4a-2b=t$.

当 l 过点 $A(2,1)$ 和 $B(3,1)$ 时,t 分别取得最小值 6 和最大值 10,

∴ $6\leqslant f(-2)\leqslant 10$.

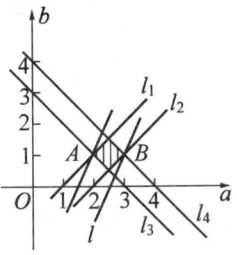

图 1.6

本题数形结合的解法,设 $f(x)=ax^2+bx$ 后,有 $f(1)=a+b$,$f(-1)=a-b$.

由已知得,点 (a,b) 在不等式组 $\begin{cases} a-b\geqslant 1, \\ a-b\leqslant 2, \\ a+b\geqslant 3, \\ a+b\leqslant 4 \end{cases}$ 表示的平面区域内.故问题转化为在这个线性约束条件下,求 $f(-2)=t=4a-2b$ 的最大值和最小值.

习题 1.a

1. 设 $M=\dfrac{10^{2000}+1}{10^{2001}+1}$,$N=\dfrac{10^{2001}+1}{10^{2002}+1}$,则 M 与 N 的大小关系为( ).
   (A) $M>N$ (B) $M=N$ (C) $M<N$ (D) 无法判断

2. 三边均为整数且最大边的长为 11 的三角形的个数为( ).
   (A) 15 (B) 30 (C) 36 (D) 以上都不对

3. 直线 $l:2x-y-4=0$ 上有一点 P,它与两定点 $A(4,-1)$,$B(3,4)$ 的距离之差最大,则点 P 的坐标是_____.

4. 自点 $A(-3,3)$ 发出的光线 l 射到 x 轴上,被 x 轴反射,其反射光线所在直线与圆 $x^2+y^2-4x-4y+7=0$ 相切,则光线 l 所在直线方程为_____.

5. 函数 $f(\theta)=\dfrac{\sin\theta-1}{\cos\theta-2}$ 的最大值为_____,最小值为_____.

6. 设不等式 $2x-1>m(x^2-1)$ 对一切满足 $|m|\leqslant 2$ 的值均成立,则 x 的取值范围为_____.

7. 已知过原点 O 的一条直线与函数 $y=\log_8 x$ 的图像交于 A,B 两点. 分别过点 A,B 作 y 轴的平行线,与函数 $y=\log_2 x$ 的图像交于 C,D 两点.
   (1) 证明:点 C,D 和原点 O 在同一直线上;
   (2) 当 BC 平行于 x 轴时,求点 A 的坐标.

8. 设数列 $\{a_n\}$ 的前 n 项和 $S_n=na+n(n-1)b$,$n=1,2,\cdots$,a,b 是常数且 $b\neq 0$.
   (1) 证明:$\{a_n\}$ 是等差数列;
   (2) 证明:以 $\left(a_n,\dfrac{S_n}{n}-1\right)$ 为坐标的点 $P_n(n=1,2,\cdots)$ 都落在同一条直线上,并写出此直线的方程;
   (3) 设 $a=1$,$b=\dfrac{1}{2}$,C 是以 (r,r) 为圆心、r 为半径的圆 $(r>0)$,求使得(2)中的点 P_1,P_2,P_3 都落在圆 C 外时,r 的取值范围.

§1.2 圆 的 方 程

一、圆的方程的三种形式

1. 标准式:已知圆心 $C(a,b)$,半径为 r,则圆 C 的方程是
$$(x-a)^2+(y-b)^2=r^2.$$

2. 一般式:已知圆上三点 $A(x_1,y_1),B(x_2,y_2),C(x_3,y_3)$,则圆的方程是 $x^2+y^2+Dx+Ey+F=0$,其中待定系数 D,E,F 由以下方程组解出:
$$\begin{cases} x_1D+y_1E+F=-x_1^2-y_1^2, \\ x_2D+y_2E+F=-x_2^2-y_2^2, \\ x_3D+y_3E+F=-x_3^2-y_3^2. \end{cases}$$

3. 参数式:已知圆心 $C(a,b)$,半径为 r,则圆 C 的参数方程是
$$\begin{cases} x=a+r\cos\theta, \\ y=b+r\sin\theta, \end{cases} (\theta \text{ 是参数}).$$

一般式方程化成标准式方程:
$$\left(x+\frac{D}{2}\right)^2+\left(y+\frac{E}{2}\right)^2=\frac{D^2+E^2-4F}{4},$$
圆心 $\left(-\dfrac{D}{2},-\dfrac{E}{2}\right)$,半径为 $r=\dfrac{1}{2}\sqrt{D^2+E^2-4F}$.

例1 已知点 $A(2,2),B(3,-1),C(5,3)$,求 $\triangle ABC$ 的外接圆方程.

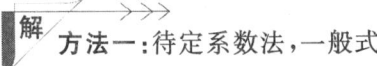

方法一:待定系数法,一般式

设圆的方程为 $x^2+y^2+Dx+Ey+F=0$,

则 $\begin{cases} 2D+2E+F+8=0, \\ 5D+3E+F+34=0, \\ 3D-E+F+10=0, \end{cases}$ 解得 $\begin{cases} D=-8, \\ E=-2, \\ F=12. \end{cases}$

∴ △ABC 的外接圆方程是 $x^2+y^2-8x-2y+12=0$.

方法二:利用平面几何的性质,标准式

∵ AB 的垂直平分线的方程为

$$3x+y=13,$$

AC 的垂直平分线的方程为

$$x-3y=1,$$

联立以上两个方程,解得圆心 O' 坐标

$$x=4, y=1.$$

又半径 $r=|O'A|=\sqrt{(4-2)^2+(1-2)^2}=\sqrt{5}$.

∴ △ABC 的外接圆方程为 $(x-4)^2+(y-1)^2=5$.

方法三:数形结合,套公式

∵ $k_{AB} \cdot k_{AC} = -3 \times \dfrac{1}{3} = -1$, ∴ $\angle BAC = \dfrac{\pi}{2}$.

∴ Rt△ABC 外接圆的直径为 BC. 由 $B(3,-1), C(5,3)$,

∴ 外接圆方程为 $(x-3)(x-5)+(y+1)(y-3)=0$,

即 $x^2+y^2-8x-2y+12=0$.

方法三用到:若 $A(x_1, y_1)$, $B(x_2, y_2)$,则以 AB 为直径的圆的方程是 $(x-x_1)(x-x_2)+(y-y_1)(y-y_2)=0$.

对于求圆的方程,这三条思路具有典型意义.

例2 求通过直线 $2x-y+3=0$ 与圆 $x^2+y^2+2x-4y+1=0$ 的交点,且面积为最小的圆的方程.

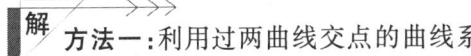 **方法一**:利用过两曲线交点的曲线系

设圆的方程为 $x^2+y^2+2x-4y+1+\lambda(2x-y+3)=0$，配方得标准式

$$(x+1+\lambda)^2+\left(y-2-\frac{\lambda}{2}\right)^2=(1+\lambda)^2+\left(2+\frac{\lambda}{2}\right)^2-3\lambda-1.$$

∵ 半径 $r^2=\frac{5}{4}\lambda^2+\lambda+4=\frac{5}{4}\left(\lambda+\frac{2}{5}\right)^2+\frac{19}{5}$,

∴ 当 $\lambda=-\frac{2}{5}$ 时，半径 $r=\sqrt{\frac{19}{5}}$ 最小.

∴ 所求面积最小的圆的方程为 $5x^2+5y^2+6x-18y-1=0$.

方法二：利用平面几何知识

以直线与圆的交点 $A(x_1,y_1)$，$B(x_2,y_2)$ 连线为直径的圆符合所求.

由 $\begin{cases}2x-y+3=0,\\x^2+y^2+2x-4y+1=0,\end{cases}$ 消去 y 得

$$5x^2+6x-2=0,$$

判别式 $\Delta>0$. 设 AB 中点 $O'(x_0,y_0)$，则

横坐标 $x_0=\frac{x_1+x_2}{2}=-\frac{3}{5}$,

纵坐标 $y_0=2x_0+3=\frac{9}{5}$,

即圆心 $O'\left(-\frac{3}{5},\frac{9}{5}\right)$.

又半径 $r=\frac{1}{2}|x_1-x_2|\cdot\sqrt{1+2^2}=\sqrt{\frac{19}{5}}$,

∴ 所求面积最小的圆的方程是 $\left(x+\frac{3}{5}\right)^2+\left(y-\frac{9}{5}\right)^2=\frac{19}{5}$.

要熟练地进行圆的一般式与标准式之间的互化，这里配方法十分重要. 方法二用到求弦长的公式 $|AB|=|x_1-x_2|\cdot\sqrt{1+k^2}$. 对于圆的弦长，还可以利用勾股定理求得，即 $|AB|=2\sqrt{r^2-d^2}$，其中 r 为圆半径，d 为圆心到弦的距离.

例3 求过点 $P(4,-1)$,且与圆 $C:x^2+y^2+2x-6y+5=0$ 切于点 $M(1,2)$ 的圆的方程.

解 方法一:利用平面几何知识(待定系数法之一)

设所求圆的圆心 A 的坐标为 (m,n),半径为 r,则 A,M,C 三点共线,且 $|MA|=|AP|=r$.

圆 $C:(x+1)^2+(y-3)^2=5$,点 $C(-1,3)$,

故 $\begin{cases} \dfrac{n-2}{m-1}=\dfrac{2-3}{1+1}, \\ \sqrt{(m-1)^2+(n-2)^2}=\sqrt{(m-4)^2+(n+1)^2}=r, \end{cases}$

解得 $m=3, n=1, r=\sqrt{5}$,

∴ 所求圆的方程是 $(x-3)^2+(y-1)^2=5$.

方法二:利用过两曲线交点的曲线系(待定系数法之二)

∵ 圆 C 过点 $M(1,2)$ 的切线方程为 $2x-y=0$,

∴ 设所求圆 A 的方程为 $x^2+y^2+2x-6y+5+\lambda(2x-y)=0$.

∵ 点 $P(4,-1)$ 在圆 A 上,

∴ 代 $x=4, y=-1$ 入圆 A 的方程,求得 $\lambda=-4$,

∴ 所求圆的方程是 $x^2+y^2-6x-2y+5=0$.

点评 本题涉及两圆相切,要充分利用平面几何知识,以减少运算量.方法二中,用到过两曲线 $F_1(x,y)=0, F_2(x,y)=0$ 交点的曲线系是 $F_1(x,y)+\lambda F_2(x,y)=0(\lambda\in\mathbf{R})$,这也应该掌握.

例4 设圆满足:(1)截 y 轴所得弦长为 2;(2)被 x 轴分成两段圆弧,弧长之比为 3∶1.

在满足条件(1),(2)的所有圆中,求圆心到直线 $l:x-2y=0$ 的距离最小的圆的方程.

解 关键是确定圆心坐标和半径.

如图1.7,设圆心 $A(a,b)$,则半径 $r=\sqrt{2}|b|$.
由截 y 轴弦长为 2 知,$a^2+1=r^2=2b^2$.
又圆心 A 到 l 的距离 $d=\dfrac{1}{\sqrt{5}}|a-2b|$,

∴ $5d^2=a^2+4b^2-4ab \geqslant a^2+4b^2-2(a^2+b^2)=2b^2-a^2=1$,当且仅当 $a=b$ 时等号成立.

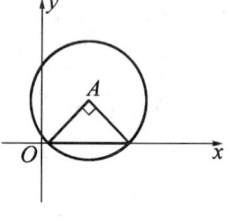

图 1.7

由 $\begin{cases}a=b,\\a^2+1=r^2,\\2b^2=r^2,\end{cases}$ 解得 $\begin{cases}a=1,\\b=1,\\r=\sqrt{2},\end{cases}$ 或 $\begin{cases}a=-1,\\b=-1,\\r=\sqrt{2}.\end{cases}$

∴ 圆的方程为 $(x-1)^2+(y-1)^2=2$ 或 $(x+1)^2+(y+1)^2=2$.

点评 本题为 1997 年全国高考理科第 25 题,难度系数 0.20. 难在什么地方呢?第一文字叙述较长,有同学读不懂题;第二涉及众多知识,有同学不会运用;第三丢解,忽略了不同的位置关系. 会不会用知识和怎样用知识,是一个人有没有能力和能力高低的重要标志!

二、直线和圆综合问题

1. 点与圆的位置关系

设点 P 到圆 $C:(x-a)^2+(y-b)^2=r^2$ 的圆心 $C(a,b)$ 的距离为 d,则有:

$d>r \Leftrightarrow$ 点 P 在圆外;

 直线与圆

$d=r \Leftrightarrow$ 点 P 在圆上；
$d<r \Leftrightarrow$ 点 P 在圆内.

2. 直线与圆的位置关系

设直线 l: $\qquad Ax+By+C=0$,
圆 C: $\qquad (x-a)^2+(y-b)^2=r^2$,

圆心 $C(a,b)$ 到直线 l 的距离为 d. 联立两个方程消去 x 或 y 后，所得一元二次方程的根的判别式为 Δ，则有：

直线和圆相交 $\Leftrightarrow d<r$(或 $\Delta>0$)；
直线和圆相切 $\Leftrightarrow d=r$(或 $\Delta=0$)；
直线和圆相离 $\Leftrightarrow d>r$(或 $\Delta<0$).

运用 d 与 r 比较判别法，只对直线与圆的位置关系适用，且比较简便. 而用"Δ"判定，在讨论直线与二次曲线的位置关系时都适用.

3. 圆的切线方程

通过圆 $x^2+y^2=r^2$ 上一点 $P(x_0,y_0)$ 的切线方程是
$$x_0 x+y_0 y=r^2.$$

4. 两个圆的位置关系

设两圆的半径分别为 $R,r,R \geqslant r$，圆心距为 d，则两圆的位置关系可用下表表示：

位置关系	相 离	外 切	相 交	内 切	内 含
几何特征	$d>R+r$	$d=R+r$	$R-r<d<R+r$	$d=R-r$	$d<R-r$
代数特征	无实数解	一组实数解	两组实数解	一组实数解	无实数解

例 5 一直线过原点，与半圆 $(x-2)^2+y^2=1(y \geqslant 0)$ 的交点为 P，Q，且满足 $|OP|=2|PQ|$. 求此直线方程.

分析 由于 $|OP|=2|PQ|$，用直线参数方程的几何意义求解，可能较简便.

解 当 $\dfrac{OP}{PQ}=-2$ 时,如图 1.8 所示.

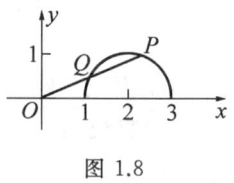

图 1.8

设直线方程为 $\begin{cases} x=t\cos\alpha, \\ y=t\sin\alpha, \end{cases}$ (t 为参数),

代入圆方程得 $(t\cos\alpha-2)^2+(t\sin\alpha)^2=1$,

∴ $t^2-4t\cos\alpha+3=0$, ∴ $t_1+t_2=4\cos\alpha$,$t_1t_2=3$,且 $t_2=2t_1$,

∴ $\cos\alpha=\sqrt{\dfrac{27}{32}}$(舍负),$\tan\alpha=\sqrt{\dfrac{5}{27}}$.

∴ 直线方程为 $y=\dfrac{\sqrt{15}}{9}x$.

当 $\dfrac{OP}{PQ}=2$ 时,如图 1.9 所示,

同理可得直线方程为 $y=\dfrac{\sqrt{7}}{5}x$.

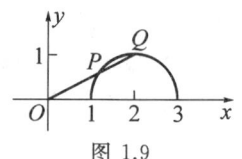

图 1.9

因此,所求的直线方程为 $y=\dfrac{\sqrt{15}}{9}x$ 或 $y=\dfrac{\sqrt{7}}{5}x$.

> **点评** 本题如果不用直线的参数方程,可设所求直线方程为 $y=kx$ 来解.但要注意代入半圆的方程求交点时,有 $x_2=2x_1$ 或 $x_2=\dfrac{2}{3}x_1$,否则会丢掉一解.

例 6 自点 $A(-3,3)$ 发出的光线 l 射到 x 轴上,被 x 轴反射,其反射光线所在直线与圆 $x^2+y^2-4x-4y+7=0$ 相切.求光线 l 所在直线的方程.

解 方法一:常规方法(待定系数法)

设光线 l 所在直线的方程为 $y-3=k(x+3)$,则反射点的坐标为 $\left(-\dfrac{3(1+k)}{k},0\right)$($k$ 存在且 $k\neq 0$).

∵ 光线的入射角等于反射角,

∴ 反射线 l' 所在直线的方程为 $y = -k\left(x + \dfrac{3(1+k)}{k}\right)$,

即 $l': y + kx + 3(1+k) = 0$.

∵ l' 与圆 $(x-2)^2 + (y-2)^2 = 1$ 相切,

∴ 圆心到 l' 的距离 $d = \dfrac{|2 + 2k + 3(1+k)|}{\sqrt{1+k^2}} = 1$,

∴ $k = -\dfrac{3}{4}$ 或 $k = -\dfrac{4}{3}$.

∴ 光线 l 所在直线的方程为
$$3x + 4y - 3 = 0 \text{ 或 } 4x + 3y + 3 = 0.$$

方法二：利用对称

已知圆 $(x-2)^2 + (y-2)^2 = 1$ 关于 x 轴的对称圆 C' 的方程为
$$(x-2)^2 + (y+2)^2 = 1.$$

设光线 l 所在的直线方程为 $y - 3 = k(x + 3)$,则 l 与圆 C' 相切,如图 1.10.

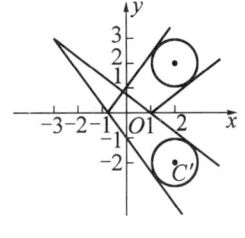

图 1.10

∴ $d = \dfrac{|5k + 5|}{\sqrt{1+k^2}} = 1$,$k = -\dfrac{3}{4}$ 或 $k = -\dfrac{4}{3}$.

∴ 光线 l 所在直线的方程为 $3x + 4y - 3 = 0$ 或 $4x + 3y + 3 = 0$.

> **点评** 已知曲线的类型,关键是确定曲线方程中待定的系数.在掌握常规方法的基础上,应学习和运用对称等特殊方法,使运算过程得以简化和优化.

高中数学中常见的几种对称小结如下：

1. 中心对称

点 $P(x, y)$ 关于点 $A(a, b)$ 的对称点为 $Q(2a - x, 2b - y)$.

曲线 $F(x, y) = 0$ 关于点 $A(a, b)$ 的对称曲线是
$$F(2a - x, 2b - y) = 0.$$

2. 轴对称

点 $P(x,y)$ 关于直线 $y=kx+b$ 的对称点为

$$Q\left(\frac{(1-k^2)x+2k(y-b)}{k^2+1}, \frac{(k^2-1)y+2(kx+b)}{k^2+1}\right).(不必记忆)$$

特别地:对点 $P(x,y)$,

关于直线 $x=a$ 的对称点为 $Q_1(2a-x,y)$,

关于直线 $y=x$ 的对称点为 $Q_2(y,x)$,

关于直线 $y=x+b$ 的对称点为 $Q_3(y-b,x+b)$,

关于直线 $y=-x+b$ 的对称点为 $Q_4(-y+b,-x+b)$.

曲线 $F(x,y)=0$ 关于直线 $y=kx+b$ 的对称曲线是

$$F\left(\frac{(1-k^2)x+2k(y-b)}{k^2+1}, \frac{(k^2-1)y+2(kx+b)}{k^2+1}\right)=0.$$

特别地:对曲线 $F(x,y)=0$,

关于直线 $x=a$ 的对称曲线是 $F(2a-x,y)=0$,

关于直线 $y=x$ 的对称曲线是 $F(y,x)=0$,

关于直线 $y=x+b$ 的对称曲线是 $F(y-b,x+b)=0$,

关于直线 $y=-x+b$ 的对称曲线是 $F(-y+b,-x+b)=0$.

3. 代数中的对称

奇函数的图像关于原点对称,

偶函数的图像关于 y 轴对称,

互为反函数的两函数图像关于直线 $y=x$ 对称.

对 $y=A\sin(\omega x+\varphi)(A\neq 0,\omega>0)$ 的图像,

当 $\omega x_0+\varphi=k\pi(k\in \mathbf{Z})$ 时,关于点 $(x_0,0)$ 对称;

当 $\omega m+\varphi=k\pi+\frac{\pi}{2}(k\in \mathbf{Z})$ 时,关于直线 $x=m$ 对称.

例 7 已知定圆 $x^2+y^2=R^2$ 与圆外一定点 $A(x_0,y_0)$. 过点 A 引圆的两条切线,求经过两切点 F,C 的直线方程.

分析 本题若设直线 FC 的方程为 $Ax+By+C=0$,一是待定系数较多,二是已知条件不好用,运算较繁难.若利用平面几何知识,得出以 OA 为直径的圆 $x(x-x_0)+y(y-y_0)=0$,再求其与定圆 O 的交点即为 F,C,最后由两点式得直线 FC 的方程,运算也不容易.下面介绍一种新思路求解.

解 设 $F(x_1,y_1)$,$C(x_2,y_2)$,则两切线方程为
$$x_1x+y_1y=R^2,\ x_2x+y_2y=R^2.$$
∵ 点 $A(x_0,y_0)$ 在切线 AF,AC 上,

∴ $x_1x_0+y_1y_0=R^2$ 且 $x_2x_0+y_2y_0=R^2$,

∴ 过 F,C 两点的直线方程为 $x_0x+y_0y=R^2$.

> **点评** 本题解答没有用常规的待定系数法,即设 FC 的方程为 $y=kx+b$(k 存在时),那样做会较繁难.转变看问题的角度,两点确定一条直线,F,C 的坐标 (x_1,y_1),(x_2,y_2) 都适合直线方程 $x_0x+y_0y=R^2$,则 FC 的方程即为 $x_0x+y_0y=R^2$.
>
> 思考数学问题时,运用等价转化的思想方法,对问题进行适当的变换,把它从一种形式转换为另一种形式,往往能化繁为简、化难为易.回想分析中讲到的第二种思路,在以 OA 为直径的圆的方程 $x(x-x_0)+y(y-y_0)=0$ 中,只要将 x^2+y^2 用 R^2 替换即得 FC 的方程.但怎样解释呢?请大家思考一下.

例8 已知圆 $O:x^2+y^2=8$,直线 l 过定点 $P(4,0)$.试讨论 l 与圆 O 的位置关系,并求出相应的 l 倾斜角的取值范围.

解 方法一:利用点到直线的距离

设 $l:y=k(x-4)$,l 的倾斜角为 α,

则 $\dfrac{|4k|}{\sqrt{1+k^2}}>2\sqrt{2}$ 时,l 与圆 O 相离;$\dfrac{|4k|}{\sqrt{1+k^2}}=2\sqrt{2}$ 时,l 与圆 O 相切;

$\dfrac{|4k|}{\sqrt{1+k^2}}<2\sqrt{2}$ 时,l 与圆 O 相交.

∴ 当 $k^2=1$,即 $\alpha=\dfrac{\pi}{4}$ 或 $\alpha=\dfrac{3\pi}{4}$ 时,l 与圆 O 相切;

当 $k^2<1$，即 $\alpha\in\left[0,\dfrac{\pi}{4}\right)\cup\left(\dfrac{3\pi}{4},\pi\right)$ 时，l 与圆 O 相交；

当 $k^2>1$，即 $\alpha\in\left(\dfrac{\pi}{4},\dfrac{3\pi}{4}\right)$ 时，l 与圆 O 相离。

方法二：利用判别式

设 $l:y=k(x-4)$，l 的倾斜角为 α。

由 $\begin{cases} y=k(x-4),\\ x^2+y^2=8,\end{cases}$ 消去 y 得：

$$(1+\tan^2\alpha)x^2-8x\tan^2\alpha+16\tan^2\alpha-8=0.$$

∴ $\Delta=64\tan^4\alpha-4(1+\tan^2\alpha)(16\tan^2\alpha-8)=32(1-\tan^2\alpha)$.

∴ 当 $\tan^2\alpha=1$，即 $\alpha=\dfrac{\pi}{4}$ 或 $\alpha=\dfrac{3\pi}{4}$ 时，l 与圆 O 相切；

当 $\tan^2\alpha<1$，即 $\alpha\in\left[0,\dfrac{\pi}{4}\right)\cup\left(\dfrac{3\pi}{4},\pi\right)$ 时，l 与圆 O 相交；

当 $\tan^2\alpha>1$，即 $\alpha\in\left(\dfrac{\pi}{4},\dfrac{3\pi}{4}\right)$ 时，l 与圆 O 相离。

点评 分类是自然科学的基本方法。数学中的分类讨论的思想方法，就是依据数学对象的共同点和差异点，将其区分为不同种类，分类讨论并归纳结论。这一思想方法，在近代数学和现代数学中占有重要地位，是应该学习和掌握的。

例9 已知 $x,y\in\mathbf{R}$，且 $x^2+y^2-4x-6y+12=0$。求：

(1) $\dfrac{y}{x}$ 的最值；　　　　(2) x^2+y^2 的最值；

(3) $x+y$ 的最值；　　　　(4) $x-y$ 的最值。

解 本题应采用数形结合，将代数式或方程赋予几何意义。

$(x-2)^2+(y-3)^2=1$ 表示以点 $C(2,3)$ 为圆心、1 为半径的圆。

(1) $\dfrac{y}{x}$ 表示圆 C 上的点 $P(x,y)$ 与坐标原点 $O(0,0)$ 连线的斜率

k,故当 $y=kx$ 为圆 C 的切线时,k 取到最值.

∵ $\dfrac{|2k-3|}{\sqrt{1+k^2}}=1$, ∴ $k=2\pm\dfrac{2}{3}\sqrt{3}$.

∴ $\dfrac{y}{x}$ 的最大值为 $2+\dfrac{2}{3}\sqrt{3}$,最小值为 $2-\dfrac{2}{3}\sqrt{3}$.

(2) x^2+y^2 表示圆 C 上的点 $P(x,y)$ 与坐标原点 $O(0,0)$ 联结的线段长的平方,故由平面几何知识知,当 P 为直线 OC 与圆 C 的两交点 P_1,P_2 时,OP_1^2 与 OP_2^2 分别为 OP^2 的最大值、最小值.

∴ x^2+y^2 的最大值为 $(\sqrt{2^2+3^2}+1)^2=14+2\sqrt{13}$,

最小值为 $(\sqrt{2^2+3^2}-1)^2=14-2\sqrt{13}$.

(3) 令 $x+y=m$,

当直线 $l:x+y=m$ 与圆 C 相切时,l 在坐标轴上的截距 m 取得最值.

∵ $\dfrac{|2+3-m|}{\sqrt{2}}=1$, ∴ $m=5\pm\sqrt{2}$.

∴ $x+y$ 的最大值为 $5+\sqrt{2}$,最小值为 $5-\sqrt{2}$.

(4) 令 $x-y=n$,

当直线 $l':x-y=n$ 与圆 C 相切时,l' 在坐标轴上截距的相反数 n 取得最值.

∵ $\dfrac{|2-3-n|}{\sqrt{2}}=1$, ∴ $n=-1\pm\sqrt{2}$.

∴ $x-y$ 的最大值为 $-1+\sqrt{2}$,最小值为 $-1-\sqrt{2}$.

点评 从"数"中认识"形",从"形"中认识"数",数形结合相互转化,是数学思维的基本方法之一."数学是一个有机的统一体,它的生命力的一个必要条件是所有的各个部分不可分离地结合."(希尔伯特)数形结合的思维能力不仅是中学生的数学能力、数学素养的主要标志之一,而且也是学习高等数学和现代数学的基本能力.本题是利用直线和圆的知识求最值的典型题目.

例 10 已知圆 O 的方程是 $x^2+y^2=9$,求过点 $A(1,2)$ 所作的圆的弦中点 P 的轨迹.

解 方法一:参数法(常规方法)

设过 A 的弦所在的直线方程为 $y-2=k(x-1)$(k 存在时),中点 $P(x,y)$,则由 $\begin{cases} x^2+y^2=9, \\ y=kx+(2-k), \end{cases}$ 消去 y 得

$$(1+k^2)x^2+2k(2-k)x+k^2-4k-5=0,$$

$$\therefore \quad x_1+x_2=\frac{2k(k-2)}{k^2+1}.$$

利用中点坐标公式及中点在直线上,

得 $\begin{cases} x=\dfrac{k(k-2)}{k^2+1}, \\ y=\dfrac{-k+2}{k^2+1}, \end{cases}$ (k 为参数),

消去 k 得 P 点的轨迹方程为 $x^2+y^2-x-2y=0$.

当 k 不存在时,中点 $P(1,0)$ 的坐标也适合方程.

$\therefore$ 点 P 的轨迹是以点 $\left(\dfrac{1}{2},1\right)$ 为圆心、$\dfrac{\sqrt{5}}{2}$ 为半径的圆.

方法二:代点法(涉及中点问题可考虑此法)

设过点 A 的弦为 MN,$M(x_1,y_1)$,$N(x_2,y_2)$.

$\because$ M,N 在圆 O 上, $\therefore$ $\begin{cases} x_1^2+y_1^2=9, \\ x_2^2+y_2^2=9, \end{cases}$

相减得 $(x_1+x_2)+\dfrac{y_1-y_2}{x_1-x_2}\cdot(y_1+y_2)=0$ $(x_1\neq x_2)$.

设 $P(x,y)$,则 $x=\dfrac{x_1+x_2}{2}$,$y=\dfrac{y_1+y_2}{2}$,

$\therefore$ M,N,P,A 四点共线,$\dfrac{y_1-y_2}{x_1-x_2}=\dfrac{y-2}{x-1}$ $(x\neq 1)$,

$\therefore$ $2x+\dfrac{y-2}{x-1}\cdot 2y=0$.

$\therefore$ 中点 P 的轨迹方程是 $x^2+y^2-x-2y=0$($x=1$ 时也正确).

第一讲 直线与圆

∴ 点 P 的轨迹是以点 $\left(\dfrac{1}{2}, 1\right)$ 为圆心、$\dfrac{\sqrt{5}}{2}$ 为半径的圆.

方法三:数形结合(利用平面几何知识)

由垂径定理知 $OP \perp PA$,故点 P 的轨迹是以 AO 为直径的圆.下略.

本题涉及求轨迹方程的三种间接方法.

方法一代表了解析几何的基本思路和基本方法,即由 $\begin{cases} f(x,y)=0, \\ g(x,y)=0, \end{cases}$ 消去 y(或 x)得关于 x(或 y)的一元二次方程 $Ax^2+Bx+C=0$,再利用求根公式、判别式、韦达定理等得解.

方法二又叫平方差法,要求弦的中点轨迹方程时,用此法比较简便.基本思路是利用弦的两个端点 $M(x_1, y_1), N(x_2, y_2)$ 在已知曲线上,将点的坐标代入已知方程,然后相减,利用平方差公式可得 $x_1+x_2, y_1+y_2, x_1-x_2, y_1-y_2$ 等.再由弦 MN 的中点 $P(x,y)$ 的坐标满足 $x=\dfrac{x_1+x_2}{2}, y=\dfrac{y_1+y_2}{2}$,以及直线 MN 的斜率 $k=\dfrac{y_1-y_2}{x_1-x_2}(x_1 \neq x_2)$ 等,设法消去 x_1, x_2, y_1, y_2,即可得弦 MN 的中点 P 的轨迹方程.用此法时,对斜率不存在的情况要单独讨论.

方法三数形结合,利用了平面几何等知识,有时能使求解过程变得非常简洁.

学好解析几何,要掌握特点,注意四个结合:

① 数形结合:形不离数,数不离形,依形判断,就数论形;

② 动静结合:动中有静,静中有动,几何条件——曲线方程——图形性质;

③ 特殊与一般结合:一般性寓于特殊性之中,特殊化与一般化是重要的数学思维方法;

④ 理论与实际结合:学以致用,创造开拓.

习题 1.b

1. 将直线 $y=3x$ 绕原点逆时针旋转 $90°$，再向右平移 1 个单位，所得到的直线为（　　）．

(A) $y=-\dfrac{1}{3}x+\dfrac{1}{3}$　　　　(B) $y=-\dfrac{1}{3}x+1$

(C) $y=3x-3$　　　　(D) $y=\dfrac{1}{3}x+1$

2. 若直线 $\dfrac{x}{a}+\dfrac{y}{b}=1$ 通过点 $M(\cos\alpha,\sin\alpha)$，则（　　）．

(A) $a^2+b^2\leqslant 1$　　　　(B) $a^2+b^2\geqslant 1$

(C) $\dfrac{1}{a^2}+\dfrac{1}{b^2}\leqslant 1$　　　　(D) $\dfrac{1}{a^2}+\dfrac{1}{b^2}\geqslant 1$

3. 若过两点 $P_1(-1,2)$，$P_2(5,6)$ 的直线与 x 轴相交于点 P，则点 P 分有向线段 $\overrightarrow{P_1P_2}$ 所成的比 λ 的值为（　　）．

(A) $-\dfrac{1}{3}$　　(B) $-\dfrac{1}{5}$　　(C) $\dfrac{1}{5}$　　(D) $\dfrac{1}{3}$

4. 若过点 $A(4,0)$ 的直线 l 与曲线 $(x-2)^2+y^2=1$ 有公共点，则直线 l 的斜率的取值范围为（　　）．

(A) $[-\sqrt{3},\sqrt{3}]$　　　　(B) $(-\sqrt{3},\sqrt{3})$

(C) $\left[-\dfrac{\sqrt{3}}{3},\dfrac{\sqrt{3}}{3}\right]$　　　　(D) $\left(-\dfrac{\sqrt{3}}{3},\dfrac{\sqrt{3}}{3}\right)$

5. 圆 $x^2+y^2=1$ 与直线 $y=kx+2$ 没有公共点的充要条件是（　　）．

(A) $k\in(-\sqrt{2},\sqrt{2})$

(B) $k\in(-\infty,-\sqrt{2})\cup(\sqrt{2},+\infty)$

(C) $k\in(-\sqrt{3},\sqrt{3})$

(D) $k\in(-\infty,-\sqrt{3})\cup(\sqrt{3},+\infty)$

6. 直线 $\sqrt{3}x-y+m=0$ 与圆 $x^2+y^2-2x-2=0$ 相切，则实数 m 等于（　　）．

(A) $\sqrt{3}$ 或 $-\sqrt{3}$　　　　(B) $-\sqrt{3}$ 或 $3\sqrt{3}$

(C) $-3\sqrt{3}$ 或 $\sqrt{3}$ (D) $-3\sqrt{3}$ 或 $3\sqrt{3}$

7. 若实数 x,y 满足 $\begin{cases} x-y+1\geqslant 0, \\ x+y\geqslant 0, \\ x\leqslant 0, \end{cases}$ 则 $z=3^{x+y}$ 的最小值是(   ).

(A) 0   (B) 1   (C) $\sqrt{3}$ (D) 9

8. 若实数 x,y 满足 $\begin{cases} x-y+1\leqslant 0, \\ x>0, \end{cases}$ 则 $\dfrac{y}{x}$ 的取值范围是(   ).

(A) $(0,1)$ (B) $(0,1]$ (C) $(1,+\infty)$ (D) $[1,+\infty)$

9. 若变量 x,y 满足约束条件 $\begin{cases} x-y\geqslant 0, \\ x+y\leqslant 1, \\ x+2y\geqslant 1, \end{cases}$ 则目标函数 $z=5x+y$ 的最大值为(   ).

(A) 2   (B) 3   (C) 4   (D) 5

10. 若变量 x,y 满足 $\begin{cases} 2x+y\leqslant 40, \\ x+2y\leqslant 50, \\ x\geqslant 0, \\ y\geqslant 0, \end{cases}$ 则 $z=3x+2y$ 的最大值是(   ).

(A) 90   (B) 80   (C) 70   (D) 40

11. 已知变量 x,y 满足条件 $\begin{cases} x\geqslant 1, \\ x-y\leqslant 0, \\ x+2y-9\leqslant 0, \end{cases}$ 则 $x+y$ 的最大值是(   ).

(A) 2   (B) 5   (C) 6   (D) 8

12. 若变量 x,y 满足约束条件: $\begin{cases} y\geqslant x, \\ x+2y\leqslant 2, \\ x\geqslant -2, \end{cases}$ 则 $z=x-3y$ 的最小值为(   ).

(A) -2 (B) -4 (C) -6 (D) -8

13. 已知实数 x,y 满足 $\begin{cases} y\geqslant 1, \\ y\leqslant 2x-1, \\ x+y\leqslant m, \end{cases}$ 如果目标函数 $z=x-y$ 的最小值为 -1,则实数 m 等于(   ).

(A) 7　　(B) 5　　(C) 4　　(D) 3

14. 设二元一次不等式组 $\begin{cases} x+2y-19\geqslant 0, \\ x-y+8\geqslant 0, \\ 2x+y-14\leqslant 0 \end{cases}$ 所表示的平面区域为 M,使函数 $y=a^x(a>0,a\neq 1)$ 的图像过区域 M 的 a 的取值范围是（　　）.

(A) $[1,3]$ 　　　　　　　　(B) $[2,\sqrt{10}]$

(C) $[2,9]$ 　　　　　　　　(D) $[\sqrt{10},9]$

15. 过点 $A(11,2)$ 作圆 $x^2+y^2+2x-4y-164=0$ 的弦,其中弦长为整数的共有（　　）.

(A) 16 条　　(B) 17 条　　(C) 32 条　　(D) 34 条

16. 已知圆的方程为 $x^2+y^2-6x-8y=0$. 设该圆过点 $(3,5)$ 的最长弦和最短弦分别为 AC 和 BD,则四边形 $ABCD$ 的面积为（　　）.

(A) $10\sqrt{6}$ 　　(B) $20\sqrt{6}$ 　　(C) $30\sqrt{6}$ 　　(D) $40\sqrt{6}$

17. 圆 $O_1:x^2+y^2-2x=0$ 和圆 $O_2:x^2+y^2-4y=0$ 的位置关系是（　　）.

(A) 相离　　(B) 相交　　(C) 外切　　(D) 内切

18. 如图 1.11,在平面直角坐标系中,Ω 是一个与 x 轴的正半轴、y 轴的正半轴分别相切于点 C,D 的定圆所围成的区域(含边界),A,B,C,D 是该圆的四等分点. 若点 $P(x,y)$,$P'(x',y')$ 满足 $x\leqslant x'$ 且 $y\geqslant y'$,则称 P 优于 P'. 如果 Ω 中的点 Q 满足:不存在 Ω 中的其他点优于 Q,那么所有这样的点 Q 组成的集合是劣弧（　　）.

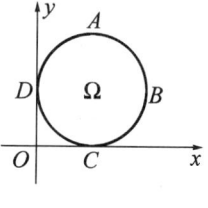

图 1.11

(A) $\overset{\frown}{AB}$ 　　(B) $\overset{\frown}{BC}$ 　　(C) $\overset{\frown}{CD}$ 　　(D) $\overset{\frown}{DA}$

19. 若 x,y 满足约束条件 $\begin{cases} x+y\geqslant 0, \\ x-y+3\geqslant 0, \\ 0\leqslant x\leqslant 3, \end{cases}$ 则 $z=2x-y$ 的最大值为 ＿＿＿＿＿.

20. 若 A 为不等式组 $\begin{cases} x\leqslant 0, \\ y\geqslant 0, \\ y-x\leqslant 2 \end{cases}$ 表示的平面区域,则当 a 从 -2 连

续变化到 1 时,动直线 $x+y=a$ 扫过 A 中的那部分区域的面积为 _____.

21. 若 $a\geqslant 0, b\geqslant 0$,且当 $\begin{cases} x\geqslant 0, \\ y\geqslant 0, \\ x+y\leqslant 1 \end{cases}$ 时,恒有 $ax+by\leqslant 1$,则以 a,b 为坐标的点 $P(a,b)$ 所形成的平面区域的面积等于 _____.

22. 若直线 $3x+4y+m=0$ 与圆 $\begin{cases} x=1+\cos\theta, \\ y=-2+\sin\theta \end{cases}$ (θ 为参数)没有公共点,则实数 m 的取值范围是 _____.

23. 如图 1.12,在平面直角坐标系 xOy 中,设 $\triangle ABC$ 的顶点分别为 $A(0,a), B(b,0), C(c,0)$,点 $P(0,p)$ 是线段 OA 上一点(异于端点),a,b,c,p 均为非零实数. 直线 BP, CP 分别交 AC, AB 于点 E, F. 一位同学已正确地求出直线 OE 的方程为 $\left(\dfrac{1}{b}-\dfrac{1}{c}\right)x+\left(\dfrac{1}{p}-\dfrac{1}{a}\right)y=0$,请你完成直线 OF

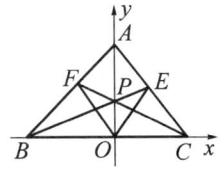

图 1.12

的方程:(_____)$x+\left(\dfrac{1}{p}-\dfrac{1}{a}\right)y=0$.

24. 经过圆 $x^2+2x+y^2=0$ 的圆心 C,且与直线 $x+y=0$ 垂直的直线方程是 _____.

25. 已知圆 C 的圆心与抛物线 $y^2=4x$ 的焦点关于直线 $y=x$ 对称. 直线 $4x-3y-2=0$ 与圆 C 相交于 A,B 两点,且 $|AB|=6$,则圆 C 的方程为 _____.

26. 已知直线 $l: x-y+6=0$ 与圆 $C: (x-1)^2+(y-1)^2=2$,则 C 上各点到 l 距离的最小值为 _____.

27. 在平面直角坐标系 xOy 中,二次函数 $f(x)=x^2+2x+b$ ($x\in \mathbf{R}$)与两坐标轴有三个交点. 记过这三个交点的圆为圆 C.

(1) 求实数 b 的取值范围;

(2) 求圆 C 的方程;

(3) 圆 C 是否经过定点(与 b 的取值无关)?证明你的结论.

第二讲 圆锥曲线

§2.1 椭　　圆

一、椭圆的两种定义

1. 平面内与两定点 F_1, F_2 的距离的和等于定长 $2a(>|F_1F_2|)$ 的点的轨迹,即点集 $M=\{P\mid |PF_1|+|PF_2|=2a, 2a>|F_1F_2|\}$（$2a=|F_1F_2|$ 时为线段 F_1F_2，$2a<|F_1F_2|$ 时无轨迹）。其中两定点 F_1, F_2 叫焦点,定点间的距离叫焦距（如图 2.1）。

2. 平面内一动点到一个定点 F 和一定直线 l 的距离的比是小于 1 的

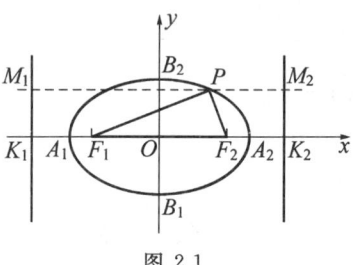

图 2.1

正常数的点的轨迹,即点集 $M=\left\{P\left|\dfrac{|PF|}{d}=e\right.\right.$，$e$ 为满足 $0<e<1$ 的常数$\Big\}$，F 称为焦点，l 称为 F 对应的准线，e 称为离心率.

二、椭圆的标准方程

1. 焦点在 x 轴上,中心在原点: $\dfrac{x^2}{a^2}+\dfrac{y^2}{b^2}=1(a>b>0)$.

焦点 $F_1(-c,0), F_2(c,0)$,其中 $c=\sqrt{a^2-b^2}$（构成一个 Rt△）.

2. 焦点在 y 轴上,中心在原点: $\dfrac{y^2}{a^2}+\dfrac{x^2}{b^2}=1(a>b>0)$.

焦点 $F_1(0,-c), F_2(0,c)$，其中 $c=\sqrt{a^2-b^2}$。

两种标准方程可用统一形式表示：$Ax^2+By^2=1(A>0,B>0,A\neq B)$。当 $A<B$ 时，椭圆的焦点在 x 轴上，$A>B$ 时焦点在 y 轴上。这种形式用起来更方便。

穿过两焦点并终止于椭圆的线段叫做长轴（如图 2.1 中的 A_1A_2）。长轴是通过联结椭圆上的两个点所能获得的最长线段。穿过中心（两焦点的中点）垂直于长轴并终止于椭圆的线段叫做短轴（如图 2.1 中的 B_1B_2）。半长轴是长轴的一半，即从中心通过一个焦点到椭圆边缘的线段。类似地，半短轴是短轴的一半。

三、椭圆的性质

对于椭圆：$\dfrac{x^2}{a^2}+\dfrac{y^2}{b^2}=1(a>b>0)$，它的主要性质如下。

1. 范围：在矩形 $|x|\leqslant a, |y|\leqslant b$ 之内。

2. 对称轴：长轴和短轴所在直线，此时就是两个坐标轴。对称中心是两个对称轴的交点，此时就是坐标原点。

3. 顶点：两个对称轴与椭圆的四个交点。

4. 焦点：$F_1(-c,0), F_2(c,0)$，其中 $c=\sqrt{a^2-b^2}$。

5. 准线方程：$x=\pm\dfrac{a^2}{c}$。

6. 离心率：$e=\dfrac{c}{a}$。

7. 焦半径公式：$|PF_1|=r_左=a+ex_0, |PF_2|=r_右=a-ex_0$（由第二定义推得），

$$|PF|_{\max}=a+c, |PF|_{\min}=a-c.$$

8. 焦准距 $p=\dfrac{b^2}{c}$，准线间距 $=\dfrac{2a^2}{c}$，过焦点垂直于长轴的直线与椭圆相交所得的线段叫椭圆的通径，通径长 $=2\times\dfrac{b^2}{a}$。

9. 最大角 $(\angle F_1PF_2)_{\max}=\angle F_1B_2F_2$。

证明：设 $|PF_1|=r_1, |PF_2|=r_2$，则

$$\cos P = \frac{r_1^2 + r_2^2 - 4c^2}{2r_1 r_2} = \frac{(r_1+r_2)^2 - 2r_1 r_2 - 4c^2}{2r_1 r_2}$$

$$\leqslant \frac{2b^2}{\left(\frac{r_1+r_2}{2}\right)^2} - 1 = \frac{2b^2}{a^2} - 1,$$

当且仅当 $r_1 = r_2$ 时取等号,此时角最大.

对于椭圆 $\dfrac{y^2}{a^2} + \dfrac{x^2}{b^2} = 1(a > b > 0)$ 的性质,可类似给出.

四、椭圆的固定参数

椭圆方程中的 a, b, c, e 与坐标系无关,是椭圆本身所固有的决定椭圆形状的参数,而焦点坐标、准线方程、顶点坐标则与坐标系有关.

五、椭圆的参数方程

对椭圆方程 $\dfrac{x^2}{a^2} + \dfrac{y^2}{b^2} = 1$,作三角换元即得椭圆的参数方程:

$$\begin{cases} x = a\cos\theta, \\ y = b\sin\theta. \end{cases}$$ 注意 θ 不是 $\angle xOP(x,y)$,称为点 P 的离心角.

有关圆锥曲线弦的中点和斜率问题,可利用"点差法"及结论.

设椭圆: $\dfrac{x^2}{a^2} + \dfrac{y^2}{b^2} = 1$ 上弦 AB 的中点为 $M(x_0, y_0)$,则斜率 $k_{AB} = -\dfrac{b^2 x_0}{a^2 y_0}$.

对椭圆: $\dfrac{y^2}{a^2} + \dfrac{x^2}{b^2} = 1$,则有 $k_{AB} = -\dfrac{a^2 x_0}{b^2 y_0}$.

例1 若椭圆 $ax^2 + by^2 = 1$ 与直线 $x + y = 1$ 交于 A, B 两点,M 为 AB 的中点,直线 OM(O 为原点)的斜率为 $\dfrac{\sqrt{2}}{2}$,且 $OA \perp OB$,求椭圆的方程.

分析 欲求椭圆方程,需求 a,b,为此需要得到关于 a,b 的两个方程. 由 OM 的斜率为 $\frac{\sqrt{2}}{2}$,$OA \perp OB$,易得 a,b 的两个方程.

解 方法一 设 $A(x_1,y_1),B(x_2,y_2),M(x_0,y_0)$.

由 $ax^2+by^2=1$ 和 $x+y=1$,可得 $(a+b)x^2-2bx+b-1=0$.

$\therefore \quad x_0=\dfrac{x_1+x_2}{2}=\dfrac{b}{a+b},\; y_0=\dfrac{y_1+y_2}{2}=1-\dfrac{x_1+x_2}{2}=\dfrac{a}{a+b}$,

即 $M\left(\dfrac{b}{a+b},\dfrac{a}{a+b}\right)$.

$\because \; k_{OM}=\dfrac{\sqrt{2}}{2},\; \therefore \; b=\sqrt{2}a$. $\hspace{4cm}$ (1)

$\because \; OA \perp OB,\; \therefore \; \dfrac{y_1}{x_1}\cdot\dfrac{y_2}{x_2}=-1,\; \therefore \; x_1x_2+y_1y_2=0$.

$\because \; x_1x_2=\dfrac{b-1}{a+b},\; y_1y_2=(1-x_1)(1-x_2)$,

$\therefore \; y_1y_2=1-(x_1+x_2)+x_1x_2=1-\dfrac{2b}{a+b}+\dfrac{b-1}{a+b}=\dfrac{a-1}{a+b}$,

$\therefore \; \dfrac{b-1}{a+b}+\dfrac{a-1}{a+b}=0,\; a+b=2$. $\hspace{3cm}$ (2)

由式(1),(2)得 $a=2(\sqrt{2}-1),b=2\sqrt{2}(\sqrt{2}-1)$.

$\therefore \;$ 所求方程为 $2(\sqrt{2}-1)x^2+2\sqrt{2}(\sqrt{2}-1)y^2=1$.

方法二 (点差法)

由 $ax_1^2+by_1^2=1,ax_2^2+by_2^2=1$,相减得

$$\dfrac{y_1-y_2}{x_1-x_2}=-\dfrac{a}{b}\cdot\dfrac{x_1+x_2}{y_1+y_2},$$

即 $-1=-\dfrac{a}{b}\cdot\dfrac{x_0}{y_0}=-\dfrac{a}{b}\sqrt{2},\; b=\sqrt{2}a$. 下同方法一.

例 2 已知椭圆 $C:\dfrac{x^2}{a^2}+\dfrac{y^2}{b^2}=1(a>b>0)$ 的左、右焦点为 F_1,F_2,离心率为 e. 直线 $l:y=ex+a$ 与 x 轴、y 轴分别交于点 A,B,M 是直线 l 与椭圆 C 的一个公共点,P 是点 F_1 关于直线 l 的对称点. 设 $\overrightarrow{AM}=\lambda\overrightarrow{AB}$.

(1) 证明:$\lambda=1-e^2$;

(2) 若 $\lambda=\dfrac{3}{4}$,$\triangle MF_1F_2$ 的周长为 6,写出椭圆 C 的方程;

(3) 确定 λ 的值,使得 $\triangle PF_1F_2$ 是等腰三角形.

解 (1) **方法一**

因为 A,B 分别是直线 $l:y=ex+a$ 与 x 轴、y 轴的交点,所以 A,B 的坐标分别是 $\left(-\dfrac{a}{e},0\right)$,$(0,a)$.

由 $\begin{cases} y=ex+a, \\ \dfrac{x^2}{a^2}+\dfrac{y^2}{b^2}=1, \end{cases}$ 得 $\begin{cases} x=-c, \\ y=\dfrac{b^2}{a}, \end{cases}$ 这里 $c=\sqrt{a^2-b^2}$,

所以点 M 的坐标是 $\left(-c,\dfrac{b^2}{a}\right)$.

由 $\overrightarrow{AM}=\lambda\overrightarrow{AB}$,得 $\left(-c+\dfrac{a}{e},\dfrac{b^2}{a}\right)=\lambda\left(\dfrac{a}{e},a\right)$,即 $\begin{cases} \dfrac{a}{e}-c=\lambda\dfrac{a}{e}, \\ \dfrac{b^2}{a}=\lambda a, \end{cases}$

解得 $\lambda=1-e^2$.

方法二

因为 A,B 分别是直线 $l:y=ex+a$ 与 x 轴、y 轴的交点,所以 A,B 的坐标分别是 $\left(-\dfrac{a}{e},0\right)$,$(0,a)$. 设 M 的坐标是 (x_0,y_0),由 $\overrightarrow{AM}=\lambda\overrightarrow{AB}$,得

$$\left(x_0+\dfrac{a}{e},y_0\right)=\lambda\left(\dfrac{a}{e},a\right),\ \text{所以}\ \begin{cases} x_0=\dfrac{a}{e}(\lambda-1), \\ y_0=\lambda a. \end{cases}$$

因为点 M 在椭圆上,所以 $\dfrac{x_0^2}{a^2}+\dfrac{y_0^2}{b^2}=1$,

即 $\dfrac{\left(\dfrac{a}{e}(\lambda-1)\right)^2}{a^2}+\dfrac{(\lambda a)^2}{b^2}=1$,所以 $\dfrac{(1-\lambda)^2}{e^2}+\dfrac{\lambda^2}{1-e^2}=1$,

$$e^4-2(1-\lambda)e^2+(1-\lambda)^2=0,$$

解得 $e^2=1-\lambda$，即 $\lambda=1-e^2$.

(2) 当 $\lambda=\dfrac{3}{4}$ 时，$c=\dfrac{1}{2}$，所以 $a=2c$. 由 $\triangle MF_1F_2$ 的周长为 6，得 $2a+2c=6$，所以 $a=2$，$c=1$，$b^2=a^2-c^2=3$.

故椭圆方程为 $\dfrac{x^2}{4}+\dfrac{y^2}{3}=1$.

(3) **方法一**

因为 $PF_1\perp l$，所以 $\angle PF_1F_2=90°+\angle BAF_1$ 为钝角. 要使 $\triangle PF_1F_2$ 为等腰三角形，必有 $|PF_1|=|F_1F_2|$，即 $\dfrac{1}{2}|PF_1|=c$.

设点 F_1 到 l 的距离为 d，

由 $\dfrac{1}{2}|PF_1|=d=\dfrac{|e(-c)+0+a|}{\sqrt{1+e^2}}=\dfrac{|a-ec|}{\sqrt{1+e^2}}=c$，

得 $\dfrac{1-e^2}{\sqrt{1+e^2}}=e$，所以 $e^2=\dfrac{1}{3}$，于是 $\lambda=1-e^2=\dfrac{2}{3}$.

即当 $\lambda=\dfrac{2}{3}$ 时，$\triangle PF_1F_2$ 为等腰三角形.

方法二

因为 $PF_1\perp l$，所以 $\angle PF_1F_2=90°+\angle BAF_1$ 为钝角. 要使 $\triangle PF_1F_2$ 为等腰三角形，必有 $|PF_1|=|F_1F_2|$.

设点 P 的坐标是 (x_0,y_0)，

则 $\begin{cases}\dfrac{y_0-0}{x_0+c}=-\dfrac{1}{e},\\ \dfrac{y_0+0}{2}=e\dfrac{x_0-c}{2}+a,\end{cases}$ 解得 $\begin{cases}x_0=\dfrac{e^2-3}{e^2+1}c,\\ y_0=\dfrac{2(1-e^2)a}{e^2+1}.\end{cases}$

由 $|PF_1|=|F_1F_2|$，

得 $\left(\dfrac{(e^2-3)c}{e^2+1}+c\right)^2+\left(\dfrac{2(1-e^2)a}{e^2+1}\right)^2=4c^2$，

两边同时除以 $4a^2$，化简得 $\dfrac{(e^2-1)^2}{e^2+1}=e^2$，从而 $e^2=\dfrac{1}{3}$，

于是 $\lambda=1-e^2=\dfrac{2}{3}$.

即当 $\lambda=\dfrac{2}{3}$ 时，$\triangle PF_1F_2$ 为等腰三角形.

例3 (1) 求右焦点坐标是$(2,0)$,且经过点$(-2,-\sqrt{2})$的椭圆的标准方程;

(2) 已知椭圆C的方程是$\dfrac{x^2}{a^2}+\dfrac{y^2}{b^2}=1(a>b>0)$,设斜率为$k$的直线$l$交椭圆$C$于$A,B$两点,$AB$的中点为$M$.证明:当直线$l$平行移动时,动点$M$在一条过原点的定直线上;

(3) 利用(2)所揭示的椭圆几何性质,用作图方法找出给定椭圆的中心,简要写出作图步骤,并在图中标出椭圆的中心.

解 (1) 设椭圆的标准方程为$\dfrac{x^2}{a^2}+\dfrac{y^2}{b^2}=1,a>b>0$,

则$a^2=b^2+4$,即椭圆的方程为$\dfrac{x^2}{b^2+4}+\dfrac{y^2}{b^2}=1$.

∵ 点$(-2,-\sqrt{2})$在椭圆上,∴ $\dfrac{4}{b^2+4}+\dfrac{2}{b^2}=1$,

解得$b^2=4$或$b^2=-2$(舍),
由此得$a^2=8$.

因此椭圆的标准方程为$\dfrac{x^2}{8}+\dfrac{y^2}{4}=1$.

(2) 设直线l的方程为$y=kx+m$,它与椭圆C的交点为$A(x_1,y_1)$,$B(x_2,y_2)$.

由 $\begin{cases} y=kx+m, \\ \dfrac{x^2}{a^2}+\dfrac{y^2}{b^2}=1, \end{cases}$

解得$(b^2+a^2k^2)x^2+2a^2kmx+a^2m^2-a^2b^2=0$.

∵ $\Delta>0$,∴ $m^2<b^2+a^2k^2$,即$-\sqrt{b^2+a^2k^2}<m<\sqrt{b^2+a^2k^2}$.

又$x_1+x_2=-\dfrac{2a^2km}{b^2+a^2k^2}$,$y_1+y_2=kx_1+m+kx_2+m=\dfrac{2b^2m}{b^2+a^2k^2}$,

∴ AB中点M的坐标为$\left(-\dfrac{a^2km}{b^2+a^2k^2},\dfrac{b^2m}{b^2+a^2k^2}\right)$.

∴ 线段AB的中点M在过原点的直线$b^2x+a^2ky=0$上.

(3) 如图2.2,作两条平行直线分别交椭圆于A,B和C,D,并分别

取 AB, CD 的中点 M, N，联结直线 MN. 另作两条平行直线（与前两条直线不平行）分别交椭圆于 A_1, B_1 和 C_1, D_1，并分别取 A_1B_1, C_1D_1 的中点 M_1, N_1，联结直线 M_1N_1. 直线 MN 和 M_1N_1 的交点 O 即为椭圆中心.

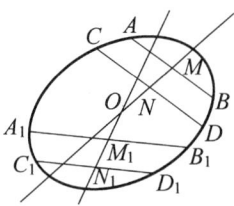

图 2.2

例 4 如图 2.3，椭圆 $Q: \dfrac{x^2}{a^2} + \dfrac{y^2}{b^2} = 1 (a > b > 0)$ 的右焦点为 $F(c, 0)$，过点 F 的一动直线 m 绕点 F 转动，并且交椭圆于 A, B 两点，P 为线段 AB 的中点.

(1) 求点 P 的轨迹 H 的方程；

(2) 若在椭圆 Q 的方程中，令 $a^2 = 1 + \cos\theta + \sin\theta, b^2 = \sin\theta \left(0 < \theta \leqslant \dfrac{\pi}{2}\right)$，试确定 θ 的值，使

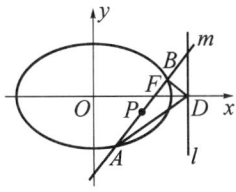

图 2.3

原点距椭圆 Q 的右准线 l 最远. 此时设 l 与 x 轴的交点为 D，当直线 m 绕点 F 转动到什么位置时，$\triangle ABD$ 的面积最大？

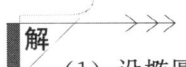

(1) 设椭圆 $Q: \dfrac{x^2}{a^2} + \dfrac{y^2}{b^2} = 1$ 上的点 $A(x_1, y_1), B(x_2, y_2)$，又设 P 点坐标为 $P(x, y)$，则
$$b^2 x_1^2 + a^2 y_1^2 = a^2 b^2, \tag{3}$$
$$b^2 x_2^2 + a^2 y_2^2 = a^2 b^2. \tag{4}$$

(i) 当 AB 不垂直于 x 轴时，$x_1 \neq x_2$，由 (3) - (4) 得
$$b^2(x_1 - x_2)2x + a^2(y_1 - y_2)2y = 0,$$
$$\therefore \ \dfrac{y_1 - y_2}{x_1 - x_2} = -\dfrac{b^2 x}{a^2 y} = \dfrac{y}{x - c},$$
$$\therefore \ b^2 x^2 + a^2 y^2 - b^2 cx = 0.$$

(ii) 当 AB 垂直于 x 轴时，点 P 即为点 F，也满足方程(5).

故所求点 P 的轨迹 H 的方程为：$b^2 x^2 + a^2 y^2 - b^2 cx = 0$.

(2) 因为椭圆 Q 右准线 l 的方程是 $x = \dfrac{a^2}{c}$,原点距椭圆 Q 的右准线 l 的距离为 $\dfrac{a^2}{c}$.

由于 $c^2 = a^2 - b^2, a^2 = 1 + \cos\theta + \sin\theta, b^2 = \sin\theta \left(0 < \theta \leq \dfrac{\pi}{2}\right)$,
则 $\dfrac{a^2}{c} = \dfrac{1 + \sin\theta + \cos\theta}{\sqrt{1 + \cos\theta}} = 2\sin\left(\dfrac{\theta}{2} + \dfrac{\pi}{4}\right)$.

当 $\theta = \dfrac{\pi}{2}$ 时,上式达到最大值. 所以当 $\theta = \dfrac{\pi}{2}$ 时,原点距椭圆 Q 的右准线 l 最远.

此时 $a^2 = 2, b^2 = 1, c = 1, D(2, 0), |DF| = 1$.

设椭圆 $Q: \dfrac{x^2}{2} + \dfrac{y^2}{1} = 1$ 上的点 $A(x_1, y_1), B(x_2, y_2)$,
$\triangle ABD$ 的面积 $S = \dfrac{1}{2}|y_1| + \dfrac{1}{2}|y_2| = \dfrac{1}{2}|y_1 - y_2|$.

设直线 m 的方程为 $x = ky + 1$,代入 $\dfrac{x^2}{2} + \dfrac{y^2}{1} = 1$ 中,
得 $(2 + k^2)y^2 + 2ky - 1 = 0$.

由韦达定理得 $y_1 + y_2 = -\dfrac{2k}{2 + k^2}, y_1 y_2 = -\dfrac{1}{2 + k^2}$,
$$4S^2 = (y_1 - y_2)^2 = (y_1 + y_2)^2 - 4y_1 y_2 = \dfrac{8(k^2 + 1)}{(k^2 + 2)^2}.$$

令 $t = k^2 + 1 \geq 1$,得 $4S^2 \leq \dfrac{8t}{4t} = 2$,当 $t = 1, k = 0$ 取等号.

因此,当直线 m 绕点 F 转动到垂直于 x 轴位置时,$\triangle ABD$ 的面积最大.

注意这种直线方程的设法,适用于"含斜率不存在,而无斜率为零的情况".

例 5 (1) 已知点 P 的坐标是 $(-1, -3)$,F 是椭圆 $\dfrac{x^2}{16} + \dfrac{y^2}{12} = 1$ 的

右焦点,点 Q 在椭圆上移动.当 $|QF|+\frac{1}{2}|PQ|$ 取最小值时,求点 Q 的坐标,并求出其最小值;

(2) 设椭圆的中心是坐标原点,长轴在 x 轴上,离心率 $e=\frac{\sqrt{3}}{2}$.已知点 $P\left(0,\frac{3}{2}\right)$ 到这个椭圆上的点的最远距离是 $\sqrt{7}$,求这个椭圆的方程,并求椭圆上到点 P 的距离是 $\sqrt{7}$ 的点的坐标.

解 (1) 由椭圆方程可知 $a=4,b=2\sqrt{3}$,则 $c=2$, $e=\frac{1}{2}$,椭圆的右准线方程为 $x=8$.

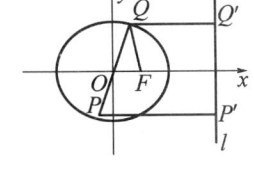

图 2.4

如图 2.4,过点 Q 作 $QQ'\perp l$ 于点 Q',过点 P 作 $PP'\perp l$ 于点 P',则由椭圆的第二定义知,$\frac{|QF|}{|QQ'|}=e$.

∴ $|QF|=\frac{1}{2}|QQ'|,|QF|+\frac{1}{2}|PQ|=\frac{1}{2}(|QQ'|+|PQ|)$.

易知当 P,Q,Q' 在同一直线上,即当 Q' 与 P' 点重合时,$|QQ'|+|PQ|$ 才能取得最小值,最小值为 $8-(-1)=9$.此时点 Q 的纵坐标为 -3,代入椭圆方程得 $x=\pm2$.

因此,当 Q 点运动到 $(2,-3)$ 处时,$|QF|+\frac{1}{2}|PQ|$ 取最小值 9.

(2) 设所求的椭圆方程是 $\frac{x^2}{a^2}+\frac{y^2}{b^2}=1(a>b>0)$.

由 $e^2=\frac{c^2}{a^2}=\frac{a^2-b^2}{a^2}=1-\left(\frac{b}{a}\right)^2=\frac{3}{4}$,解得 $\frac{b}{a}=\frac{1}{2}$.

设椭圆上的点 (x,y) 到点 P 的距离为 d,

则 $d^2=x^2+\left(y-\frac{3}{2}\right)^2=a^2-\frac{a^2}{b^2}y^2+\left(y-\frac{3}{2}\right)^2$

$=-3\left(y+\frac{1}{2}\right)^2+4b^2+3$,

其中 $-b\leqslant y\leqslant b$.如果 $b<\frac{1}{2}$,则当 $y=-b$ 时,d^2 取得最大值,

$(\sqrt{7})^2 = \left(b + \dfrac{3}{2}\right)^2$,解得 $b = \sqrt{7} - \dfrac{3}{2} > \dfrac{1}{2}$,与 $b < \dfrac{1}{2}$ 矛盾. 故必有 $b \geqslant \dfrac{1}{2}$.

此时当 $y = -\dfrac{1}{2}$ 时 d^2 取得最大值,$(\sqrt{7})^2 = 4b^2 + 3$,解得 $b = 1, a = 2$,所求椭圆方程为 $\dfrac{x^2}{4} + y^2 = 1$.

由 $y = -\dfrac{1}{2}$,可得椭圆上到点 P 的距离等于 $\sqrt{7}$ 的点为 $\left(-\sqrt{3}, -\dfrac{1}{2}\right)$,$\left(\sqrt{3}, -\dfrac{1}{2}\right)$.

1. 椭圆定义是解决问题的出发点. 一般地,涉及 a, b, c 的问题,先考虑第一定义;涉及 e, d 及焦半径的问题,要考虑第二定义.

2. 求椭圆方程,常用待定系数法、定义法. 首先确定曲线类型和方程的形式,再由题设条件确定参数值,应"特别"掌握.

(1) 当焦点位置不确定时,方程可能有两种形式,应防止遗漏;

(2) 两种标准方程中,总有 $a > b > 0, c^2 = a^2 - b^2$,并且椭圆的焦点总在长轴上.

3. 要正确理解和灵活运用参数 a, b, c, e 的几何意义与相互关系.

4. 会用方程分析解决交点、弦长和求值问题,能正确使用"点差法"及其结论.

习题 2.a

1. 椭圆 $\dfrac{x^2}{4}+y^2=1$ 的两个焦点为 F_1,F_2,过 F_1 作垂直于 x 轴的直线与椭圆相交,一个交点为 P,则 $|\overrightarrow{PF_2}|=($ $)$.

    (A) $\dfrac{\sqrt{3}}{2}$ (B) $\sqrt{3}$ (C) $\dfrac{7}{2}$ (D) 4

2. 设椭圆的两个焦点分别为 F_1,F_2,过 F_2 作椭圆长轴的垂线交椭圆于点 P,若 $\triangle F_1PF_2$ 为等腰直角三角形,则椭圆的离心率是(   ).

    (A) $\dfrac{\sqrt{2}}{2}$ (B) $\dfrac{\sqrt{2}-1}{2}$ (C) $2-\sqrt{2}$ (D) $\sqrt{2}-1$

3. 已知 $\triangle ABC$ 的顶点 B,C 在椭圆 $\dfrac{x^2}{3}+y^2=1$ 上,顶点 A 是椭圆的一个焦点,且椭圆的另外一个焦点在 BC 边上,则 $\triangle ABC$ 的周长是(   ).

    (A) $2\sqrt{3}$ (B) 6   (C) $4\sqrt{3}$ (D) 12

4. 若焦点在 x 轴上的椭圆 $\dfrac{x^2}{2}+\dfrac{y^2}{m}=1$ 的离心率为 $\dfrac{1}{2}$,则 $m=($ $)$.

    (A) $\sqrt{3}$ (B) $\dfrac{3}{2}$ (C) $\dfrac{8}{3}$ (D) $\dfrac{2}{3}$

5. 在给定椭圆中,过焦点且垂直于长轴的弦长为 $\sqrt{2}$,焦点到相应准线的距离为 1,则该椭圆的离心率为(   ).

    (A) $\sqrt{2}$ (B) $\dfrac{\sqrt{2}}{2}$ (C) $\dfrac{1}{2}$ (D) $\dfrac{\sqrt{2}}{4}$

6. 设 F_1,F_2 为椭圆的两个焦点,以 F_2 为圆心作圆 F_2,已知圆 F_2 经过椭圆的中心,且与椭圆相交于 M 点,若直线 MF_1 恰与圆 F_2 相切,则该椭圆的离心率为(   ).

    (A) $\sqrt{3}-1$ (B) $2-\sqrt{3}$ (C) $\dfrac{\sqrt{2}}{2}$ (D) $\dfrac{\sqrt{3}}{2}$

7. 用长度分别为 2,3,4,5,6(单位:cm)的 5 根细木棒围成一个三角形(允许联结,但不允许折断),能够得到的三角形的最大面积为( ).

(A) $8\sqrt{5}\mathrm{cm}^2$ (B) $6\sqrt{10}\mathrm{cm}^2$ (C) $3\sqrt{55}\mathrm{cm}^2$ (D) $20\mathrm{cm}^2$

8. 点 P 在椭圆 $\dfrac{x^2}{25}+\dfrac{y^2}{9}=1$ 上,它到左焦点的距离是它到右焦点距离的两倍,则点 P 的横坐标是_____.

9. 已知 F_1 为椭圆的左焦点,A,B 分别为椭圆的右顶点和上顶点,P 为椭圆上的点. 当 $PF_1 \perp F_1A$,$PO /\!/ AB$(O 为椭圆中心)时,椭圆的离心率为_____.

10. 已知 P 是椭圆 $\dfrac{x^2}{a^2}+\dfrac{y^2}{b^2}=1(a>b>0)$ 上任意一点,P 与两焦点连线互相垂直,且 P 到两准线距离分别为 $6,12$,则椭圆方程为_____.

11. 已知 $A\left(-\dfrac{1}{2},0\right),B$ 是圆 $F:\left(x-\dfrac{1}{2}\right)^2+y^2=4$($F$ 为圆心)上一动点,线段 AB 的垂直平分线交 BF 于 P,则动点 P 的轨迹方程为_____.

12. 椭圆对称轴在坐标轴上,短轴的一个端点与两个焦点构成一个正三角形,焦点到椭圆上的点的最短距离是 $\sqrt{3}$,则这个椭圆方程为_____.

13. 如图 2.5,把椭圆 $\dfrac{x^2}{25}+\dfrac{y^2}{16}=1$ 的长轴 AB 分成 8 份,过每个分点作 x 轴的垂线交椭圆的上半部分于 $P_1,P_2,\cdots,P_7$ 七个点,F 是椭圆的一个焦点,则 $|P_1F|+|P_2F|+\cdots+|P_7F|=$ _____.

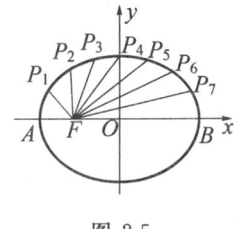

图 2.5

14. 已知椭圆的中心在坐标原点 O,焦点在坐标轴上,直线 $y=x+1$ 与椭圆相交于点 P 和点 Q,且 $OP \perp OQ$,$|PQ|=\dfrac{\sqrt{10}}{2}$. 求椭圆方程.

15. 如图 2.6,设椭圆 $E:\dfrac{x^2}{a^2}+\dfrac{y^2}{b^2}=1(a>b>0)$ 的焦点为 F_1 与 F_2,且 $P\in E$,$\angle F_1PF_2=2\theta$.

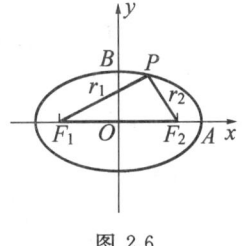

图 2.6

求证:$\triangle PF_1F_2$ 的面积 $S = b^2\tan\theta$.

16. 如图 2.7,已知 $\triangle OFQ$ 的面积为 S,且 $\overrightarrow{OF} \cdot \overrightarrow{FQ} = 1$.

(1) 若 $\dfrac{1}{2} < S < 2$,求向量 $\overrightarrow{OF}$ 与 $\overrightarrow{FQ}$ 的夹角 θ 的取值范围;

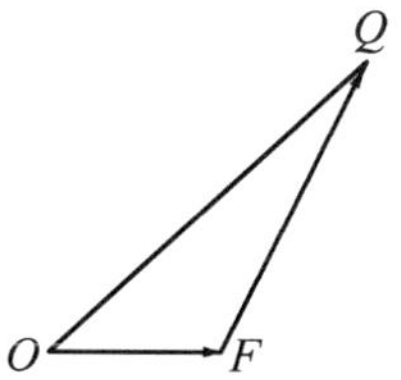

(2) 设 $|\overrightarrow{OF}| = c(c \geqslant 2), S = \dfrac{3}{4}c$. 若以 O 为中心,F 为一个焦点的椭圆经过点 Q,当 $|\overrightarrow{OQ}|$ 取最小值时,求椭圆的方程.

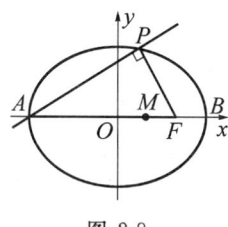

图 2.7

17. 如图 2.8,点 A,B 分别是椭圆 $\dfrac{x^2}{36} + \dfrac{y^2}{20} = 1$ 长轴的左、右端点,点 F 是椭圆的右焦点,点 P 在椭圆上,且位于 x 轴上方,$PA \perp PF$.

(1) 求点 P 的坐标;

(2) 设 M 是椭圆长轴 AB 上的一点,M 到直线 AP 的距离等于 $|MB|$,求椭圆上的点到点 M 的距离 d 的最小值.

图 2.8

18. 设 A,B 分别为椭圆 $\dfrac{x^2}{a^2} + \dfrac{x^2}{b^2} = 1 (a > b > 0)$ 的左、右顶点,椭圆长半轴的长等于焦距,且 $x = 4$ 为它的右准线.

(1) 求椭圆的方程;

(2) 设 P 为右准线上不同于点 $(4,0)$ 的任意一点,若直线 AP,BP 分别与椭圆相交于异于 A,B 的点 M,N,证明:点 B 在以 MN 为直径的圆内.

§2.2 双曲线

一、双曲线的两种定义

1. 到两个定点 F_1 与 F_2 的距离之差的绝对值等于定长（$<|F_1F_2|$）的点 P 的轨迹：$||PF_1|-|PF_2||=2a<|F_1F_2|$，这里 a 为正常数. F_1,F_2 这两个定点叫做双曲线的焦点.

2. 动点到一定点 F 的距离与它到一条定直线 l 的距离之比是常数 $e(e>1)$ 时，这个动点的轨迹是双曲线. 这个定点叫做双曲线的焦点, 定直线 l 叫做双曲线的准线.

二、双曲线图像中线段的几何特征（如图 2.9）

1. 实轴长 $A_1A_2=2a$，虚轴长 $2b$，焦距 $F_1F_2=2c$.

2. 顶点到焦点的距离：
$|A_1F_1|=|A_2F_2|=c-a$,
$|A_1F_2|=|A_2F_1|=a+c$.

3. 顶点到准线的距离：
$|A_1K_1|=|A_2K_2|=a-\dfrac{a^2}{c}$,
$|A_1K_2|=|A_2K_1|=a+\dfrac{a^2}{c}$.

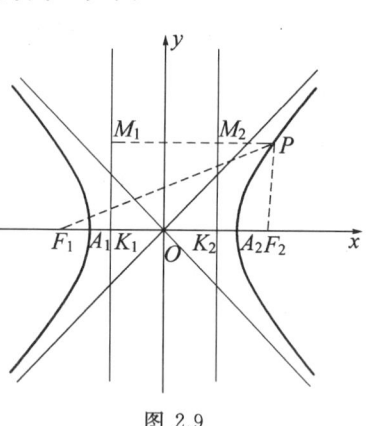

图 2.9

4. 焦点到准线的距离：
$|F_1K_1|=|F_2K_2|=c-\dfrac{a^2}{c}$, $|F_1K_2|=|F_2K_1|=c+\dfrac{a^2}{c}$.

5. 两准线间的距离：$|K_1K_2|=\dfrac{2a^2}{c}$.

6. $\triangle PF_1F_2$ 中,结合定义 $||PF_1|-|PF_2||=2a$ 及余弦定理 $\cos\angle F_1PF_2=\dfrac{|PF_1|^2+|PF_2|^2-|F_1F_2|^2}{2|PF_1|\cdot|PF_2|}$,将有关线段 $|PF_1|$,$|PF_2|$,$|F_1F_2|$ 和角结合起来,有 $S_{\triangle PF_1F_2}=b^2\cot\dfrac{\angle F_1PF_2}{2}$.

7. 离心率:$e=\dfrac{PF_1}{PM_1}=\dfrac{PF_2}{PM_2}=\dfrac{A_1F_1}{A_1K_1}=\dfrac{A_2F_2}{A_2K_2}=\dfrac{c}{a}=\sqrt{1+\dfrac{b^2}{a^2}}\in(1,+\infty)$.

8. 焦点到渐近线的距离:虚半轴长 b.

9. 通径的长是 $\dfrac{2b^2}{a}$,焦准距 $\dfrac{b^2}{c}$,焦参数 $\dfrac{b^2}{a}$(通径长的一半),其中 $c^2=a^2+b^2$,$||PF_1|-|PF_2||=2a$.

三、双曲线的标准方程

双曲线的标准方程有两种形式:

1. $\dfrac{x^2}{a^2}-\dfrac{y^2}{b^2}=1$,$c=\sqrt{a^2+b^2}$,焦点是 $F_1(-c,0)$,$F_2(c,0)$.

2. $\dfrac{y^2}{a^2}-\dfrac{x^2}{b^2}=1$,$c=\sqrt{a^2+b^2}$,焦点是 $F_1(0,-c)$,$F_2(0,c)$.

四、双曲线的性质

当标准方程为
$$\dfrac{x^2}{a^2}-\dfrac{y^2}{b^2}=1(a>0,b>0)$$
时,其性质如下.

1. 范围:$|x|\geqslant a$,$y\in\mathbf{R}$.
2. 对称性:关于 x,y 轴均对称,关于原点中心对称.
3. 顶点:轴端点 $A_1(-a,0)$,$A_2(a,0)$.
4. 渐近线方程:$\dfrac{x^2}{a^2}-\dfrac{y^2}{b^2}=0\Rightarrow y=\pm\dfrac{b}{a}x$.

特别地,当 $a=b$ 时,离心率 $e=\sqrt{2}\Leftrightarrow$ 两渐近线互相垂直,分别为 $y=\pm x$. 此时双曲线为等轴双曲线,可设为 $x^2-y^2=\lambda$,$y=\dfrac{b}{a}x$,$y=-\dfrac{b}{a}x$.

5. 准线：$l_1: x = -\dfrac{a^2}{c}, l_2: x = \dfrac{a^2}{c}$，两准线间距为 $K_1K_2 = 2 \cdot \dfrac{a^2}{c}$.

6. 焦半径：$|PF_1| = e\left(x + \dfrac{a^2}{c}\right) = ex + a$（点 P 在双曲线的右支上，$x \geqslant a$），

$|PF_2| = e\left(x - \dfrac{a^2}{c}\right) = ex - a$（点 P 在双曲线的右支上，$x \geqslant a$）.

7. 与双曲线 $\dfrac{x^2}{a^2} - \dfrac{y^2}{b^2} = 1$ 共渐近线的双曲线系方程是 $\dfrac{x^2}{a^2} - \dfrac{y^2}{b^2} = \lambda$ ($\lambda \neq 0$).

8. 与双曲线 $\dfrac{x^2}{a^2} - \dfrac{y^2}{b^2} = 1$ 共焦点的双曲线系方程是 $\dfrac{x^2}{a^2 + k} - \dfrac{y^2}{b^2 - k} = 1$.

焦点在 y 轴上的双曲线性质可类似推得.

五、双曲线的参数方程

当标准方程为

$$\dfrac{x^2}{a^2} - \dfrac{y^2}{b^2} = 1 (a > 0, b > 0)$$

时，其参数方程是

$$x = a \cdot \sec\theta, y = b \cdot \tan\theta (\theta 为参数).$$

六、双曲线的实轴与虚轴

在标准方程

$$\dfrac{x^2}{a^2} - \dfrac{y^2}{b^2} = 1 (a > 0, b > 0)$$

中，令 $y = 0$，得 $x = \pm a$，即点 $A_1(-a, 0), A_2(a, 0)$ 为双曲线与 x 轴的两个交点，且 A_1 是左支上最右边的点，A_2 是右支上最左边的点，这两个点称为双曲线的顶点.

令 $x = 0, y^2 = -b^2$，无实数解. 但为便于作图，将点 $B_1(0, -b), B_2(0, b)$ 作在 y 轴上.

线段 A_1A_2 叫做双曲线的实轴，长等于 $2a$；B_1B_2 叫做双曲线的虚轴，长等于 $2b$.

由于双曲线的渐近线为 $y=\dfrac{b}{a}x$ 与 $y=-\dfrac{b}{a}x$,因此作出双曲线的实虚轴可方便作出渐近线,继而作出双曲线的图线.

以已知双曲线的虚轴为实轴、实轴为虚轴的双曲线叫做原双曲线的共轭双曲线,互为共轭双曲线的两个双曲线有共同的渐近线,四个交点在同一个圆上.

七、双曲线的渐近线

在圆锥曲线中,渐近线是双曲线特有的.从图 2.9 中可以看出,双曲线 $\dfrac{x^2}{a^2}-\dfrac{y^2}{b^2}=1$ 的各支向外延伸时,与两直线 $y=\pm\dfrac{b}{a}x$ 逐渐接近,故称之"渐近". 我们把两条直线 $y=\pm\dfrac{b}{a}x$ 叫做双曲线的渐近线.

1. 渐近线的定义

若曲线上的某点到某直线的距离为 d,当点趋向无穷远时,d 趋近于 0,则这条直线称为该曲线的渐近线.

可以形象地理解为:就是一条曲线和一条直线无限靠近,但永不相交,这就是渐近线的特点. 当双曲线的各支向外延伸时,与渐近线逐渐接近,接近的程度是无限的,要多近有多近. 也可以这样理解:当双曲线上的动点 M 沿着双曲线无限远离双曲线中心时,点 M 到这条直线的距离逐渐变小,而无限趋近于 0.

对反比例函数 $y=\dfrac{1}{x}$ 的图像,x 轴即为它的渐近线;对正切函数 $y=\tan x$ 的图像,$x=\dfrac{\pi}{2}$ 也是其中一条渐近线;又如函数 $y=x+\dfrac{1}{x}$ 的渐近线中,有一条是直线 $y=x$.

2. 用量化的方法来证明一条直线是双曲线的渐近线

如图 2.10,先取双曲线第一象限内的部分进行整理,这部分方程可写

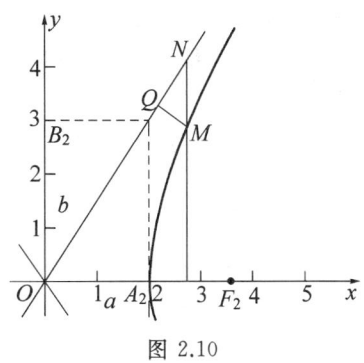

图 2.10

为 $y=\dfrac{b}{a}\sqrt{x^2-a^2}\,(x>a)$. 设 $M(x,y)$ 是它上面的点，$N(x,Y)$ 是直线 $y=\dfrac{b}{a}x$ 上与 M 有相同横坐标的点，即 $Y=\dfrac{b}{a}x$. 这是投射法，体现了数学中降维的转化思想. 为了让 $|MN|$ 更简单，即把绝对值符号去掉，再进行一个估计，即 Y 与 y 的大小问题. 可知

$$y=\dfrac{b}{a}\sqrt{x^2-a^2}=\dfrac{b}{a}x\sqrt{1-\left(\dfrac{a}{x}\right)^2}<\dfrac{b}{a}x=Y.$$

在计算 $|MN|=Y-y$ 时，又一次运用了转化思想，技巧是分子有理化，就是

$$|MN|=Y-y=\dfrac{b}{a}(x-\sqrt{x^2-a^2})$$
$$=\dfrac{b}{a}\cdot\dfrac{(x-\sqrt{x^2-a^2})(x+\sqrt{x^2-a^2})}{x+\sqrt{x^2-a^2}}$$
$$=\dfrac{ab}{x+\sqrt{x^2-a^2}}.$$

对于 $|MN|$ 来说，当 x 逐渐增大时，$|MN|$ 逐渐减小；x 无限增大，$x+\sqrt{x^2-a^2}$ 也无限增大，$|MN|$ 接近于 0. 而 $|MQ|$ 是 $Rt\triangle MNQ$ 的斜边，故 $|MQ|$ 也随之接近于 0. 即证明了，双曲线在第一象限部分的射线 ON 的下方逐渐接近于曲线. 在其他象限内也可证明类似的情况.

3. 列表描点画双曲线

利用双曲线的渐近线，可以帮助我们较准确地画出双曲线的草图. 具体做法是：画出双曲线的渐近线，先确定双曲线顶点及第一象限内任意一点的位置，然后过这两点并根据双曲线在第一象限内从渐近线的下方逐渐接近渐近线的特点画出双曲线的部分，最后利用双曲线的对称性画出完整的双曲线.

4. 双曲线渐近线的斜率与离心率 e 的关系

如图 2.11，$|\tan\alpha|=\dfrac{b}{a}=\sqrt{e^2-1}$，$e$ 越大，$\dfrac{b}{a}$ 也越大，双曲线的形状就从扁狭逐渐变得开阔. 由此可知，双曲线的离心率越大，它的张口越大.

5. 根据双曲线的标准方程写出渐近线方程

根据双曲线的标准方程写出渐近线方程的方法有两种：

（1）画出以实轴长、虚轴长为邻边的矩形，写出其对角线方程，特别要注意确定对角线的斜率.

（2）如果给出的双曲线方程为 $\dfrac{x^2}{a^2} - \dfrac{y^2}{b^2} = 1 (a>0, b>0)$，将双曲线标准方程等号右边的 1 改为 0，即得双曲线的渐近线方程，再由此推出 $y = \pm \dfrac{b}{a}x$. 对于 $\dfrac{y^2}{a^2} - \dfrac{x^2}{b^2} = 1 (a>0, b>0)$ 来说，其渐近线方程则为 $y = \pm \dfrac{a}{b}x$.

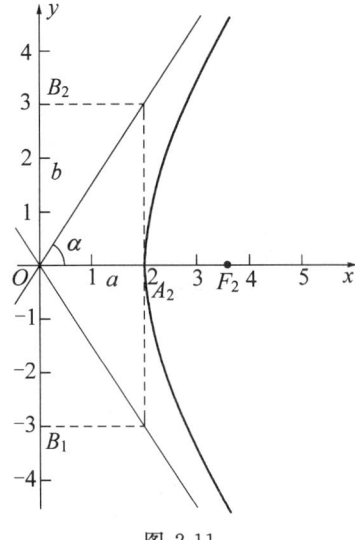

图 2.11

从某种意义上说，当双曲线的两个焦点无限靠近时，双曲线退化成它的渐近线.

6. 已知双曲线的渐近线方程，求其对应的双曲线方程

双曲线 $\dfrac{x^2}{a^2} - \dfrac{y^2}{b^2} = 1$ 的渐近线方程是 $y = \pm \dfrac{b}{a}x$，但是以 $y = \pm \dfrac{b}{a}x$ 为渐近线的双曲线方程不一定是 $\dfrac{x^2}{a^2} - \dfrac{y^2}{b^2} = 1$，而可以是 $\dfrac{x^2}{a^2} - \dfrac{y^2}{b^2} = \lambda$ $(\lambda \neq 0)$. 所以以 $y = \pm \dfrac{b}{a}x$ 为渐近线的双曲线，焦点可以在 x 轴上$(\lambda>0)$，也可以在 y 轴上$(\lambda<0)$，而且有无数个. 类似直线系，这些双曲线称为共渐近线的双曲线系.

7. 双曲线渐近线的一些特殊性质

（1）等轴双曲线（即实轴和虚轴等长的双曲线）

其渐近线方程为 $x \pm y = 0$，它们互相垂直，且平分双曲线实轴和虚轴所成的角，离心率为 $\sqrt{2}$.

（2）共轭双曲线

双曲线 $\dfrac{x^2}{a^2} - \dfrac{y^2}{b^2} = 1$ 与双曲线 $\dfrac{y^2}{b^2} - \dfrac{x^2}{a^2} = 1 (a>0, b>0)$ 的实轴与虚轴

对换.

它们有相同的渐近线,是互为共轭的,称为共轭双曲线.它们的四个焦点共圆,且它们的离心率 e_1,e_2,满足 $\dfrac{1}{e_1^2}+\dfrac{1}{e_2^2}=1$.

(3) 从双曲线的一个焦点到一条渐近线的距离等于虚半轴的长 b.

如图 2.12,利用数形结合,可知 $\mathrm{Rt}\triangle OA_2E \cong \mathrm{Rt}\triangle OHF_2$,故 $|F_2H|=|A_2E|=b$.

8. 几个与双曲线渐近线有关的命题

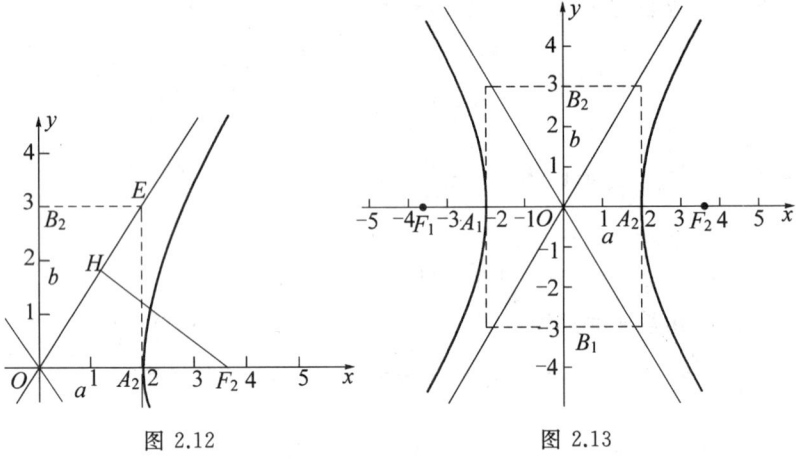

图 2.12　　　　　图 2.13

(1) 与双曲线的渐近线平行的直线与该双曲线只有 1 个交点.

证明:如图 2.13,设双曲线方程:$\dfrac{x^2}{a^2}-\dfrac{y^2}{b^2}=1(a>0,b>0)$,直线方程:$y=\dfrac{b}{a}x+m(m\neq 0)$.

代入得 $\dfrac{x^2}{a^2}-\dfrac{1}{b^2}\left(\dfrac{b}{a}x+m\right)^2=1$,解得 $x=\dfrac{a(b^2+m^2)}{-2mb}$.

仅有一解,故双曲线与直线仅有一个交点,但并非切线!

(2) 设双曲线 $\dfrac{x^2}{a^2}-\dfrac{y^2}{b^2}=1(a>0,b>0)$ 的两条渐近线所夹的角为 α,则它的离心率是 $\dfrac{1}{\cos\dfrac{\alpha}{2}}$.

证明: $\dfrac{b}{a}=\tan\dfrac{\alpha}{2}$,$e=\dfrac{\sqrt{a^2+b^2}}{a}=\sqrt{1+\tan^2\dfrac{\alpha}{2}}=\dfrac{1}{\cos\dfrac{\alpha}{2}}$. 也可用数形结合证明之.

(3) 双曲线上任意一点到两渐近线的距离的乘积是一个常数.

证明: 设 $M(x_0,y_0)$ 是双曲线 $\dfrac{x^2}{a^2}-\dfrac{y^2}{b^2}=1$ 的任意一点,则 $\dfrac{x_0{}^2}{a^2}-\dfrac{y_0{}^2}{b^2}=1$,

即 $b^2x_0{}^2-a^2y_0{}^2=a^2b^2$. 双曲线的两渐近线方程为 $bx\pm ay=0$.

∴ 点 M 到两渐近线的距离的乘积为

$$\dfrac{|bx_0-ay_0|}{\sqrt{a^2+b^2}}\cdot\dfrac{|bx_0+ay_0|}{\sqrt{a^2+b^2}}=\dfrac{|b^2x_0{}^2-a^2y_0{}^2|}{a^2+b^2}=\dfrac{a^2b^2}{a^2+b^2}(常数).$$

(4) 过双曲线 $\dfrac{x^2}{a^2}-\dfrac{y^2}{b^2}=1$ 的一个焦点 F 作它的渐近线的垂线,则垂足 H 在此焦点相对应的准线上.

略证: 取一渐近线 $bx-ay=1$,则自焦点 $F(c,0)$ 作它的垂线的方程为 $ax+by-ac=0$. 联立两方程,解得 $x=\dfrac{a^2}{c}$. 原命题得证.

亦可用平几知识,在相似三角形中得出结论.

(5) 过双曲线 $\dfrac{x^2}{a^2}-\dfrac{y^2}{b^2}=1$ 上任意一点 M 作平行于实轴的直线,交渐近线于 P,Q,则 $|MP|\cdot|MQ|=a^2$.

略证: 设 $M(x_0,y_0)$. 联立 $y=y_0$ 与 $\dfrac{x^2}{a^2}-\dfrac{y^2}{b^2}=0$,

解得 $x_P=\dfrac{ay_0}{b},x_Q=-\dfrac{ay_0}{b}$.

$|MP|\cdot|MQ|=|x_P-x_0|\cdot|x_Q-x_0|=\dfrac{|a^2y_0{}^2-b^2x_0{}^2|}{b^2}=\dfrac{a^2b^2}{b^2}=a^2$.

八、基本解题方法

1. 由给定条件求双曲线的方程,常用待定系数法. 首先是根据焦点位置设出方程的形式(含有参数),再由题设条件确定参数值,应特别注意:

(1) 当焦点位置不确定时,方程可能有两种形式,应防止遗漏;

(2) 已知渐近线的方程 $bx\pm ay=0$,求双曲线方程,可设双曲线方程为 $b^2x^2-a^2y^2=\lambda(\lambda\neq 0)$,根据其他条件确定 λ 的值.若求得 $\lambda>0$,则焦点在 x 轴上,若求得 $\lambda<0$,则焦点在 y 轴上.

2. 由已知双曲线的方程求基本量,注意首先应将方程化为标准形式,再计算,并要特别注意焦点位置,防止将焦点坐标和准线方程写错.

3. 解题中,应重视双曲线两种定义的灵活应用,以减少运算量.

4. 对概念的理解要准确到位,注意答案的多种可能性;善于将几何关系与代数关系相互转化;把平面解析几何问题转化为向量、平面几何、三角函数、定比分点公式、不等式、导数、函数、复数等问题;注意参量的个数及转化;养成化简整理的习惯.

例 1 根据下列条件,求双曲线方程:

(1) 与双曲线 $\dfrac{x^2}{9}-\dfrac{y^2}{16}=1$ 有共同的渐近线,且过点 $(-3,2\sqrt{3})$;

(2) 与双曲线 $\dfrac{x^2}{16}-\dfrac{y^2}{4}=1$ 有公共焦点,且过点 $(3\sqrt{2},2)$.

方法一 (1) 设双曲线的方程为 $\dfrac{x^2}{a^2}-\dfrac{y^2}{b^2}=1$,

由题意,得 $\begin{cases}\dfrac{b}{a}=\dfrac{4}{3},\\ \dfrac{(-3)^2}{a^2}-\dfrac{(2\sqrt{3})^2}{b^2}=1,\end{cases}$ 解得 $a^2=\dfrac{9}{4}, b^2=4$.

所以双曲线的方程为 $\dfrac{x^2}{\frac{9}{4}}-\dfrac{y^2}{4}=1$.

(2) 设双曲线方程为 $\dfrac{x^2}{a^2}-\dfrac{y^2}{b^2}=1$,

由题意,易得 $c=2\sqrt{5}$.

又双曲线过点 $(3\sqrt{2},2)$，$\therefore \dfrac{(3\sqrt{2})^2}{a^2} - \dfrac{4}{b^2} = 1.$

$\because a^2 + b^2 = (2\sqrt{5})^2$，解得 $a^2 = 12, b^2 = 8.$

故所求双曲线的方程为 $\dfrac{x^2}{12} - \dfrac{y^2}{8} = 1.$

方法二 （1）设所求双曲线方程为 $\dfrac{x^2}{9} - \dfrac{y^2}{16} = \lambda(\lambda \neq 0)$，

将点 $(-3, 2\sqrt{3})$ 代入，解得 $\lambda = \dfrac{1}{4}$，

所以双曲线方程为 $\dfrac{x^2}{9} - \dfrac{y^2}{16} = \dfrac{1}{4}.$

（2）设双曲线方程为 $\dfrac{x^2}{16-k} - \dfrac{y^2}{4+k} = 1$，

将点 $(3\sqrt{2},2)$ 代入，解得 $k = 4$，所以双曲线方程为 $\dfrac{x^2}{12} - \dfrac{y^2}{8} = 1.$

点评 求双曲线的方程，关键是求 a, b. 在解题过程中应熟悉各元素（a, b, c, e 及准线）之间的关系，并注意方程思想的应用. 若已知双曲线的渐近线方程 $ax \pm by = 0$，可设双曲线方程为 $a^2 x^2 - b^2 y^2 = \lambda(\lambda \neq 0)$.

例 2 设点 P 到点 $M(-1,0), N(1,0)$ 距离之差为 $2m$，到 x 轴，y 轴距离之比为 2，求 m 的取值范围.

分析 由 $|PM| - |PN| = 2m$，得 $||PM| - |PN|| = 2|m|$，故点 P 的轨迹是双曲线；由点 P 到 x 轴，y 轴距离之比为 2，知点 P 的轨迹是直线. 由交轨法求得点 P 的坐标，进而可求得 m 的取值范围.

解 设点 P 的坐标为 (x, y)，依题意得 $\dfrac{|y|}{|x|} = 2$，

即 $\qquad\qquad\qquad y = \pm 2x (x \neq 0).\qquad\qquad$ (1)

因此,点 $P(x,y), M(-1,0), N(1,0)$ 三点不共线,从而得
$$||PM|-|PN||<|MN|=2.$$
∵ $||PM|-|PN||=2|m|>0,$ ∴ $0<|m|<1.$

因此,点 P 在以 M,N 为焦点,实轴长为 $2|m|$ 的双曲线上,故
$$\frac{x^2}{m^2}-\frac{y^2}{1-m^2}=1. \tag{2}$$

将式(1)代入式(2),解得 $x^2=\dfrac{m^2(1-m^2)}{1-5m^2}.$

∵ $1-m^2>0,$ ∴ $1-5m^2>0,$

解得 $0<|m|<\dfrac{\sqrt{5}}{5}.$

即 m 的取值范围为 $\left(-\dfrac{\sqrt{5}}{5},0\right)\cup\left(0,\dfrac{\sqrt{5}}{5}\right).$

本题考查了双曲线的定义、标准方程等基本知识,也考查了逻辑思维能力及分析问题、解决问题的能力.解决此题的关键是用好双曲线的定义.

例3 已知 $\alpha\in[0,\pi)$,试讨论随 α 值的变化,方程 $x^2\sin\alpha+y^2\cos\alpha=1$ 表示的曲线形状.

解 (1) $\alpha=0$ 时,是两直线 $y=1$ 和 $y=-1$;

(2) $\alpha=\dfrac{\pi}{2}$ 时,是两直线 $x=1$ 和 $x=-1$;

(3) $0<\alpha<\dfrac{\pi}{4}$ 时,是焦点在 x 轴上的椭圆;

(4) $\alpha=\dfrac{\pi}{4}$ 时,是半径为 $\sqrt[4]{2}$ 的圆;

(5) $\dfrac{\pi}{4}<\alpha<\dfrac{\pi}{2}$ 时,是焦点在 y 轴上的椭圆;

(6) $\frac{\pi}{2} < \alpha < \pi$ 时,是焦点在 x 轴上的双曲线.

 本题主要考查椭圆双曲线方程的形式和分类讨论思想.

例 4 一双曲线以 y 轴为其右准线,它的右支过点 $M(1,2)$,且它的虚半轴、实半轴、半焦距长依次构成一等差数列.

(1) 求双曲线的离心率;
(2) 求双曲线的右焦点 F 的轨迹方程;
(3) 求过点 M,F 的弦的另一端点 Q 的轨迹方程.

(1) 依题意,$2a = b + c$,

∴ $b^2 = (2a-c)^2 = c^2 - a^2$,$5a^2 - 4ac = 0$.

两边同除以 a^2,得 $e = \frac{5}{4}$.

(2) 设双曲线的右焦点 $F(x,y)$.由双曲线的定义,点 M 到右焦点的距离与点 M 到准线的距离之比为 $e = \frac{5}{4}$,

∴ $\frac{\sqrt{(x-1)^2 + (y-2)^2}}{1-0} = \frac{5}{4}$,

∴ F 的轨迹方程为 $(x-1)^2 + (y-2)^2 = \frac{25}{16}$.

(3) 设 $Q(x,y)$,点 Q 到右焦点的距离与点 Q 到准线的距离之比为 $\frac{5}{4}$,

∴ $|QF| = \frac{5x}{4}$.

又设点 $F(x_1, y_1)$,则点 F 分线段 QM 的比为 $\frac{QF}{FM} = \frac{5x}{4} : \frac{5}{4} = x$,

∴ $x_1 = \frac{x + x \times 1}{1 + x} = \frac{2x}{1+x}$,$y_1 = \frac{y + x \times 2}{1+x} = \frac{2x+y}{1+x}$.

代入 $(x_1-1)^2+(y_1-2)^2=\dfrac{25}{16}$，整理得点 Q 的轨迹方程为
$$9x^2-16y^2+82x+64y-55=0.$$

例5 已知双曲线的方程为 $\dfrac{x^2}{4}-y^2=1$，直线 l 通过其右焦点 F_2，且与双曲线的右支交于 A,B 两点. 将 A,B 与双曲线的左焦点 F_1 联结起来，求 $|F_1A|\cdot|F_1B|$ 的最小值.

解 设 $A(x_1,y_1),B(x_2,y_2)$，

A 到双曲线的左准线 $x=-\dfrac{a^2}{c}=-\dfrac{4}{\sqrt{5}}$ 的距离 $d=\left|x_1+\dfrac{4}{\sqrt{5}}\right|=x_1+\dfrac{4}{\sqrt{5}}$.

由双曲线的定义，$\dfrac{|AF_1|}{d}=e=\dfrac{\sqrt{5}}{2}$，

$\therefore |AF_1|=\dfrac{\sqrt{5}}{2}\left(x_1+\dfrac{4}{\sqrt{5}}\right)=\dfrac{\sqrt{5}}{2}x_1+2.$

同理，$|BF_1|=\dfrac{\sqrt{5}}{2}x_2+2$，

$\therefore |F_1A|\cdot|F_1B|=\left(\dfrac{\sqrt{5}}{2}x_1+2\right)\left(\dfrac{\sqrt{5}}{2}x_2+2\right)$

$\qquad\qquad\qquad =\dfrac{5}{4}x_1x_2+\sqrt{5}(x_1+x_2)+4.$ （3）

双曲线的右焦点为 $F_2(\sqrt{5},0)$.

(i) 当直线的斜率存在时，设直线 AB 的方程为 $y=k(x-\sqrt{5})$.

由 $\begin{cases} y=k(x-\sqrt{5}), \\ \dfrac{x^2}{4}-y^2=1, \end{cases}$ 消去 y 得 $(1-4k^2)x^2+8\sqrt{5}k^2x-20k^2-4=0$，

$\therefore x_1+x_2=\dfrac{8\sqrt{5}k^2}{4k^2-1},\quad x_1x_2=\dfrac{20k^2+4}{4k^2-1}.$

代入式(3)，整理得

$|F_1A|\cdot|F_1B|=\dfrac{40k^2}{4k^2-1}+\dfrac{25k^2+5}{4k^2-1}+4=\dfrac{65k^2+5}{4k^2-1}+4$

$$= \frac{65\left(k^2-\frac{1}{4}\right)+\frac{85}{4}}{4k^2-1}+4=\frac{81}{4}+\frac{85}{4(4k^2-1)},$$

∴ $|F_1A|\cdot|F_1B|>\frac{81}{4}$.

(ii) 当直线 AB 垂直于 x 轴时,容易算出 $|AF_2|=|BF_2|=\frac{1}{2}$,

∴ $|AF_1|=|BF_1|=2a+\frac{1}{2}=\frac{9}{2}$(双曲线的第一定义),

∴ $|F_1A|\cdot|F_1B|=\frac{81}{4}$.

由(i),(ii)得:当直线 AB 垂直于 x 轴时,$|F_1A|\cdot|F_1B|$ 取最小值 $\frac{81}{4}$.

例 6 已知双曲线的方程是 $16x^2-9y^2=144$.
(1) 求这双曲线的焦点坐标、离心率和渐近线方程;
(2) 设 F_1 和 F_2 是双曲线的左、右焦点,点 P 在双曲线上,且 $|PF_1|\cdot|PF_2|=32$,求 $\angle F_1PF_2$ 的大小.

解 (1) 由 $16x^2-9y^2=144$,得 $\frac{x^2}{9}-\frac{y^2}{16}=1$,

∴ $a=3, b=4, c=5$. 焦点坐标 $F_1(-5,0), F_2(5,0)$,离心率 $e=\frac{5}{3}$,渐近线方程为 $y=\pm\frac{4}{3}x$.

(2) $||PF_1|-|PF_2||=6$,

$$\cos\angle F_1PF_2=\frac{|PF_1|^2+|PF_2|^2-|F_1F_2|^2}{2|PF_1|\cdot|PF_2|}$$

$$=\frac{(|PF_1|-|PF_2|)^2+2|PF_1|\cdot|PF_2|-|F_1F_2|^2}{2|PF_1|\cdot|PF_2|}$$

$$=\frac{36+64-100}{64}=0,$$

∴ $\angle F_1PF_2=90°$.

例 7 已知椭圆具有如下性质:若 M,N 是椭圆 C 上关于原点对称的两个点,点 P 是椭圆上任意一点,当直线 PM,PN 的斜率都存在,并记为 k_{PM},k_{PN} 时,k_{PM} 与 k_{PN} 之积是与点 P 位置无关的定值.试对双曲线 $C':\dfrac{x^2}{a^2}-\dfrac{y^2}{b^2}=1$ 写出具有类似特性的性质,并加以证明.

解 类似的性质为:若 MN 是双曲线 $\dfrac{x^2}{a^2}-\dfrac{y^2}{b^2}=1$ 上关于原点对称的两个点,点 P 是双曲线上任意一点,当直线 PM,PN 的斜率都存在,并记为 k_{PM},k_{PN} 时,k_{PM} 与 k_{PN} 之积是与点 P 位置无关的定值.

设点 M 的坐标为 (m,n),则点 N 的坐标为 $(-m,-n)$,其中 $\dfrac{m^2}{a^2}-\dfrac{n^2}{b^2}=1$.

又设点 P 的坐标为 (x,y),由 $k_{PM}=\dfrac{y-n}{x-m}$,$k_{PN}=\dfrac{y+n}{x+m}$,

得 $k_{PM}\cdot k_{PN}=\dfrac{y-n}{x-m}\cdot\dfrac{y+n}{x+m}=\dfrac{y^2-n^2}{x^2-m^2}$.

将 $y^2=\dfrac{b^2}{a^2}x^2-b^2$,$n^2=\dfrac{b^2}{a^2}m^2-b^2$ 代入上式,得 $k_{PM}\cdot k_{PN}=\dfrac{b^2}{a^2}$.

点评 本题主要考查椭圆、双曲线的基本性质,以及类比、归纳、探索问题的能力.它是一道综合椭圆和双曲线基本知识的综合性题目,对思维能力有较高的要求.

例 8 以双曲线上任一点 P 为圆心作圆,此圆与双曲线的四个交点为 Q,A,B,C.证明:当且仅当 P,Q 关于双曲线的中心对称时,三角形 ABC 为一个正三角形.

证明 令双曲线的方程为 $xy=1$,P,Q,A,B,C 的坐标为

$P(x_0,y_0), Q(x_1,y_1), A(x_A,y_A), B(x_B,y_B), C(x_C,y_C)$,
则圆的方程是
$$(x-x_0)^2+(y-y_0)^2=(x_1-x_0)^2+(y_1-y_0)^2.$$
将圆方程和双曲线方程联立消去 y，可得
$$x^4-2x_0x^3-(x_1^2+y_1^2-2x_0x_1-2y_0y_1)x^2-2y_0x+1=0.$$
作为该方程的四个根，Q,A,B,C 的横坐标 x_1,x_A,x_B,x_C 满足
$$x_1+x_A+x_B+x_C=2x_0,$$
所以
$$\frac{x_A+x_B+x_C}{3}=\frac{2x_0-x_1}{3}.$$
同理，
$$\frac{y_A+y_B+y_C}{3}=\frac{2y_0-y_1}{3},$$
所以三角形 ABC 的重心是
$$\left(\frac{2x_0-x_1}{3},\frac{2y_0-y_1}{3}\right).$$
而三角形 ABC 的外心是 P，当且仅当重心与外心相同时三角形 ABC 为正三角形，故
$$x_0=\frac{2x_0-x_1}{3},y_0=\frac{2y_0-y_1}{3},$$
也就是
$$x_1=-x_0,y_1=-y_0.$$
因此，当且仅当 P,Q 关于原点即双曲线的中心对称时，三角形 ABC 为正三角形.

例9 已知直线 $l:y=kx+1$ 与双曲线 $C:2x^2-y^2=1$ 的右支交于不同的两点 A,B.

（1）求实数 k 的取值范围；

（2）是否存在实数 k，使得以线段 AB 为直径的圆经过双曲线 C 的右焦点 F？若存在，求出 k 的值；若不存在，说明理由.

解 （1）将直线 l 的方程 $y=kx+1$ 代入双曲线 C 的方程 $2x^2-y^2=1$，整理得
$$(k^2-2)x^2+2kx+2=0. \tag{4}$$
依题意，直线 l 与双曲线 C 的右支交于不同两点，故

$$\begin{cases} k^2-2\neq 0, \\ \Delta=(2k)^2-8(k^2-2)>0, \\ -\dfrac{2k}{k^2-2}>0, \\ \dfrac{2}{k^2-2}>0, \end{cases}$$

解得 k 的取值范围是 $-2<k<-\sqrt{2}$.

(2) 设 A,B 两点的坐标分别为 $(x_1,y_1),(x_2,y_2)$, 则由式(4)得

$$\begin{cases} x_1+x_2=\dfrac{2k}{2-k^2}, \\ x_1\cdot x_2=\dfrac{2}{k^2-2}. \end{cases} \tag{5}$$

假设存在实数 k, 使得以线段 AB 为直径的圆经过双曲线 C 的右焦点 $F(c,0)$, 则由 $FA\perp FB$, 得

$$(x_1-c)(x_2-c)+y_1y_2=0,$$

即 $(x_1-c)(x_2-c)+(kx_1+1)(kx_2+1)=0,$

整理得

$$(k^2+1)x_1x_2+(k-c)(x_1+x_2)+c^2+1=0. \tag{6}$$

把式(5)及 $c=\dfrac{\sqrt{6}}{2}$ 代入式(6), 化简得

$$5k^2+2\sqrt{6}k-6=0,$$

解得 $k=-\dfrac{6+\sqrt{6}}{5}$ 或 $k=\dfrac{6-\sqrt{6}}{5}$, 后者 $\notin(-2,-\sqrt{2})$, 舍去.

可知当 $k=-\dfrac{6+\sqrt{6}}{5}$ 时, 以线段 AB 为直径的圆经过双曲线 C 的右焦点.

习题 2.b

1. 动圆与两圆 $x^2+y^2=1$ 和 $x^2+y^2-8x+12=0$ 都外切,则动圆圆心轨迹是( ).

(A) 圆   (B) 椭圆

(C) 双曲线   (D) 双曲线的一支

2. 已知 F_1,F_2 是双曲线 $\dfrac{x^2}{a^2}-\dfrac{y^2}{b^2}=1(a>b>0)$ 的左、右焦点,过 F_1 且垂直于 x 轴的直线与双曲线的左支交于 A,B 两点.若 $\triangle ABF_2$ 是正三角形,那么双曲线的离心率为( ).

(A) $\sqrt{2}$ (B) $\sqrt{3}$ (C) 2   (D) 3

3. 若双曲线 $x^2-my^2=1$ 的两渐近线夹角为 $2\arccos\dfrac{\sqrt{6}}{3}$,则 m 的值为( ).

(A) $\dfrac{1}{4}$ (B) $\dfrac{1}{2}$ (C) 4 或 $\dfrac{1}{4}$ (D) 2 或 $\dfrac{1}{2}$

4. 已知双曲线 $\dfrac{x^2}{a^2}-\dfrac{y^2}{b^2}=1(a>0,b>0)$ 的右焦点为 F,若过点 F 且倾斜角为 $60°$ 的直线与双曲线的右支有且只有一个交点,则此双曲线离心率的取值范围是( ).

(A) $(1,2]$ (B) $(1,2)$ (C) $[2,+\infty)$ (D) $(2,+\infty)$

5. 已知双曲线 $3x^2-y^2=9$,则双曲线右支上的点 P 到右焦点的距离与点 P 到右准线的距离之比等于( ).

(A) $\sqrt{2}$ (B) $\dfrac{2\sqrt{3}}{3}$ (C) 2   (D) 4

6. 已知双曲线 $\dfrac{x^2}{a^2}-\dfrac{y^2}{2}=1(a>\sqrt{2})$ 的两条渐近线的夹角为 $\dfrac{\pi}{3}$,则双曲线的离心率为( ).

(A) $\dfrac{2\sqrt{3}}{3}$ (B) $\dfrac{2\sqrt{6}}{3}$ (C) $\sqrt{3}$ (D) 2

7. 若 $k \in \mathbf{R}$,则"$k > 3$"是"方程 $\dfrac{x^2}{k-3} - \dfrac{y^2}{k+3} = 1$ 表示双曲线"的( ).

(A) 充分不必要条件 (B) 必要不充分条件
(C) 充要条件 (D) 既不充分也不必要条件

8. 已知双曲线 $\dfrac{x^2}{a^2} - \dfrac{y^2}{b^2} = 1$ 的一条渐近线方程为 $y = \dfrac{4}{3}x$,则双曲线的离心率为( ).

(A) $\dfrac{5}{3}$ (B) $\dfrac{4}{3}$ (C) $\dfrac{5}{4}$ (D) $\dfrac{3}{2}$

9. 已知两定点 $A(-2,0), B(1,0)$,如果动点 P 满足 $|PA| = 2|PB|$,则点 P 的轨迹所包围的图形面积等于( ).

(A) 9π (B) 8π (C) 4π (D) π

10. 如果双曲线的两个焦点分别为 $F_1(-3,0), F_2(3,0)$,一条渐近线方程为 $y = \sqrt{2}x$,那么它的两条准线间的距离是( ).

(A) $6\sqrt{3}$ (B) 4 (C) 2 (D) 1

11. 设过点 $P(x,y)$ 的直线分别与 x 轴的正半轴和 y 轴的正半轴交于 A, B 两点,点 Q 与点 P 关于 y 轴对称,O 为坐标原点. 若 $\overrightarrow{BP} = 2\overrightarrow{PA}$,且 $\overrightarrow{OQ} \cdot \overrightarrow{AB} = 1$,则点 P 的轨迹方程是( ).

(A) $3x^2 + \dfrac{3}{2}y^2 = 1 \ (x > 0, y > 0)$

(B) $3x^2 - \dfrac{3}{2}y^2 = 1 \ (x > 0, y > 0)$

(C) $\dfrac{3}{2}x^2 - 3y^2 = 1 \ (x > 0, y > 0)$

(D) $\dfrac{3}{2}x^2 + 3y^2 = 1 \ (x > 0, y > 0)$

12. 双曲线 $mx^2 + y^2 = 1$ 的虚轴长是实轴长的2倍,则 $m = ($ $)$.

(A) $-\dfrac{1}{4}$ (B) -4 (C) 4 (D) $\dfrac{1}{4}$

13. P 是双曲线 $\dfrac{x^2}{9} - \dfrac{y^2}{16} = 1$ 的右支上一点,M, N 分别是圆 $(x+5)^2 + y^2 = 4$ 和 $(x-5)^2 + y^2 = 1$ 上的点,则 $|PM| - |PN|$ 的最大值为( ).

(A) 6   (B) 7   (C) 8   (D) 9

14. 曲线 $\dfrac{x^2}{10-m}+\dfrac{y^2}{6-m}=1(m<6)$ 与曲线 $\dfrac{x^2}{5-m}+\dfrac{y^2}{9-m}=1(5<m<9)$ 的( ).

 (A) 焦距相等   (B) 离心率相等
 (C) 焦点相同   (D) 准线相同

15. 过点 $(2,-2)$ 且与双曲线 $\dfrac{x^2}{2}-y^2=1$ 有公共渐进线的双曲线是( ).

 (A) $\dfrac{y^2}{2}-\dfrac{x^2}{4}=1$ (B) $\dfrac{x^2}{4}-\dfrac{y^2}{2}=1$

 (C) $\dfrac{y^2}{4}-\dfrac{x^2}{2}=1$ (D) $\dfrac{x^2}{2}-\dfrac{y^2}{4}=1$

16. 如果双曲线 $\dfrac{x^2}{64}-\dfrac{y^2}{36}=1$ 上一点 P 到它的右焦点距离是 8,那么点 P 到它的右准线的距离是( ).

 (A) 10   (B) $\dfrac{32\sqrt{7}}{7}$ (C) $2\sqrt{7}$ (D) $\dfrac{32}{5}$

17. 已知 F_1,F_2 是双曲线 $\dfrac{x^2}{2}-y^2=1$ 的左、右焦点,P,Q 为右支上的两点,直线 PQ 过 F_2,且倾斜角为 α,则 $|PF_1|+|QF_1|-|PQ|$ 的值为( ).

 (A) $4\sqrt{2}$ (B) 8
 (C) $2\sqrt{2}$ (D) 随 α 的大小变化

18. 过双曲线 $2x^2-y^2-2=0$ 的右焦点作直线 l,交曲线于 A,B 两点.若 $|AB|=4$,则这样的直线存在( ).
 (A) 0 条   (B) 1 条   (C) 2 条   (D) 3 条

19. 直线 $y=-\dfrac{1}{3}x+5$ 与曲线 $\dfrac{x|x|}{9}+\dfrac{y^2}{25}=1$ 的交点个数是( ).
 (A) 0   (B) 1   (C) 2   (D) 3

20. P 为双曲线 $\dfrac{x^2}{a^2}-\dfrac{y^2}{b^2}=1$ 上一点,F_1 为一个焦点,以 PF_1 为直径的

圆与圆 $x^2+y^2=a^2$ 的位置关系为( ).

(A) 内切 (B) 外切
(C) 内切或外切 (D) 无公共点或相交

21. 设 $\theta \in \left(0, \dfrac{\pi}{4}\right)$,则二次曲线 $x^2\cot\theta - y^2\tan\theta = 1$ 的离心率的取值范围是( ).

(A) $\left(0, \dfrac{1}{2}\right)$ (B) $\left(\dfrac{1}{2}, \dfrac{\sqrt{2}}{2}\right)$

(C) $(\sqrt{2}, +\infty)$ (D) $\left(\dfrac{\sqrt{2}}{2}, \sqrt{2}\right)$

22. 设 F_1, F_2 是双曲线 $\dfrac{x^2}{4} - y^2 = 1$ 的两个焦点,点 P 在双曲线上且满足 $\angle F_1PF_2 = 90°$,则 $\triangle PF_1F_2$ 的面积为( ).

(A) 1 (B) $\dfrac{\sqrt{5}}{2}$ (C) 2 (D) $\sqrt{5}$

23. 设 F_1, F_2 是双曲线 $\dfrac{x^2}{4} - y^2 = 1$ 的左、右焦点,点 P 在双曲线上,当 $\triangle F_1PF_2$ 的面积为 1 时,$\overrightarrow{PF_1} \cdot \overrightarrow{PF_2}$ 的值为( ).

(A) 0 (B) 1 (C) $\dfrac{1}{2}$ (D) 2

24. 双曲线 $\dfrac{x^2}{4} - \dfrac{y^2}{9} = 1$ 的渐近线方程是( ).

(A) $y = \pm\dfrac{3}{2}x$ (B) $y = \pm\dfrac{2}{3}x$

(C) $y = \pm\dfrac{9}{4}x$ (D) $y = \pm\dfrac{4}{9}x$

25. "$ab < 0$"是"曲线 $ax^2 + by^2 = 1$ 为双曲线"的( ).

(A) 充分不必要条件 (B) 必要不充分条件
(C) 充分必要条件 (D) 既不充分又不必要条件

26. 如果双曲线 $\dfrac{x^2}{64} - \dfrac{y^2}{36} = 1$ 上一点 P 到它的右焦点的距离是 8,那么 P 到它的右准线距离是( ).

(A) 10 (B) $\dfrac{32\sqrt{7}}{7}$ (C) $2\sqrt{7}$ (D) $\dfrac{32}{5}$

27. 设 P 是双曲线 $\dfrac{x^2}{a^2}-\dfrac{y^2}{9}=1$ 上一点,双曲线的一条渐近线方程为 $3x-2y=0$,F_1,F_2 分别是双曲线的左、右焦点. 若 $|PF_1|=3$,则 $|PF_2|$ 等于( ).

(A) 1 或 5　　(B) 6　　(C) 7　　(D) 9

28. 直线 $y=2k$ 与曲线 $9k^2x^2+y^2=18k^2|x|$ ($k\in\mathbf{R}$,且 $k\neq 0$)的公共点的个数为( ).

(A) 1　　(B) 2　　(C) 3　　(D) 4

29. 过双曲线 $M:x^2-\dfrac{y^2}{b^2}=1$ 的左顶点 A 作斜率为 1 的直线 l,若 l 与双曲线 M 的两条渐近线分别相交于 B,C,且 $|AB|=|BC|$,则双曲线 M 的离心率是( ).

(A) $\sqrt{10}$　　(B) $\sqrt{5}$　　(C) $\dfrac{\sqrt{10}}{3}$　　(D) $\dfrac{\sqrt{5}}{2}$

30. 等轴双曲线的离心率为_____.

31. 已知圆 C 过双曲线 $\dfrac{x^2}{9}-\dfrac{y^2}{16}=1$ 的一个顶点和一个焦点,且圆心在此双曲线上,则圆心到双曲线中心的距离是_____.

32. 与圆 $A:(x+5)^2+y^2=49$ 和圆 $B:(x-5)^2+y^2=1$ 都外切的圆的圆心 P 的轨迹方程为_____.

33. 给出问题:F_1,F_2 是双曲线 $\dfrac{x^2}{16}-\dfrac{y^2}{20}=1$ 的焦点,点 P 在双曲线上. 若点 P 到焦点 F_1 的距离等于 9,求点 P 到焦点 F_2 的距离.

某位学生的解答如下:双曲线的实轴长为 8,由 $||PF_1|-|PF_2||=8$,即 $|9-|PF_2||=8$,得 $|PF_2|=1$ 或 17.

该学生的解答是否正确?若正确,请将他的解题依据填在下面横线上;若不正确,将正确结果填在下面横线上.

_____.

34. 过点 $A(0,2)$ 可以作_____条直线与双曲线 $x^2-\dfrac{y^2}{4}=1$ 有且只有一个公共点.

35. 已知双曲线 G 的中心在原点,它的渐近线与圆 $x^2+y^2-10x+20$

=0 相切. 过点 $P(-4,0)$ 作斜率为 $\frac{1}{4}$ 的直线 l,使得 l 和 G 交于 A,B 两点,和 y 轴交于点 C,并且点 P 在线段 AB 上,又满足 $|PA|\cdot|PB|=|PC|^2$.

(1) 求双曲线 G 的渐近线方程;

(2) 求双曲线 G 的方程.

36. 已知双曲线 $x^2-\dfrac{y^2}{2}=1$ 与点 $P(1,2)$,过点 P 作直线 l 与双曲线交于 A,B 两点.

(1) 若 P 为 AB 中点,求直线 AB 的方程;

(2) 若 $Q(1,1)$,证明:不存在以 Q 为中点的弦.

37. 双曲线 $kx^2-y^2=1$,右焦点为 F,斜率大于 0 的渐近线为 l,l 与右准线交于点 A,FA 与左准线交于点 B,与双曲线左支交于点 C. 若 B 为 AC 的中点,求双曲线方程.

38. 双曲线 C 与椭圆 $\dfrac{x^2}{8}+\dfrac{y^2}{4}=1$ 有相同的焦点,直线 $y=\sqrt{3}x$ 为 C 的一条渐近线.

(1) 求双曲线 C 的方程;

(2) 过点 $P(0,4)$ 的直线 l,交双曲线 C 于 A,B 两点,交 x 轴于点 Q (点 Q 与 C 的顶点不重合). 当 $\overrightarrow{PQ}=\lambda_1\overrightarrow{QA}=\lambda_2\overrightarrow{QB}$,且 $\lambda_1+\lambda_2=-\dfrac{8}{3}$ 时,求点 Q 的坐标.

39. 如图 2.14,F 为双曲线 $C:\dfrac{x^2}{a^2}-\dfrac{y^2}{b^2}=1$ ($a>0,b>0$) 的右焦点,P 为双曲线 C 右支上一点,且位于 x 轴上方,M 为左准线上一点,O 为坐标原点. 已知四边形 $OFPM$ 为平行四边形,$|PF|=\lambda|OF|$.

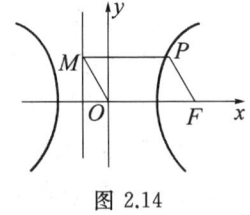

图 2.14

(1) 写出双曲线 C 的离心率 e 与 λ 的关系式;

(2) 当 $\lambda=1$ 时,经过焦点 F 且平行于 OP 的直线交双曲线于 A,B 两点,若 $|AB|=12$,求此时的双曲线方程.

40. 已知两定点 $F_1(-\sqrt{2},0)$,$F_2(\sqrt{2},0)$,满足条件 $|\overrightarrow{PF_2}|-|\overrightarrow{PF_1}|$

$=2$ 的点 P 的轨迹是曲线 E,直线 $y=kx-1$ 与曲线 E 交于 A,B 两点. 如果 $|AB|=6\sqrt{3}$,且曲线 E 上存在点 C,使 $\overrightarrow{OA}=\overrightarrow{OB}=m\overrightarrow{OC}$,求 m 的值和 $\triangle ABC$ 的面积 S.

41. 已知双曲线 $C:\dfrac{x^2}{a^2}-\dfrac{y^2}{b^2}=1(a>0,b>0)$,$B,F$ 分别是双曲线 C 的右顶点和右焦点,O 为坐标原点. 点 A 在 x 轴正半轴上,且满足 $|\overrightarrow{OA}|$,$|\overrightarrow{OB}|$,$|\overrightarrow{OF}|$ 成等比数列. 过点 F 作双曲线 C 在第一、第三象限的渐近线的垂线 l,垂足为 P.

(1) 求证: $\overrightarrow{PA}\cdot\overrightarrow{OP}=\overrightarrow{PA}\cdot\overrightarrow{FP}$;

(2) 设 $a=1,b=2$,直线 l 与双曲线 C 的左、右两分支分别相交于点 D,E,求 $\dfrac{|\overrightarrow{DF}|}{|\overrightarrow{DE}|}$ 的值.

42. 已知双曲线的两个焦点分别为 F_1,F_2,其中 F_1 又是抛物线 $y^2=4x$ 的焦点,点 $A(-1,2)$,$B(3,2)$ 在双曲线上.

(1) 求点 F_2 的轨迹方程;

(2) 是否存在直线 $y=x+m$,与点 F_2 的轨迹有且只有两个公共点?若存在,求实数 m 的值;若不存在,请说明理由.

43. 求同时满足下列三个条件的曲线 C 的方程:

① 是椭圆或双曲线;

② 原点 O 和直线 $x=1$ 分别为焦点及相应准线;

③ 被直线 $x+y=0$ 垂直平分的弦 AB 的长为 $2\sqrt{2}$.

44. 经过双曲线 $3x^2-y^2=3$ 的左焦点 F_1 作倾斜角为 $\dfrac{\pi}{6}$ 的弦 AB.

(1) 求 $|AB|$;

(2) 求 $\triangle F_2AB$ 的周长(F_2 为右焦点).

45. 若 P 是双曲线 $x^2-3y^2=3$ 右支上一个动点,F 是双曲线的右焦点. 已知 $A(3,1)$,则 $|PA|+|PF|$ 的最小值是多少?

§2.3 抛物线

一、抛物线的定义

平面内与一定点 F 和一条定直线 l 的距离相等的点的轨迹叫做抛物线.

二、抛物线的标准方程及几何性质

1. 标准方程：$y^2 = 2px(p>0)$.

2. 焦点：$F\left(\dfrac{p}{2}, 0\right)$.

3. 准线：$x = -\dfrac{p}{2}$.

4. 范围：$x \geqslant 0$.

5. 对称轴：$y = 0$（x 轴）.

6. 顶点：$O(0, 0)$.

7. 离心率：$e = 1$.

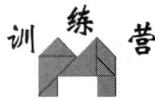

例1 过原点的直线 l 与曲线 $y = x^2 - 2x + 2$ 交于 A, B 两点，求弦 AB 中点的轨迹.

分析 AB 的中点是受 A, B 两点的影响而运动的，而 A, B 的运动是由于直线 l 的转动而导致的，因此可以选择直线 l 的斜率 k 作为参数.

解 设 AB 的中点 $M(x_0, y_0)$，$A(x_1, y_1)$，$B(x_2, y_2)$，直线 l 的斜率为 k（依

题意,k 必须存在),且过原点,则直线 l 的方程为 $y=kx$.

将此式代入 $y=x^2-2x+2$,

整理得 $x^2-(2+k)x+2=0$.   (1)

$$\therefore \quad x_1+x_2=2+k,$$
$$x_0=\frac{x_1+x_2}{2}=\frac{2+k}{2}. \quad (2)$$

又 $y_0=kx_0$,   (3)

由式(2),(3)消去 k 得 $y_0=2x_0^2-2x_0$.

由于直线 l 与曲线有两个交点,故式(1)中的判别式 $\Delta>0$,
$$\therefore \quad (2+k)^2-8>0,$$

解得 $k+2>2\sqrt{2}$ 或 $k+2<-2\sqrt{2}$.

$\because \quad x_0=\dfrac{k+2}{2}$,$\therefore \quad x>\sqrt{2}$ 或 $x<-\sqrt{2}$.

$\therefore$ 所求的轨迹是抛物线 $y=2x^2-2x$ 的部分($x>\sqrt{2}$ 或 $x<-\sqrt{2}$).

点评 在处理涉及直线和二次曲线交点的轨迹问题时,直线的斜率是常用的参数,即"k 参数",此时要考虑直线的斜率不存在这一特殊情况.

处理涉及直线和二次曲线交点问题时,一般设出交点坐标,但不求交点坐标,而是用韦达定理作整体运算(把 x_1+x_2 或 x_1x_2 看做一个整体),即所谓"设而不求".

处理涉及直线和二次曲线交点问题时,要注意相交条件($\Delta>0$).

例 2 如图 2.15,设直线 $x-y=4a$ 与抛物线 $y^2=4ax$ 交于两点 A,B(a 为定值),C 为抛物线上任意一点,求 $\triangle ABC$ 的重心 G 的轨迹方程.

分析 A,B 是定点,影响 $\triangle ABC$ 的重心运动的因素是抛物线上的动点 C,故选点 C 的坐标作参数.

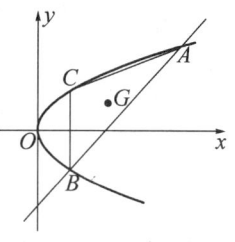

图 2.15

解 设 $\triangle ABC$ 的重心为 $G(x,y)$, 点 C, A, B 的坐标为 $C(x_0, y_0)$, $A(x_1, y_1), B(x_2, y_2)$.

由方程组
$$\begin{cases} x - y = 4a, \\ y^2 = 4ax, \end{cases}$$

消去 y 并整理得
$$x^2 - 12ax + 16a^2 = 0.$$

$\therefore \quad x_1 + x_2 = 12a,$

$y_1 + y_2 = (x_1 - 4a) + (x_2 - 4a) = (x_1 + x_2) - 8a = 4a.$

由于 $G(x, y)$ 为 $\triangle ABC$ 的重心,

$\therefore \begin{cases} x = \dfrac{x_0 + x_1 + x_2}{3} = \dfrac{x_0 + 12a}{3}, \\ y = \dfrac{y_0 + y_1 + y_2}{3} = \dfrac{y_0 + 4a}{3}, \end{cases} \quad \therefore \begin{cases} x_0 = 3x - 12a, \\ y_0 = 3y - 4a. \end{cases}$

又点 $C(x_0, y_0)$ 在抛物线上,

$\therefore$ 将点 C 的坐标代入抛物线方程得
$$(3y - 4a)^2 = 4a(3x - 12a),$$

即所求轨迹方程为 $\left(y - \dfrac{4a}{3}\right)^2 = \dfrac{4a}{3}(x - 4a).$

又点 C 与 A, B 不重合, $\therefore \quad x \neq (6 \pm 2\sqrt{5})a.$

与动点相关的点的坐标,也是常用的参数,即"点参数".

本题用代入消元法消去了两个参数 x_0, y_0. 在设点参数时,经常使用这种消元技巧.

应重视对化简后方程的检验,检验时要注意观察特殊位置.

例3 垂直于 y 轴的直线与 y 轴及抛物线 $y^2 = 2(x-1)$ 分别交于点 A 和点 P. 点 B 在 y 轴上,且点 A 分 $\overline{OB}$ 的比为 $1:2$, 求线段 PB 中点

第二讲 圆锥曲线

Q 的轨迹方程.

解 设 $A(0,t), B(0,3t)$,则 $P\left(\dfrac{t^2}{2}+1, t\right)$.

设 $Q(x,y)$,则有 $\begin{cases} x = \dfrac{\dfrac{t^2}{2}+1}{2} = \dfrac{1}{4}(t^2+2), \\ y = \dfrac{3t+t}{2} = 2t, \end{cases}$

消去 t 得:$y^2 = 16\left(x - \dfrac{1}{2}\right)$.

点评 本题采用的是点参数法,即以点的坐标作为参数.在求轨迹方程时应分析动点运动的原因,找出影响动点的因素,据此恰当地选择参数.

例 4 直线 l 过抛物线 $y^2 = 2px(p \neq 0)$ 的焦点,且与抛物线相交于 $A(x_1, y_1)$ 和 $B(x_2, y_2)$ 两点.

(1) 求证:$4x_1x_2 = p^2$;

(2) 求证:对于抛物线任意给定的一条弦 CD,直线 l 不是 CD 的垂直平分线.

解 (1) 易求得抛物线的焦点 $F\left(\dfrac{p}{2}, 0\right)$.

若 $l \perp x$ 轴,则 l 的方程为 $x = \dfrac{p}{2}$,显然 $x_1 x_2 = \dfrac{p^2}{4}$.

若 l 不垂直于 x 轴,可设 $y = k\left(x - \dfrac{p}{2}\right)$,代入抛物线方程整理得

$$x^2 - p\left(1 + \dfrac{2p}{k^2}\right)x + \dfrac{p^2}{4} = 0, 则 x_1 x_2 = \dfrac{p^2}{4}.$$

综上可知,$4x_1 x_2 = p^2$.

(2) 设 $C\left(\dfrac{c^2}{2p}, c\right), D\left(\dfrac{d^2}{2p}, d\right)$，且 $c \neq d$，则 CD 的垂直平分线 l' 的方程为 $y - \dfrac{c+d}{2} = -\dfrac{c+d}{2p}\left(x - \dfrac{c^2+d^2}{4p}\right)$.

假设 l' 过 F，则

$$0 - \dfrac{c+d}{2} = -\dfrac{c+d}{2p}\left(\dfrac{p}{2} - \dfrac{c^2+d^2}{4p}\right),$$

整理得 $\qquad (c+d)(2p^2 + c^2 + d^2) = 0.$

$\because p \neq 0, \quad \therefore 2p^2 + c^2 + d^2 \neq 0, \quad \therefore c + d = 0.$

这时 l' 的方程为 $y = 0$，从而 l' 与抛物线 $y^2 = 2px$ 只相交于原点. 而 l 与抛物线有两个不同的交点，因此 $l' 与 l$ 不重合，l 不是 CD 的垂直平分线.

例 5 已知过动点 $M(a, 0)$ 且斜率为 1 的直线 l 与抛物线 $y^2 = 2px$ $(p > 0)$ 交于不同的两点 A, B.

(1) 若 $|AB| \leqslant 2p$，求 a 的取值范围；

(2) 若线段 AB 的垂直平分线交 AB 于点 Q，交 x 轴于点 N，试求 Rt$\triangle MNQ$ 的面积.

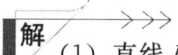

(1) 直线 l 的方程为：$y = x - a$.

将 $y = x - a$ 代入 $y^2 = 2px$，得 $x^2 - 2(a+p)x + a^2 = 0.$

设直线 l 与抛物线两个不同交点的坐标为 $A(x_1, y_1), B(x_2, y_2)$，

则 $\begin{cases} 4(a+p)^2 - 4a^2 > 0, \\ x_1 + x_2 = 2(a+p), \\ x_1 x_2 = a^2. \end{cases}$

又 $y_1 = x_1 - a, y_2 = x_2 - a$，

$\therefore |AB| = \sqrt{(x_1-x_2)^2 + (y_1-y_2)^2} = \sqrt{2((x_1+x_2)^2 - 4x_1 x_2)}$
$= \sqrt{8p(p+2a)}.$

$\because 0 < |AB| \leqslant 2p, 8p(p+2a) > 0,$

∴ $0 < \sqrt{8p(p+2a)} \leqslant 2p$,解得$-\dfrac{p}{2} < a \leqslant -\dfrac{p}{4}$.

(2) 设 $Q(x_3, y_3)$,由中点坐标公式,得

$$x_3 = \dfrac{x_1 + x_2}{2} = a + p,$$

$$y_3 = \dfrac{y_1 + y_2}{2} = \dfrac{(x_1 - a) + (x_2 - a)}{2} = p.$$

∴ $|QM|^2 = (a + p - a)^2 + (p - 0)^2 = 2p^2$.

又 $\triangle MNQ$ 为等腰直角三角形,∴ $S_{\triangle MNQ} = \dfrac{1}{2}|QM|^2 = p^2$.

弦长求法是圆锥曲线的典型问题. 设圆锥曲线 $C: f(x, y) = 0$ 与直线 $l: y = kx + b$ 相交于 $A(x_1, y_1), B(x_2, y_2)$ 两点,则弦长 $|AB|$ 如下:

$|AB| = \sqrt{1 + k^2} \cdot |x_1 - x_2| = \sqrt{1 + k^2} \cdot \sqrt{(x_1 + x_2)^2 - 4x_1 x_2}$,或 $|AB| = \sqrt{1 + \dfrac{1}{k^2}} \cdot |y_1 - y_2| = \sqrt{1 + \dfrac{1}{k^2}} \cdot \sqrt{(y_1 + y_2)^2 - 4y_1 y_2}$.

若弦 AB 过圆锥曲线的焦点 F,则可用焦半径求弦长,$|AB| = |AF| + |BF|$.

例 6 在平面直角坐标系 xOy 中,抛物线 $y = x^2$ 上异于坐标原点 O 的两不同动点 A, B 满足 $AO \perp BO$(如图 2.16 所示).

(1) 求 $\triangle AOB$ 的重心 G 的轨迹方程;

(2) $\triangle AOB$ 的面积是否存在最小值?若存在,求出最小值;若不存在,请说明理由.

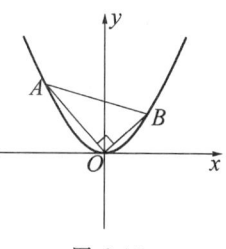

图 2.16

(1) 设 $\triangle AOB$ 的重心为 $G(x, y)$,又设 $A(x_1, y_1), B(x_2, y_2)$,

则
$$\begin{cases} x = \dfrac{x_1 + x_2}{3}, \\ y = \dfrac{y_1 + y_2}{3}. \end{cases}$$

$\because OA \perp OB$, $\therefore k_{OA} \cdot k_{OB} = -1$,

即 $\qquad x_1 x_2 + y_1 y_2 = 0.$ \hfill (4)

又点 A, B 在抛物线上,有 $y_1 = x_1^2, y_2 = x_2^2$,代入式(4)化简得 $x_1 x_2 = -1$.

$\therefore y = \dfrac{y_1 + y_2}{3} = \dfrac{1}{3}(x_1^2 + x_2^2) = \dfrac{1}{3}((x_1 + x_2)^2 - 2x_1 x_2)$

$\qquad = \dfrac{1}{3} \times (3x)^2 + \dfrac{2}{3} = 3x^2 + \dfrac{2}{3}.$

所以重心 G 的轨迹方程为 $y = 3x^2 + \dfrac{2}{3}$.

(2) $S_{\triangle AOB} = \dfrac{1}{2}|OA| \cdot |OB| = \dfrac{1}{2}\sqrt{(x_1^2 + y_1^2)(x_2^2 + y_2^2)}$

$\qquad = \dfrac{1}{2}\sqrt{x_1^2 x_2^2 + x_1^2 y_2^2 + x_2^2 y_1^2 + y_1^2 y_2^2}.$

由(1)得 $S_{\triangle AOB} = \dfrac{1}{2}\sqrt{x_1^2 + x_2^2 + 2} \geqslant \dfrac{1}{2}\sqrt{2\sqrt{x_1^2 \cdot x_2^2} + 2}$

$\qquad = \dfrac{1}{2}\sqrt{2\sqrt{(-1)^2} + 2} = \dfrac{1}{2} \times 2 = 1,$

当且仅当 $x_1^2 = x_2^2$ 即 $x_1 = -x_2 = -1$ 时,等号成立. 所以 $\triangle AOB$ 的面积存在最小值,最小值为 1.

例7 设直线 $y = 2x + k$ 与抛物线 $y^2 = 4x$ 相交于 A, B 两点.

(1) 当 $|AB| = 3\sqrt{5}$ 时,求 k 的值;

(2) 设点 P 是 x 轴上一点,当 $\triangle PAB$ 的面积为 9 时,求点 P 的坐标.

解 (1) 设 $A(x_1, y_1), B(x_2, y_2)$,

由 $\begin{cases} y = 2x + k, \\ y^2 = 4x, \end{cases}$ 得 $4x^2 + (4k - 4)x + k^2 = 0,$

∴ $x_1+x_2=1-k, x_1x_2=\dfrac{k^2}{4}$,

∴ $|AB|=\sqrt{(x_1-x_2)^2+(y_1-y_2)^2}=\sqrt{5}\sqrt{(x_1-x_2)^2}$
$=\sqrt{5}\sqrt{(x_1+x_2)^2-4x_1x_2}=\sqrt{5}\sqrt{(1-k)^2-k^2}$
$=\sqrt{5}\sqrt{1-2k}=3\sqrt{5}$,

∴ $k=-4$.

(2) 设 $P(x_0,0)$,点 P 到直线 $y=2x-4$ 的距离 $=\dfrac{|2x_0-4|}{\sqrt{5}}$,

∴ $S_{\triangle PAB}=\dfrac{1}{2}\times 3\sqrt{5}\times\dfrac{|2x_0-4|}{\sqrt{5}}=9$, ∴ $x_0=-1$ 或 5.

∴ 点 P 坐标为 $(-1,0)$ 或 $(5,0)$.

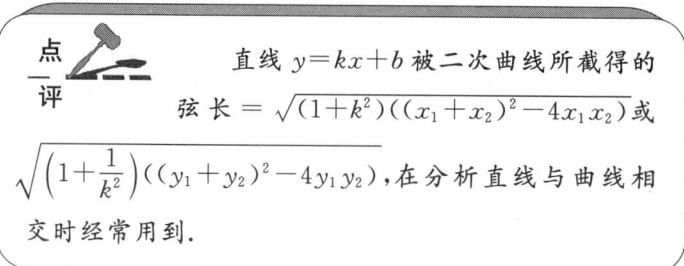

点评 直线 $y=kx+b$ 被二次曲线所截得的弦长 $=\sqrt{(1+k^2)((x_1+x_2)^2-4x_1x_2)}$ 或 $\sqrt{\left(1+\dfrac{1}{k^2}\right)((y_1+y_2)^2-4y_1y_2)}$,在分析直线与曲线相交时经常用到.

例8 顶点在原点,焦点在 x 轴上的抛物线被直线 $l:y=2x+1$ 截得的弦长为 $\sqrt{15}$.求抛物线方程.

分析 依题意可知抛物线的开口或向左或向右,而标准方程中均有 $p>0$,为了统一起见,不妨设出抛物线方程的统一形式:$y^2=2mx$($m\in \mathbf{R}$ 且 $m\neq 0$),再根据弦长为 $\sqrt{15}$,列出关于 m 的方程,求 m 即可.

解 设所求抛物线方程为 $y^2=2mx$($m\in \mathbf{R}$ 且 $m\neq 0$),另设 l 与该抛物线交于 $A(x_1,y_1), B(x_2,y_2)$,

$$\begin{cases} y=2x+1, \\ y^2=2mx \end{cases} \Rightarrow 4x^2+(4-2m)x+1=0.$$

一方面,因 l 与抛物线相交于两点,故 $\Delta=(4-2m)^2-16>0$,

解得 $m<0$ 或 $m>4$.

另一方面,由韦达定理,$x_1+x_2=\dfrac{m-2}{2}$,$x_1x_2=\dfrac{1}{4}$,由弦长公式,得

$$|AB|=\sqrt{15}=\sqrt{(1+2^2)\left(\left(\dfrac{m-2}{2}\right)^2-4\times\dfrac{1}{4}\right)},$$

解得 $m=-2$ 或 $m=6$,显然均满足题意.

故所求抛物线的方程为 $y^2=-4x$ 或 $y^2=12x$.

点评 本例体现了方程的思想方法,即为了求抛物线,先设出其方程,然后利用已知条件待定所设的参数 m,把问题转化为解关于 m 的方程.

例9 设过原点的直线 l 与抛物线 $y^2=4(x-1)$ 交于 A,B 两点,且以 AB 为直径的圆恰好过抛物线的焦点 F,如图 2.17 所示.

(1) 求直线 l 的方程;

(2) 求 $|AB|$ 的长.

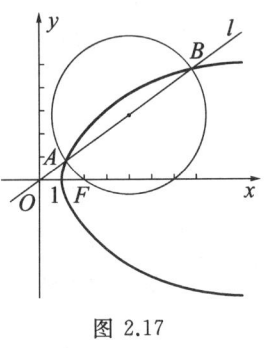

图 2.17

分析 欲求 l 的方程,只需待定其斜率 k,为此就需寻求等量关系,以便列出关于 k 的方程.由已知条件,发现 $AF\perp BF$,从而得到等量关系 $k_{AF}\cdot k_{BF}=-1$.一旦直线 l 确定,则求弦长 $|AB|$ 迎刃而解.

解 (1) 设直线 l 的方程为 $y=kx$,$A(x_1,y_1)$,$B(x_2,y_2)$,

$$\begin{cases}y=kx,\\ y^2=4(x-1)\end{cases}\Rightarrow k^2x^2-4x+4=0.$$

显然 $k=0$ 时,l 与 x 轴重合,不合题意,故 $k\neq 0$,从而有

$$x_1+x_2=\frac{4}{k^2}, x_1x_2=\frac{4}{k^2}.\tag{5}$$

由已知条件,得 $AF \perp BF$,

∴ $k_{AF} \cdot k_{BF} = -1$.

又 $F(2,0)$,

∴ $\frac{y_1-0}{x_1-2} \cdot \frac{y_2-0}{x_2-2} = -1$,化简得 $y_1y_2+(x_1-2)(x_2-2)=0$.

而 $y_1=kx_1, y_2=kx_2$,代入上式,整理得

$$k^2x_1x_2+x_1x_2-2(x_1+x_2)+4=0,\tag{6}$$

把式(5)代入式(6),得 $(1+k^2) \cdot \frac{4}{k^2} - \frac{8}{k^2} + 4 = 0$,解得 $k = \pm\frac{\sqrt{2}}{2}$,

∴ 所求直线 l 的方程为 $y = \pm\frac{\sqrt{2}}{2}x$.

(2) 由(1)知 $k^2=\frac{1}{2}$,从而 $x_1+x_2=8, x_1x_2=8$,

∴ 弦长 $|AB| = \sqrt{(1+k^2)((x_1+x_2)^2-4x_1x_2)}$
$= \sqrt{\left(1+\frac{1}{2}\right)(8^2-4\times 8)} = 4\sqrt{3}.$

例10 已知点 $A(x_1,y_1), B(x_2,y_2)(x_1x_2 \neq 0)$ 是抛物线 $y^2=2px$ $(p>0)$上的两个动点,O 是坐标原点,向量 $\overrightarrow{OA}, \overrightarrow{OB}$ 满足 $|\overrightarrow{OA}+\overrightarrow{OB}| = |\overrightarrow{OA}-\overrightarrow{OB}|$. 设圆 C 的方程为 $x^2+y^2-(x_1+x_2)x-(y_1+y_2)y=0$.

(1) 证明:线段 AB 是圆 C 的直径;

(2) 当圆 C 的圆心到直线 $x-2y=0$ 的距离的最小值为 $\frac{2\sqrt{5}}{5}$ 时,求 p 的值.

解 (1) **方法一** ∵ $|\overrightarrow{OA}+\overrightarrow{OB}| = |\overrightarrow{OA}-\overrightarrow{OB}|$,

∴ $(\overrightarrow{OA}+\overrightarrow{OB})^2 = (\overrightarrow{OA}-\overrightarrow{OB})^2, \overrightarrow{OA}^2+2\overrightarrow{OA}\cdot\overrightarrow{OB}+\overrightarrow{OB}^2$
$= \overrightarrow{OA}^2 - 2\overrightarrow{OA}\cdot\overrightarrow{OB}+\overrightarrow{OB}^2$,

$\overrightarrow{OA}\cdot\overrightarrow{OB}=0$,

∴ $x_1 \cdot x_2 + y_1 \cdot y_2 = 0$. (7)

设 $M(x,y)$ 是以线段 AB 为直径的圆上的任意一点，则 $\overrightarrow{MA} \cdot \overrightarrow{MB} = 0$，

即 $(x-x_1)(x-x_2) + (y-y_1)(y-y_2) = 0$，

整理得 $x^2 + y^2 - (x_1+x_2)x - (y_1+y_2)y = 0$，

故线段 AB 是圆 C 的直径.

方法二 同上得式(7).

设 (x,y) 是以线段 AB 为直径的圆上的任意一点，

则 $\dfrac{y-y_2}{x-x_2} \cdot \dfrac{y-y_1}{x-x_1} = -1 \, (x \neq x_1, x \neq x_2)$，

去分母得 $(x-x_1)(x-x_2) + (y-y_1)(y-y_2) = 0$.

点 $(x_1,y_1), (x_1,y_2), (x_2,y_1), (x_2,y_2)$ 满足上述方程，展开并将式(7)代入得

$$x^2 + y^2 - (x_1+x_2)x - (y_1+y_2)y = 0.$$

故线段 AB 是圆 C 的直径.

方法三 同上得式(7).

以线段 AB 为直径的圆的方程为

$$\left(x - \frac{x_1+x_2}{2}\right)^2 + \left(y - \frac{y_1+y_2}{2}\right)^2 = \frac{1}{4}((x_1-x_2)^2 + (y_1-y_2)^2),$$

展开并将式(7)代入得

$$x^2 + y^2 - (x_1+x_2)x - (y_1+y_2)y = 0.$$

故线段 AB 是圆 C 的直径.

(2) **方法一** 设圆 C 的圆心为 $C(x,y)$，则

$$\begin{cases} x = \dfrac{x_1+x_2}{2}, \\ y = \dfrac{y_1+y_2}{2}. \end{cases}$$

∵ $y_1^2 = 2px_1, y_2^2 = 2px_2 \, (p>0)$，∴ $x_1 x_2 = \dfrac{y_1^2 y_2^2}{4p^2}$.

又 ∵ $x_1 \cdot x_2 + y_1 \cdot y_2 = 0$，∴ $x_1 \cdot x_2 = -y_1 \cdot y_2$，

∴ $-y_1 \cdot y_2 = \dfrac{y_1^2 y_2^2}{4p^2}$.

∵ $x_1 \cdot x_2 \neq 0$, ∴ $y_1 \cdot y_2 \neq 0$, ∴ $y_1 y_2 = -4p^2$.

$$x = \frac{x_1+x_2}{2} = \frac{1}{4p}(y_1^2+y_2^2) = \frac{1}{4p}(y_1^2+y_2^2+2y_1y_2) - \frac{y_1y_2}{2p}$$
$$= \frac{1}{p}(y^2+2p^2),$$

∴ 圆心的轨迹方程为 $y^2 = px - 2p^2$.

设圆心 C 到直线 $x-2y=0$ 的距离为 d,则

$$d = \frac{|x-2y|}{\sqrt{5}} = \frac{\left|\frac{1}{p}(y^2+2p^2)-2y\right|}{\sqrt{5}} = \frac{|y^2-2py+2p^2|}{\sqrt{5}p}$$
$$= \frac{|(y-p)^2+p^2|}{\sqrt{5}p}.$$

当 $y=p$ 时,d 有最小值 $\frac{p}{\sqrt{5}}$,由题设得 $\frac{p}{\sqrt{5}} = \frac{2\sqrt{5}}{5}$,

∴ $p=2$.

方法二 同上得圆心的轨迹方程为 $y^2 = px - 2p^2$.

设直线 $x-2y+m=0$ 到直线 $x-2y=0$ 的距离为 $\frac{2\sqrt{5}}{5}$,则

$$m = \pm 2.$$

∵ $x-2y+2=0$ 与 $y^2 = px - 2p^2$ 无公共点,

∴ 当 $x-2y-2=0$ 与 $y^2 = px - 2p^2$ 仅有一个公共点时,该点到直线 $x-2y=0$ 的距离最小值为 $\frac{2\sqrt{5}}{5}$.

∴ $\begin{cases} x-2y-2=0, \\ y^2 = px - 2p^2, \end{cases}$

消去 x 得 $y^2 - 2py + 2p^2 - 2p = 0$,

∴ $\Delta = 4p^2 - 4(2p^2-2p) = 0$.

∵ $p>0$, ∴ $p=2$.

方法三 设圆 C 的圆心为 $C(x,y)$,则

$$\begin{cases} x = \frac{x_1+x_2}{2}, \\ y = \frac{y_1+y_2}{2}. \end{cases}$$

设圆心 C 到直线 $x-2y=0$ 的距离为 d，则
$$d=\frac{\left|\frac{x_1+x_2}{2}-(y_1+y_2)\right|}{\sqrt{5}}.$$

∵ $y_1^2=2px_1, y_2^2=2px_2(p>0)$，∴ $x_1x_2=\frac{y_1^2y_2^2}{4p^2}$，

又 ∵ $x_1 \cdot x_2 + y_1 \cdot y_2 = 0$，∴ $x_1 \cdot x_2 = -y_1 \cdot y_2$，

∴ $-y_1 \cdot y_2 = \frac{y_1^2 y_2^2}{4p^2}$.

∵ $x_1 \cdot x_2 \neq 0$，∴ $y_1 \cdot y_2 \neq 0$，∴ $y_1 \cdot y_2 = -4p^2$.

∴ $d = \frac{\left|\frac{1}{4p}(y_1^2+y_2^2)-(y_1+y_2)\right|}{\sqrt{5}}$

$= \frac{|y_1^2+y_2^2+2y_1y_2-4p(y_1+y_2)+8p^2|}{4\sqrt{5}p}$

$= \frac{(y_1+y_2-2p)^2+4p^2}{4\sqrt{5}p}.$

当 $y_1+y_2=2p$ 时，d 有最小值 $\frac{p}{\sqrt{5}}$，由题设得 $\frac{p}{\sqrt{5}}=\frac{2\sqrt{5}}{5}$，

∴ $p=2$.

点评 本题考查了平面向量的基本运算、圆与抛物线的方程、点到直线的距离公式等基础知识，以及综合运用解析几何知识解决问题的能力.

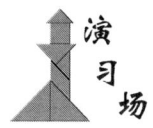

习题 2.c

1. 若抛物线 $y^2=2px$ 的焦点与椭圆 $\dfrac{x^2}{6}+\dfrac{y^2}{2}=1$ 的右焦点重合,则 p 的值为( ).

   (A) -2　　(B) 2　　(C) -4　　(D) 4

2. 抛物线 $y=-x^2$ 上的点到直线 $4x+3y-8=0$ 距离的最小值是( ).

   (A) $\dfrac{4}{3}$　　(B) $\dfrac{7}{5}$　　(C) $\dfrac{8}{5}$　　(D) 3

3. 抛物线 $y^2=4x$ 的焦点坐标为( ).

   (A) $(0,1)$　　(B) $(1,0)$　　(C) $(0,2)$　　(D) $(2,0)$

4. 直线 $y=x-3$ 与抛物线 $y^2=4x$ 交于 A,B 两点,过 A,B 两点向抛物线的准线作垂线,垂足分别为 P,Q,则梯形 $APQB$ 的面积为( ).

   (A) 48　　(B) 56　　(C) 64　　(D) 72

5. 若曲线 $y^2=|x|+1$ 与直线 $y=kx+b$ 没有公共点,则 k,b 分别应满足的条件是_____.

6. 已知抛物线 $y^2=4x$,过点 $P(4,0)$ 的直线与抛物线相交于 $A(x_1,y_1),B(x_2,y_2)$ 两点,则 $y_1^2+y_2^2$ 的最小值是_____.

7. 已知抛物线 $x^2=4y$ 的焦点为 F,A,B 是抛物线上的两动点,且 $\overrightarrow{AF}=\lambda\overrightarrow{FB}(\lambda>0)$. 过 A,B 两点分别作抛物线的切线,设其交点为 M.

   (1) 证明 $\overrightarrow{FM}\cdot\overrightarrow{AB}$ 为定值;

   (2) 设 $\triangle ABM$ 的面积为 S,写出 $S=f(\lambda)$ 的表达式,并求 S 的最小值.

8. 如图 2.18,已知椭圆 $C_1:\dfrac{x^2}{4}+\dfrac{y^2}{3}=1$,抛物线 $C_2:(y-m)^2=2px(p>0)$,且 C_1,C_2 的公共弦 AB 过椭圆 C_1 的右焦点.

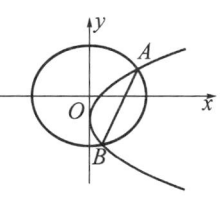

图 2.18

(1) 当 $AB \perp x$ 轴时,求 m, p 的值,并判断抛物线 C_2 的焦点是否在直线 AB 上;

(2) 是否存在 m, p 的值,使抛物线 C_2 的焦点恰在直线 AB 上?若存在,求出符合条件的 m, p 的值及直线 AB 方程;若不存在,请说明理由.

9. 若长度为 a 的线段 AB 的两个端点 A, B 在抛物线 $y^2 = x$ 上运动,求 AB 中点到 y 轴的最短距离.

10. 如图 2.19,在平面直角坐标系 xOy 中,过 y 轴正方向上一点 $C(0, c)$ 任作一直线,与抛物线 $y = x^2$ 相交于 A, B 两点. 一条垂直于 x 轴的直线,分别与线段 AB 和直线 $l: y = -c$ 交于点 P, Q.

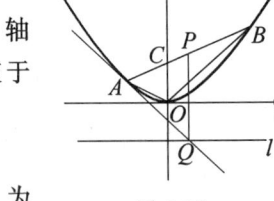

图 2.19

(1) 若 $\overrightarrow{OA} \cdot \overrightarrow{OB} = 2$,求 c 的值;

(2) 若 P 为线段 AB 的中点,求证:QA 为此抛物线的切线;

(3) 试问:(2)的逆命题是否成立?说明理由.

第二讲 圆锥曲线

§2.4 圆锥曲线的综合问题

在讨论圆锥曲线的综合问题之前,我们先回顾一下平面二次曲线的一般理论.

一、圆锥曲线与平面二次曲线

圆锥曲线是平面二次曲线.平面二次曲线在非退化的情况下,一定是椭圆(圆是椭圆的特例)、双曲线或者抛物线这三者之一;在退化的情况下,是两条相交的直线,或两条平行的直线,或两条重合的直线,这种平面二次曲线称为退化的圆锥曲线.

在平面直角坐标系下,二元二次方程
$$a_{11}x^2+2a_{12}xy+a_{22}y^2+2a_{13}x+2a_{23}y+a_{33}=0$$
(其中 a_{ij} 均为实数)所表示的图形,称为(平面)二次曲线.

二、一些记号

记 $F(x,y)\equiv a_{11}x^2+2a_{12}xy+a_{22}y^2+2a_{13}x+2a_{23}y+a_{33}$,
并规定 $a_{ji}=a_{ij}$,即 $a_{21}=a_{12},a_{31}=a_{13},a_{32}=a_{23}$,
从而
$$F(x,y)=(a_{11}x+a_{12}y+a_{13})x+(a_{21}x+a_{22}y+a_{23})y$$
$$+a_{31}x+a_{32}y+a_{33}.$$

再记 $F_i(x,y)\equiv a_{i1}x+a_{i2}y+a_{i3},i=1,2,3$,
则 $F(x,y)=xF_1(x,y)+yF_2(x,y)+F_3(x,y).$
$F(x,y)$ 的系数矩阵
$$A=\begin{pmatrix} a_{11} & a_{12} & a_{13} \\ a_{21} & a_{22} & a_{23} \\ a_{31} & a_{32} & a_{33} \end{pmatrix}$$

称为二次曲线 $F(x,y)=0$ 的矩阵.

又记 $\Phi(x,y)=a_{11}x^2+2a_{12}xy+a_{22}y^2$,
系数矩阵

$$B=\begin{bmatrix} a_{11} & a_{12} \\ a_{21} & a_{22} \end{bmatrix}$$

称为 $\Phi(x,y)$ 的矩阵.

最后,记
$I_1=a_{11}+a_{22}, I_2=|B|, I_3=|A|$,并记

$$K_1=\begin{vmatrix} a_{11} & a_{13} \\ a_{31} & a_{33} \end{vmatrix}+\begin{vmatrix} a_{22} & a_{23} \\ a_{32} & a_{33} \end{vmatrix},$$

其中第一项为 a_{22} 的代数余子式,第二项为 a_{11} 的代数余子式.

三、渐近方向

若某一方向 $X:Y$(即与矢量$\{X,Y\}$平行的方向)满足 $\Phi(X,Y)=0$,则称其为二次曲线 $F(x,y)=0$ 的一个**渐近方向**.

任一二次曲线至多有两个渐近方向.

1. 当 $I_2=\begin{vmatrix} a_{11} & a_{12} \\ a_{21} & a_{22} \end{vmatrix}>0$ 时,曲线有两个共轭复渐近方向.

2. 当 $I_2<0$ 时,曲线有两个不同实渐近方向.

3. 当 $I_2=0$ 时,曲线有两个相同实渐近方向.

事实上,$X:Y$ 为渐近方向 $\Leftrightarrow \Phi(X,Y)=0 \Leftrightarrow a_{11}X^2+2a_{12}XY+a_{22}Y^2=0 \Leftrightarrow X:Y=(-a_{12}\pm\sqrt{-I_2}):a_{11}$.

可见,对椭圆

$$\frac{x^2}{a^2}+\frac{y^2}{b^2}=1, I_2=\begin{vmatrix} \frac{1}{a^2} & 0 \\ 0 & \frac{1}{b^2} \end{vmatrix}=\frac{1}{a^2b^2}>0,$$

∴ 它有两个共轭复渐近方向.

对双曲线 $\frac{x^2}{a^2}-\frac{y^2}{b^2}=1, I_2=-\frac{1}{a^2b^2}<0$,

∴ 它有两个不同实渐近方向.

对抛物线 $y^2 = 2px$, $I_2 = \begin{vmatrix} 0 & 0 \\ 1 & 0 \end{vmatrix} = 0$,

∴ 它有两个相同的实渐近方向.

由此,称仅有复渐近方向的二次曲线为椭圆型曲线；

有两个不同实渐近方向的二次曲线为双曲线型曲线；

有两个相同实渐近方向的二次曲线为抛物线型曲线.

四、中心

二次曲线上任意两点间的联结线段 $M_1 M_2$,若不沿渐近方向,则称其为**弦**.若存在一点 C,使得过 C 的任一弦均被 C 平分,则称 C 为二次曲线的**中心**.

显然,二次曲线的中心正是它的对称中心.

点 $C(x_0, y_0)$ 是二次曲线 $F(x, y) = 0$ 的中心 $\Leftrightarrow x_0, y_0$ 是方程组
$$\begin{cases} F_1(x, y) \equiv a_{11} x + a_{12} y + a_{13} = 0, \\ F_2(x, y) \equiv a_{21} x + a_{22} y + a_{23} = 0 \end{cases}$$
的解.

若一条二次曲线有唯一中心,则称其为中心二次曲线；

没有中心的二次曲线称为无心二次曲线；

有不止一个中心的二次曲线称为线心二次曲线.

无心二次曲线与线心二次曲线统称为非中心二次曲线；

中心二次曲线与线心二次曲线统称为有心二次曲线.

上述三种二次曲线的判别标准：

(1) 二次曲线为中心二次曲线 $\Leftrightarrow I_2 \neq 0$；

(2) 二次曲线为无心二次曲线 $\Leftrightarrow I_2 = 0$ 且 $a_{12} : a_{22} \neq a_{13} : a_{23}$；

(3) 二次曲线为线心二次曲线 $\Leftrightarrow I_2 = 0$ 且 $a_{12} : a_{22} = a_{13} : a_{23}$.

注：对线心二次曲线,它的中心充满直线
$$a_{11} x + a_{12} y + a_{13} = 0 (这条线称为中心直线),$$
这就是它被称为线心二次曲线的原因：它的中心组成了一条直线.

五、渐近线

1. 过二次曲线的中心且沿其渐近方向的直线称为**渐近线**

椭圆型二次曲线,有两条共轭复渐近线；

双曲线型二次曲线,有两条不同实渐近线;

抛物线型二次曲线,若其为无心的,则没有渐近线;若其为线心的,它的渐近线即为其中心直线.

2. 渐近线的求法

方法 1:先求出中心,再求出渐近方向,即可得到渐近线的参数方程.

方法 2:先求出中心 $C(x_0, y_0)$. 对渐近线上任一点 $M(x,y)$, $(x-x_0):(y-y_0)$ 为渐近方向,于是由 $\Phi(x-x_0, y-y_0)=0$ 可以确定其渐近线.

曲线为椭圆型二次曲线时,$\Phi(x-x_0, y-y_0)=0$ 确定两条共轭复渐近线;

曲线为双曲线型二次曲线时,$\Phi(x-x_0, y-y_0)=0$ 确定两条不同的实渐近线;

对抛物线型二次曲线,若其为无心的,则没有渐近线,若其为线心的,它的渐近线即为 $\Phi(x-x_0, y-y_0)=0$ 确定的那两条重合的直线.

3. 性质

二次曲线的渐近线或者与曲线不交,或者整个位于曲线上. 事实上,设

$$l: \begin{cases} x = x_0 + tX, \\ y = y_0 + tY \end{cases}$$ 为渐近线,其中 (x_0, y_0) 为中心,$X:Y$ 为渐近方向.

由 $\Phi(X,Y)=0$ 且 $F_1(x_0, y_0) = F_2(x_0, y_0) = 0$,

若 $F(x_0, y_0) \neq 0$,则 l 与曲线不相交;

若 $F(x_0, y_0) = 0$,则 l 整个在曲线上.

六、二次曲线方程的化简

1. 利用仿射坐标变换化简二次曲线的方程

一般仿射坐标变换:

从平面直角坐标系 xOy 到平面直角坐标系 $x'O'y'$ 的仿射变换可分两步来完成.

首先将坐标系 xOy 进行平移,使 O 平移到 O',然后再绕 O' 旋转一个角度 θ,即可得坐标系 $x'O'y'$.

一般仿射变换公式:

设平面上任一点关于旧系 xOy 与新系 $x'O'y'$ 的坐标分别为 $(x,y),(x',y')$，关于由 xOy 平移而来的坐标系的坐标为 (x'',y'')，而 O' 在 xOy 下的坐标为 (a,b)，则

$$\begin{cases} x = x'' + a, \\ y = y'' + b, \end{cases}$$

而

$$\begin{cases} x'' = x'\cos\theta - y'\sin\theta, \\ y'' = x'\sin\theta + y'\cos\theta, \end{cases}$$

∴

$$\begin{cases} x = x'\cos\theta - y'\sin\theta + a, \\ y = x'\sin\theta + y'\cos\theta + b. \end{cases}$$

用 x,y 表示 x',y'，有

$$\begin{cases} x' = (x-a)\cos\theta + (y-b)\sin\theta = x\cos\theta + y\sin\theta - a\cos\theta - b\sin\theta, \\ y' = -(x-a)\sin\theta + (y-b)\cos\theta = -x\sin\theta + y\cos\theta + a\sin\theta - b\cos\theta. \end{cases}$$

注：上述坐标变换亦可先旋转，再平移而完成.

在仿射坐标变换下，二次曲线有三个不变量：

$$I_1 = a_{11} + a_{22},\ I_2 = \begin{vmatrix} a_{11} & a_{12} \\ a_{12} & a_{22} \end{vmatrix},\ I_3 = \begin{vmatrix} a_{11} & a_{12} & a_{13} \\ a_{12} & a_{22} & a_{23} \\ a_{13} & a_{23} & a_{33} \end{vmatrix},$$

以及一个半不变量：

$$K_1 = \begin{vmatrix} a_{11} & a_{13} \\ a_{13} & a_{33} \end{vmatrix} + \begin{vmatrix} a_{22} & a_{23} \\ a_{23} & a_{33} \end{vmatrix},$$

当二次曲线是线心曲线时，K_1 也是不变量.

2. 中心曲线方程的化简

对中心曲线 $F(x,y)=0$，令 $O'(x_0,y_0)$ 为其中心. 若将坐标原点平移至 O'，则新方程中将不含一次项，再选取适当的 θ 角，作旋转变换，还可消去方程中的交叉乘积项，最终中心曲线的方程可化简为

$$a'_{11}x'^2 + a'_{22}y'^2 + a'_{33} = 0. \tag{1}$$

由于 $I'_2 = a'_{11}a'_{22} \neq 0$，$a'_{11}$，$a'_{22}$ 全不为 0，从而中心曲线(1)关于新系的 x' 轴、y' 轴对称，即以中心曲线的二主直径作为坐标轴建立新坐标系时，曲线的方程便化简为(1).

3. 无心曲线方程的化简

对无心曲线 $F(x,y)=0$，选取适当的 θ 角作旋转变换，可消去方程中的交叉乘积项，将方程化简为

$$a'_{11}x'^2+a'_{22}y'^2+2a'_{13}x'+2a'_{23}y'+a'_{33}=0.$$

由于 $a'_{11}a'_{22}=0$，a'_{11},a'_{22} 有且仅有一个为 0，不妨设 $a'_{11}=0$，再配方有

$$a'_{22}(y'+y'_0)^2+2a'_{13}(x'+x'_0)=0,$$

作平移 $\begin{cases} x''=x'+x'_0, \\ y''=y'+y'_0, \end{cases}$

则方程最终化简为

$$a''_{22}y''^2+2a''_{13}x''=0. \qquad (2)$$

由于 $a_{11}:a_{12}=a_{12}:a_{22}\neq a_{13}:a_{23}$，故 $a''_{13}\neq 0$。从而无心曲线 (2) 关于 x'' 轴对称，即 x'' 轴是其一条主直径，且 x'' 轴与曲线的交点是新坐标系的坐标原点。

可见以无心曲线的主直径作为 x' 轴，以过顶点且与主直径垂直的直线作为 y' 轴建立新系，则曲线的方程便化简为 (2)。

4. 线心曲线方程的化简

对线心曲线 $F(x,y)=0$，取一中心 $O'(x_0,y_0)$，并作平移变换即可消去方程中的一次项，再选取适当的 θ 角作旋转变换，还可消去交叉乘积项，最终方程化简为

$$a'_{11}x'^2+a'_{22}y'^2+a'_{33}=0.$$

由于 $I'_2=a'_{11}a'_{22}=0$，a'_{11},a'_{22} 有且仅有一个为 0，不妨设 $a'_{11}=0$，则线心曲线方程化简为

$$a'_{22}y'^2+a'_{33}=0. \qquad (3)$$

由于 $a'_{22}\neq 0$，曲线 (3) 关于 x' 轴对称，可见新坐标系的 x' 轴是其主直径，即以曲线的一条主直径作为 x' 轴建立新坐标系，则在新系下，曲线的方程将化简为 (3)。

例 1 证明圆锥曲线的切点弦定理：

过圆锥曲线 $ax^2+bxy+cy^2+dx+ey+f=0$（a,b,c 不全为零）外一点 (x_0,y_0) 作圆锥曲线的两条切线，则切点弦所在直线方程是

$$ax_0x+b\frac{x_0y+y_0x}{2}+cy_0y+d\frac{(x_0+x)}{2}+e\frac{(y_0+y)}{2}+f=0.$$

证明 因为过两个切点 (x_1,y_1),(x_2,y_2) 的切线为
$$ax_ix+b\frac{x_iy+y_ix}{2}+cy_iy+d\frac{(x_i+x)}{2}+e\frac{(y_i+y)}{2}+f=0, i=1,2,$$
又因为这两条切线都通过点 (x_0,y_0),因此有
$$ax_ix_0+b\frac{x_iy_0+y_ix_0}{2}+cy_iy_0+d\frac{(x_i+x_0)}{2}+e\frac{(y_i+y_0)}{2}+f=0,$$
$i=1,2$.

这表明两个切点 (x_1,y_1),(x_2,y_2) 都在直线
$$ax_0x+b\frac{x_0y+y_0x}{2}+cy_0y+d\frac{(x_0+x)}{2}+e\frac{(y_0+y)}{2}+f=0$$
上,因此它就是切点弦所在直线方程.

例 2 证明:直线 $lx+my+n=0$ 与二次曲线
$$Ax^2+Bxy+Cy^2+Dx+Ey+F=0$$
相切的必要条件是
$$\begin{vmatrix} 2A & B & D & l \\ B & 2C & E & m \\ D & E & 2F & n \\ l & m & n & 0 \end{vmatrix}=0.$$

证明 设切点为 (x_0,y_0),上述二次曲线过此点的切线方程是
$$Ax_0x+B\frac{x_0y+y_0x}{2}+Cy_0y+D\frac{x+x_0}{2}+E\frac{y+y_0}{2}+F=0,$$
即
$$(2Ax_0+By_0+D)x+(Bx_0+2Cy_0+E)y+(Dx_0+Ey_0+2F)=0,$$
它与直线 $lx+my+n=0$ 重合,故存在实数 t,使 x_0,y_0,t 满足方程组
$$\begin{cases} 2Ax_0+By_0+D+lt=0, \\ Bx_0+2Cy_0+E+mt=0, \\ Dx_0+Ey_0+2F+nt=0, \\ lx_0+my_0+n=0. \end{cases}$$

所以关于 x,y,z,λ 的线性齐次方程组

$$\begin{cases} 2Ax+By+Dz+l\lambda=0, \\ Bx+2Cy+Ez+m\lambda=0, \\ Dx+Ey+2Fz+n\lambda=0, \\ lx+my+nz=0 \end{cases}$$

有一组非零解 $(x_0,y_0,1,t)$,因此系数行列式

$$\begin{vmatrix} 2A & B & D & l \\ B & 2C & E & m \\ D & E & 2F & n \\ l & m & n & 0 \end{vmatrix}=0.$$

法线定理

在坐标系 xOy 下,从二次曲线

$$f(x,y)=a_{11}x^2+2a_{12}xy+a_{22}y^2+2a_{13}x+2a_{23}y+a_{33}=0 \quad (4)$$

之外的一点 (x_0,y_0) 作其法线,在法线与二次曲线的交点 (x_1,y_1) 处,二次曲线的切线与该法线是垂直的.

以 (x_1,y_1) 为新原点 O',切线为 x' 轴,法线为 y' 轴,作新的坐标系 $x'O'y'$,即作下列坐标变换:

$$\begin{cases} x=x'\cos\theta+y'\sin\theta+x_1, \\ y=-x'\sin\theta+y'\cos\theta+y_1. \end{cases}$$

在新坐标系下,原二次曲线的方程变换为

$$\begin{aligned} F(x',y')&=f(x,y) \\ &=A_{11}x'^2+2A_{12}x'y'+A_{22}y'^2+2A_{13}x'+2A_{23}y'+A_{33} \\ &=0. \end{aligned} \quad (5)$$

因为点 (x_1,y_1) 在二次曲线上,所以

$$A_{33}=F(0,0)=f(x_1,y_1)=0, \quad (6)$$

法线方程是 $x'=0$,切线方程是 $y'=0$.

由 $y'=0$ 是二次曲线(5)的切线,由例 2 可得

$$\begin{vmatrix} A_{11} & A_{12} & A_{13} & 0 \\ A_{21} & A_{22} & A_{23} & 1 \\ A_{31} & A_{32} & A_{33} & 0 \\ 0 & 1 & 0 & 0 \end{vmatrix} = 0, \tag{7}$$

这里 $A_{ij} = A_{ji}$. 计算行列式(7),得到

$$(A_{13})^2 = A_{11} A_{33},$$

计及式(6),有

$$A_{13} = 0.$$

由坐标变换公式及二次曲线的两个方程,可得

$$(a_{11}x_1 + a_{12}y_1 + a_{13})\cos\theta = (a_{21}x_1 + a_{22}y_1 + a_{23})\sin\theta, \tag{8}$$

这里 $a_{ij} = a_{ji}$. 因点 (x_0, y_0) 在法线 $x' = 0$ 上,得到

$$(x_0 - x_1)\cos\theta = (y_0 - y_1)\sin\theta. \tag{9}$$

由式(8)与(9)得到

$$(a_{21}x_1 + a_{22}y_1 + a_{23})(x_0 - x_1) = (a_{11}x_1 + a_{12}y_1 + a_{13})(y_0 - y_1),$$

即 (x_1, y_1) 满足

$$a_{12}x_1^2 + (a_{22} - a_{11})x_1 y_1 - a_{12} y_1^2 - (a_{12} x_0 - a_{11} y_0 - a_{23})x_1 - (a_{22} x_0 - a_{12} y_0 + a_{13})y_1 - a_{23} x_0 + a_{13} y_0 = 0.$$

我们定义

$$f_1(x,y) = a_{12}x^2 + (a_{22} - a_{11})xy - a_{12}y^2 - (a_{12}x_0 - a_{11}y_0 \\ - a_{23})x - (a_{22}x_0 - a_{12}y_0 + a_{13})y - a_{23}x_0 + a_{13}y_0,$$

即得到二次曲线的法线定理:

过二次曲线

$$f(x,y) = a_{11}x^2 + 2a_{12}xy + a_{22}y^2 + 2a_{13}x + 2a_{23}y + a_{33} = 0$$

外一点 (x_0, y_0) 的法线方程是

$$\frac{y - y_0}{x - x_0} = \frac{y_1 - y_0}{x_1 - x_0},$$

其中二次曲线与法线的交点 (x_1, y_1) 是下述联立方程的解:

$$\begin{cases} f(x,y) = 0, \\ f_1(x,y) = 0. \end{cases}$$

把上式完全写出来就是下列联立方程

$$\begin{cases} a_{11}x^2 + 2a_{12}xy + a_{22}y^2 + 2a_{13}x + 2a_{23}y + a_{33} = 0, \\ a_{12}x^2 + (a_{22}-a_{11})xy - a_{12}y^2 - (a_{12}x_0 - a_{11}y_0 - a_{23})x \\ \quad - (a_{22}x_0 - a_{12}y_0 + a_{13})y - a_{23}x_0 + a_{13}y_0 = 0. \end{cases} \quad (10)$$

一般来说,联立方程(10)可以先化为关于 x 或 y 的一个一元四次方程,所以最多会有四组解. 为了更好地解决问题,我们可以先用坐标变换把二次曲线的交叉项消去, 即不妨设 $a_{12}=0$, 这样定理可以改写为:

过二次曲线

$$a_{11}x^2 + a_{22}y^2 + 2a_{13}x + 2a_{23}y + a_{33} = 0$$

外一点 (x_0, y_0) 的法线方程是

$$\frac{y-y_0}{x-x_0} = \frac{y_1-y_0}{x_1-x_0},$$

其中二次曲线与法线的交点 (x_1, y_1) 是下述联立方程的解:

$$\begin{cases} a_{11}x^2 + a_{22}y^2 + 2a_{13}x + 2a_{23}y + a_{33} = 0, \\ (a_{22}-a_{11})xy + (a_{11}y_0 + a_{23})x - (a_{22}x_0 + a_{13})y - a_{23}x_0 + a_{13}y_0 = 0. \end{cases}$$

用结式理论,我们得到 y 应该满足的方程:

$$\begin{vmatrix} a_{11} & a_{22} & a_{22}y^2 + 2a_{23}y + a_{33} & 0 \\ 0 & a_{11} & a_{22} & a_{22}y^2 + 2a_{23}y + a_{33} \\ 0 & (a_{22}-a_{11})y + a_{11}y_0 + a_{23} & -(a_{22}x_0 + a_{13})y - a_{23}x_0 + a_{13}y_0 & 0 \\ 0 & 0 & (a_{22}-a_{11})y + a_{11}y_0 + a_{23} & -a_{22}x_0 y - a_{23}x_0 + a_{13}y_0 \end{vmatrix} = 0.$$

计算左边的行列式,得到:

$$a_{11} \begin{vmatrix} a_{11} & a_{22} & a_{22}y^2 + 2a_{23}y + a_{33} \\ (a_{22}-a_{11})y + a_{11}y_0 + a_{23} & -(a_{22}x_0 + a_{13})y - a_{23}x_0 + a_{13}y_0 & 0 \\ 0 & (a_{22}-a_{11})y + a_{11}y_0 + a_{23} & -a_{22}x_0 y - a_{23}x_0 + a_{13}y_0 \end{vmatrix} = 0,$$

$a_{11}^2((a_{22}x_0+a_{13})y+a_{23}x_0-a_{13}y_0)^2 + a_{11}(a_{22}y^2+2a_{23}y+a_{33})((a_{22}-a_{11})y+a_{11}y_0+a_{23})^2 + a_{11}((a_{22}-a_{11})y+a_{11}y_0+a_{23})(a_{22}x_0y+a_{23}x_0-a_{13}y_0)=0.$

当 $a_{11} \neq 0$ 时,方程变为:

$a_{11}((a_{22}x_0+a_{13})y+a_{23}x_0-a_{13}y_0)^2+(a_{22}y^2+2a_{23}y+a_{33})((a_{22}-a_{11})y+a_{11}y_0+a_{23})^2+((a_{22}-a_{11})y+a_{11}y_0+a_{23})(a_{22}x_0y+a_{23}x_0-a_{13}y_0)=0,$

这个方程比较有用.

1. 当二次曲线为一个圆时,不妨设联立方程为
$$\begin{cases} x^2+y^2-r^2=0, \\ y_0x-x_0y=0. \end{cases}$$

如(x_0,y_0)是原点,则(x_1,y_1)可以是圆上的任何一点;如果不是原点,令
$$\begin{cases} x_0=\rho\cos\theta, \\ y_0=\rho\sin\theta, \end{cases}$$
这里$\rho=\sqrt{x_0^2+y_0^2}>0$,于是有
$$\begin{cases} x_1=r\cos\theta, \\ y_1=r\sin\theta, \end{cases} \text{与} \begin{cases} x_1=r\cos(\theta+\pi), \\ y_1=r\sin(\theta+\pi), \end{cases}$$
即点(x_1,y_1)是且仅是原点与(x_0,y_0)的连线与圆的两个交点之中的某一个.

2. 当二次曲线为椭圆时,不妨设联立方程为
$$\begin{cases} \dfrac{x^2}{a^2}+\dfrac{y^2}{b^2}-1=0, \\ (b^{-2}-a^{-2})xy+a^{-2}y_0x-b^{-2}x_0y=0. \end{cases}$$

我们当然设a,b都是正数,且$a\neq b$. 当(x_0,y_0)为原点时,方程的解为
$$\begin{cases} x_1=0, \\ y_1=\pm b, \end{cases} \text{与} \begin{cases} x_1=\pm a, \\ y_1=0. \end{cases}$$

当(x_0,y_0)不是原点时,解就比较复杂了,需进一步讨论.

3. 当二次曲线为双曲线时,不妨设联立方程为
$$\begin{cases} \dfrac{x^2}{a^2}-\dfrac{y^2}{b^2}-1=0, \\ (b^{-2}+a^{-2})xy-a^{-2}y_0x+b^{-2}x_0y=0. \end{cases}$$

当(x_0,y_0)为原点时,方程的解为

$$\begin{cases} x_1 = \pm a, \\ y_1 = 0. \end{cases}$$

当 (x_0, y_0) 不是原点时,解也需进一步讨论.

4. 当二次曲线为抛物线时,不妨设联立方程为

$$\begin{cases} y^2 - 2px = 0, \\ xy - (x_0 - p)y - py_0 = 0, \end{cases}$$

这里 $p > 0$.

当 $y_0 = 0$ 时,若 $x_0 \leqslant p$,方程的解是

$$\begin{cases} x_1 = 0, \\ y_1 = 0; \end{cases}$$

若 $x_0 > p$,方程的解是

$$\begin{cases} x_1 = 0, \\ y_1 = 0, \end{cases} \quad \text{与} \quad \begin{cases} x_1 = x_0 - p, \\ y_1 = \pm \sqrt{2p(x_0 - p)}. \end{cases}$$

当 $y_0 \neq 0$ 时,还需要讨论一个一元三次方程的解.

例3 讨论(实)坐标平面 xOy 上的两条平面二次曲线

$$a_1 x^2 + b_1 xy + c_1 y^2 + d_1 x + e_1 y + f_1 = 0, \tag{11}$$

$$a_2 x^2 + b_2 xy + c_2 y^2 + d_2 x + e_2 y + f_2 = 0 \tag{12}$$

的相交问题,这里的 $a_1, b_1, c_1, d_1, e_1, f_1, a_2, b_2, c_2, d_2, e_2, f_2$ 均为给定的实数,且 a_1, b_1, c_1 不全为零,a_2, b_2, c_2 也不全为零.

解 (i) 当 a_1 与 a_2 不全为零时,不妨设 $a_1 \neq 0$. 此时,不妨设 $a_2 = 0$,从式(12)减去 $a_1^{-1} a_2$ 乘以式(11)即可. 于是问题化为讨论(实)坐标平面 xOy 上的平面二次曲线(11)与

$$b_2 xy + c_2 y^2 + d_2 x + e_2 y + f_2 = 0 \tag{13}$$

的相交问题. (11)与(13)可以分别改写为

$$a_1 x^2 + (b_1 y + d_1) x + c_1 y^2 + e_1 y + f_1 = 0, \tag{14}$$

$$(b_2 y + d_2) x + c_2 y^2 + e_2 y + f_2 = 0, \tag{15}$$

由(15)可得
$$-(b_2y+d_2)x = c_2y^2+e_2y+f_2, \tag{16}$$
式(14)乘以$(b_2y+d_2)^2$,并考虑到式(16),可得
$$a_1(c_2y^2+e_2y+f_2)^2+(b_2y+d_2)^2(c_1y^2+e_1y+f_1)$$
$$-(b_1y+d_1)(b_2y+d_2)(c_2y^2+e_2y+f_2)=0,$$
这是一个一元四次方程.

(ii) 当 a_1 与 a_2 全为零时,可以仿上进行,化为讨论(实)坐标平面 xOy 上的两条平面二次曲线
$$b_1xy+c_1y^2+d_1x+e_1y+f_1=0,$$
$$b_2xy+c_2y^2+d_2x+e_2y+f_2=0$$
的相交问题. 我们得到
$$x = -(c_1y^2+e_1y+f_1)/(b_1y+d_1)$$
$$= -(c_2y^2+e_2y+f_2)/(b_2y+d_2).$$

由此,变成解一元三次方程:
$$(c_1y^2+e_1y+f_1)(b_2y+d_2)-(c_2y^2+e_2y+f_2)(b_1y+d_1)=0.$$
以下略.

例4 求经过点$(-2,-1)$与$(0,-2)$,且以两直线
$$x+y+1=0, x-y+1=0$$
为对称轴的二次曲线方程.

解 方法一 设所求的二次曲线为
$$a_{11}x^2+2a_{12}xy+a_{22}y^2+2a_{13}x+2a_{23}y+a_{33}=0.$$
因为曲线通过$(-2,-1)$与$(0,-2)$,所以有
$$4a_{11}+4a_{12}+a_{22}-4a_{13}-2a_{23}+a_{33}=0, \tag{17}$$
$$4a_{22}-4a_{23}+a_{33}=0. \tag{18}$$

又因为两直线 $x+y+1=0$ 与 $x-y+1=0$ 是曲线的对称轴,所以它们的交点为曲线的中心,且两直线的方向相互共轭.解得两直线的交点为$(-1,0)$,它满足中心方程组
$$\begin{cases} a_{11}x+a_{12}y+a_{13}=0, \\ a_{12}x+a_{22}y+a_{23}=0, \end{cases}$$

所以有

$$\begin{cases}-a_{11}+a_{13}=0,\\ -a_{12}+a_{23}=0\end{cases}\Rightarrow\begin{cases}a_{13}=a_{11},\\ a_{23}=a_{12},\end{cases} \quad (19)(20)$$

两对称轴的方向分别为 $1:-1$ 与 $1:1$，所以有

$$a_{11}-a_{22}=0\Rightarrow a_{22}=a_{11}, \quad (21)$$

将式(19),(20),(21)分别代入式(17),(18)得：

$$a_{11}+2a_{12}+a_{33}=0, \quad (22)$$
$$4a_{11}-4a_{12}+a_{33}=0, \quad (23)$$

(23)-(22)得

$$3a_{11}-6a_{12}=0\Rightarrow a_{12}=\frac{1}{2}a_{11},$$

代入式(22)得 $\quad a_{33}=-2a_{11},$

从而我们可得

$$a_{11}:a_{12}:a_{22}:a_{13}:a_{23}:a_{33}=1:\frac{1}{2}:1:1:\frac{1}{2}:-2,$$

所以所求的二次曲线为

$$x^2+xy+y^2+2x+y-2=0.$$

方法二 因为已知二次曲线的两相互垂直的对称轴为

$$x+y+1=0 \text{ 与 } x-y+1=0,$$

所以曲线为中心二次曲线，可设所求二次曲线的方程为

$$\lambda(x+y+1)^2+\mu(x-y+1)^2=1.$$

因为它通过点$(-2,-1)$与点$(0,-2)$，代入上式得

$$\begin{cases}4\lambda=1,\\ \lambda+9\mu=1,\end{cases}$$

解得 $\quad \lambda=\frac{1}{4}, \mu=\frac{1}{12},$

从而所求的二次曲线的方程为

$$\frac{1}{4}(x+y+1)^2+\frac{1}{12}(x-y+1)^2=1,$$

即

$$x^2+xy+y^2+2x+y-2=0.$$

点评 在第二种解法中,由于知道了二次曲线的两对称轴,因此如果取这两条对称轴为新坐标轴,例如取 $x+y+1=0$ 为 y' 轴,$x-y+1=0$ 为 x' 轴,作坐标变换

$$\begin{cases} x' = \dfrac{x+y+1}{\sqrt{2}}, \\ y' = \dfrac{x-y+1}{-\sqrt{2}}, \end{cases} \quad (24)$$

那么二次曲线在新坐标系下有简化方程

$$a'_{11}x'^2 + a'_{22}y'^2 + a'_{33} = 0.$$

由题意知曲线为非退化的,所以 $a'_{33} \neq 0$,从而方程可改写为

$$lx'^2 + my'^2 = 1,$$

再利用坐标变换公式(24),把它变回到原坐标系,那么所求的二次曲线方程为

$$\lambda(x+y+1)^2 + \mu(x-y+1)^2 = 1.$$

本题也可利用对称性求出点 $(-2,-1)$ 与 $(0,-2)$ 关于两对称轴的对称点,这样就得到了曲线通过的 6 个点,由其中的 5 个点就能求出二次曲线的方程.

例 5 设二次曲线为
$$F(x,y) \equiv a_{11}x^2 + 2a_{12}xy + a_{22}y^2 + 2a_{13}x + 2a_{23}y + a_{33} = 0,$$
点 (x_0, y_0) 是它的中心. 证明:曲线的渐近线可以写成
$$F(x,y) - F(x_0, y_0) = 0.$$

证明 因为 (x_0, y_0) 为曲线的中心,所以曲线的两渐近线为
$$\Phi(x-x_0, y-y_0) = 0,$$
即 $a_{11}(x-x_0)^2 + 2a_{12}(x-x_0)(y-y_0) + a_{22}(y-y_0)^2 = 0,$
所以 $a_{11}x^2 + 2a_{12}xy + a_{22}y^2 - 2(a_{11}x_0 + a_{12}y_0)x$

$$-2(a_{12}x_0+a_{22}y_0)y+a_{11}x_0^2+2a_{12}x_0y_0+a_{22}y_0^2=0. \quad (25)$$

因为 (x_0,y_0) 为曲线的中心,它满足中心方程组,所以有

$$a_{11}x_0+a_{12}y_0+a_{13}=0, a_{12}x_0+a_{22}y_0+a_{23}=0,$$

即 $\quad a_{11}x_0+a_{12}y_0=-a_{13}, a_{12}x_0+a_{22}y_0=-a_{23},$

代入式(25)得

$$a_{11}x^2+2a_{12}xy+a_{22}y^2+2a_{13}x+2a_{23}y$$
$$+a_{11}x_0^2+2a_{12}x_0y_0+a_{22}y_0^2=0,$$

而 $\quad a_{11}x_0^2+2a_{12}x_0y_0+a_{22}y_0^2=(a_{11}x_0+a_{12}y_0)x_0+(a_{12}x_0+a_{22}y_0)y_0$
$$=-a_{13}x_0-a_{23}y_0,$$

从而渐近线的方程可化为

$$a_{11}x^2+2a_{12}xy+a_{22}y^2+2a_{13}x+2a_{23}y-(a_{13}x_0+a_{23}y_0)=0,$$

或 $\quad a_{11}x^2+2a_{12}xy+a_{22}y^2+2a_{13}x+2a_{23}y$
$$+a_{33}-(a_{13}x_0+a_{23}y_0+a_{33})=0,$$

即 $\quad F(x,y)-(a_{13}x_0+a_{23}y_0+a_{33})=0. \quad (26)$

另一方面,
$$F(x_0,y_0)=a_{11}x_0^2+2a_{12}x_0y_0+a_{22}y_0^2+2a_{13}x_0+2a_{23}y_0+a_{33}$$
$$=(a_{11}x_0+a_{12}y_0+a_{13})x_0+(a_{12}x_0+a_{22}y_0+a_{23})y_0$$
$$+(a_{13}x_0+a_{23}y_0+a_{33})$$
$$=a_{13}x_0+a_{23}y_0+a_{33},$$

代入式(26),可知以 (x_0,y_0) 为中心的二次曲线的渐近线方程总可以写成

$$F(x,y)-F(x_0,y_0)=0.$$

例6 试用坐标变换化简二次曲线

$$x^2+2xy+y^2+3x+y=0$$

的方程,并作出它的图形.

解

方法一 因 $I_2=\begin{vmatrix}1&1\\1&1\end{vmatrix}=0, I_3=\begin{vmatrix}1&1&\frac{3}{2}\\1&1&\frac{1}{2}\\\frac{3}{2}&\frac{1}{2}&0\end{vmatrix}=-1\neq 0,$

所以曲线为抛物线,先转轴消去交叉项.设旋转角为 α,那么
$$\cot 2\alpha = \frac{1-1}{2} = 0,$$
从而可取 $\alpha = \frac{\pi}{4}$,因此 $\sin\alpha = \cos\alpha = \frac{\sqrt{2}}{2}$,所以转轴公式为

$$\begin{cases} x = \frac{\sqrt{2}}{2}(x' - y'), \\ y = \frac{\sqrt{2}}{2}(x' + y'). \end{cases} \tag{27}$$

代入原方程,得转轴后的二次曲线方程为
$$2x'^2 + 2\sqrt{2}x' - \sqrt{2}y' = 0,$$

配方得
$$2\left(x' + \frac{\sqrt{2}}{2}\right)^2 - \sqrt{2}\left(y' + \frac{\sqrt{2}}{2}\right) = 0.$$

再作移轴
$$\begin{cases} x' = x'' - \frac{\sqrt{2}}{2}, \\ y' = y'' - \frac{\sqrt{2}}{2}, \end{cases} \tag{28}$$

得曲线的简化方程为:
$$2x''^2 - \sqrt{2}y'' = 0.$$

由式(27),(28),得原方程变成简化方程的坐标变换公式
$$\begin{cases} x = \frac{\sqrt{2}}{2}(x'' - y''), \\ y = \frac{\sqrt{2}}{2}(x'' + y'' - \sqrt{2}). \end{cases}$$

为了作出抛物线的图形,先将简化方程化为标准方程
$$x''^2 = \frac{\sqrt{2}}{2}y'',$$

再作出 $O'x''$ 轴,$O'y''$ 轴,然后在坐标系 $x''O''y''$ 内按曲线的标准方程作图,如图 2.20 所示.

方法二 利用主直径找出坐标变换公式.为

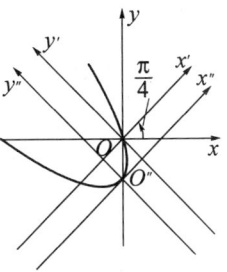

图 2.20

此先求曲线的主直径.
$$I_1=2, I_2=0,$$
特征方程为 $\lambda^2-2\lambda=0,$
特征根为 $\lambda_1=2, \lambda_2=0,$
非零特征根 $\lambda=2$,确定的主方向为非渐近主方向,
$$X:Y=1:1,$$
所以主直径为 $\left(x+y+\dfrac{3}{2}\right)+\left(x+y+\dfrac{1}{2}\right)=0,$
即 $x+y+1=0.$

求抛物线的顶点,从而解方程组
$$\begin{cases} x+y+1=0, \\ x^2+2xy+y^2+3x+y=0 \end{cases} \Rightarrow \begin{cases} x+y+1=0, \\ 3x+y+1=0, \end{cases}$$
解得 $x=0, y=-1,$
所以顶点为 $(0,-1),$
顶切线为 $\dfrac{x}{1}=\dfrac{y+1}{1} \Rightarrow x-y-1=0.$

取主直径 $x+y+1=0$ 为 x' 轴,顶切线 $x-y-1=0$ 为 y' 轴的坐标变换公式为
$$\begin{cases} x'=\dfrac{x-y-1}{\sqrt{2}}, \\ y'=\dfrac{x+y+1}{\sqrt{2}} \end{cases} \Rightarrow \begin{cases} x=\dfrac{\sqrt{2}}{2}(x'+y'), \\ y=\dfrac{\sqrt{2}}{2}(-x'+y'-\sqrt{2}), \end{cases}$$
代入原方程得曲线的简化方程为
$$2y'^2+\sqrt{2}x'=0.$$

为了画出曲线的图形,首先把方程化为标准方程
$$y'^2=-\dfrac{\sqrt{2}}{2}x',$$
然后作出主直径与顶切线,取主直径为 x' 轴,顶切线为 y' 轴.由变换公式知 $\cos\alpha=\dfrac{\sqrt{2}}{2}, \sin\alpha=-\dfrac{\sqrt{2}}{2}$,所以 $\alpha=-\dfrac{\pi}{4}$,从而可以确定 x' 轴的正向,再按右手系确定 y' 轴的正向,这样在 $x'O'y'$ 系内按标准方程就能作出

曲线的图形,如图 2.21 所示.

方法三 利用配方法找出坐标变换公式.

将原方程变形为
$$(x+y)^2+3x+y=0,$$
配方得
$$(x+y+\lambda)^2+(3-2\lambda)x+(1-2\lambda)y-\lambda^2=0.$$

令两直线 $x+y+\lambda=0$

与 $(3-2\lambda)x+(1-2\lambda)y-\lambda^2=0$

相互垂直,从而有
$$(3-2\lambda)+(1-2\lambda)=0,$$
所以 $\lambda=1$,

代入上式得曲线的方程为
$$(x+y+1)^2+(x-y-1)=0.$$

又两直线 $x+y+1=0$ 与 $x-y-1=0$ 相互垂直,取直线 $x+y+1=0$ 为 x' 轴,直线 $x-y-1=0$ 为 y' 轴,作坐标变换
$$\begin{cases} x'=\dfrac{x-y-1}{\sqrt{2}}, \\ y'=\dfrac{x+y+1}{\sqrt{2}}, \end{cases}$$

方程就化为 $2y'^2+\sqrt{2}x'=0.$

以下同方法二.

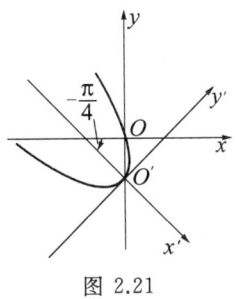

图 2.21

 解析几何

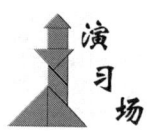

习题 2.d

1. 中心二次曲线 $3x^2-4xy+6y^2-8x-4y+3=0$ 的中心为 _____，线心二次曲线 $4x^2-4xy+y^2+6x-3x+2=0$ 的中心直线方程为 _____.

2. 二次曲线 $x^2+axy+4y^2-7x+y+3=0$，当 a 取值 _____ 时，曲线为椭圆型曲线；当 a 取值 _____ 时，曲线为双曲线型曲线；当 a 取值 _____ 时，曲线为抛物线型曲线.

3. 二次曲线 $3x^2+2xy-y^2+8x+10y-11=0$ 的渐近方向是 _____，渐近线方程是 _____.

4. 二次曲线 $a_{11}x^2+2a_{12}xy+a_{22}y^2+2a_{13}x+2a_{23}y+a_{33}=0$ 的一对共轭直径的方向为 $X:Y$ 与 $X':Y'$，那么它们具有关系式 _____.

5. 二次曲线 $x^2-xy-y^2-x-y=0$ 与二次曲线 $x^2+2xy+y^2-x+y=0$ 的公共直径方程为 _____.

6. 设二次曲线为 $x^2+6xy+\lambda y^2+3x+\mu y-4=0$，那么曲线有唯一中心的条件是 _____，没有中心的条件是 _____，有一条中心直线的条件是 _____.

7. 曲线 $4x^2-4xy+y^2-2x+1=0$ 在点 $(1,3)$ 处的切线为 _____，法线为 _____.

8. 二次曲线 $x^2+xy+y^2+x+4y+3=0$ 的中心是 _____，过点 $(-2,-1)$ 的切线是 _____，共轭于方向 $X:Y=1:0$ 的直线方程是 _____.

9. 方程 $x^2+4xy+my^2-3x+ny=0$，当 m 为 _____ 且 n 为 _____ 时，表示两条平行线.

10. 中心在坐标原点的二次曲线的一般方程是 _____，以坐标轴 y 轴为主直径的二次曲线方程是 _____，以两坐标轴为渐近线的二次曲线方程是 _____.

11. 试求抛物线的两相互垂直切线的交点轨迹.

12. 设二次曲线
$$a_{11}x^2+2a_{12}xy+a_{22}y^2+2a_{13}x+2a_{23}y+a_{33}=0$$
为双曲线. 取双曲线的中心为新坐标系原点 O', 一条渐近线为新坐标系的 y' 轴. 试证明: 在新坐标系下, 双曲线的方程为
$$a'_{11}x'^2+2a'_{12}x'y'+a'_{33}=0,$$
并用原方程的系数 a_{ij} 来表示新方程的系数 a'_{ij}.

13. 设二次曲线
$$F(x,y)\equiv a_{11}x^2+2a_{12}xy+a_{22}y^2+2a_{13}x+2a_{23}y+a_{33}=0, 且$$
$F_1(x,y)=a_{11}x+a_{12}y+a_{13}, F_2(x,y)=a_{12}x+a_{22}y+a_{23}.$

试证明: (1) 过非中心点 (x_0,y_0) 的曲线的直径为
$$\begin{vmatrix} F_1(x,y) & F_2(x,y) \\ F_1(x_0,y_0) & F_2(x_0,y_0) \end{vmatrix}=0;$$

(2) 以非中心点 (x_0,y_0) 为中心的弦的方程为
$$F_1(x_0,y_0)(x-x_0)+F_2(x_0,y_0)(y-y_0)=0.$$

14. 利用不变量证明:

(1) 二次曲线 $2xy-4x-2y+5=0$ 是双曲线, 并求出它的实轴与虚轴的长;

(2) 二次曲线 $x^2+2xy+y^2+2x+2y+\lambda=0(\lambda<0)$ 是两条平行直线, 并求出它们之间的距离.

15. 试用不变量化简二次曲线 $6xy+8y^2-12x-26y+11=0$ 的方程, 并作出它的图形.

第三讲 射影变换

解析几何的主要思想就是用代数方法来研究几何,也就是说,代数是手段,几何才是最终目的.代数手段运用得当时,坐标系甚至是次要的.这一讲就将展示这样的一些例子.

第三讲 射影变换

§3.1 直线间的射影对应

我们考虑如下的集合

$$M = \left\{ f: \mathbf{R} \to \mathbf{R} \,\middle|\, f(x) = \frac{ax+b}{cx+d}, \text{其中实数 } a,b,c,d \text{ 满足 } ad-bc \neq 0 \right\},$$

称集合 M 中的函数为**分式线性函数**. 当然,我们还没有指定这些函数的定义域. 为了统一起见,我们在通常的实数集基础上添加一个无穷大元素"∞",称所得的集合为**扩大实数集**或理想实数,记为 $\overline{\mathbf{R}} = \mathbf{R} \bigcup \{\infty\}$,并约定

$$a + \infty = \infty, a - \infty = \infty, \forall a \in \mathbf{R},$$

以及

$$\frac{a}{\infty} = 0, \frac{a}{0} = \infty, \frac{a \times \infty}{c \times \infty} = \frac{a}{c}, \forall a,c \in \mathbf{R}, ac \neq 0,$$

则 M 中函数的定义域和值域都是 $\overline{\mathbf{R}}$. 后面我们谈到分式线性函数时,始终遵循这些约定.

下述事实是容易验证的,因此略去其证明.

1. 分式线性函数是 $\overline{\mathbf{R}}$ 上的一一映射;
2. 两个分式线性函数的复合仍为分式线性函数;
3. 分式线性函数的逆函数也是分式线性函数;
4. 分式线性函数 $f(x)$ 由它在三个点的值唯一确定. 例如,只要知道了 $f(0), f(1), f(\infty)$,则我们可轻易求出 $f(x)$;
5. 除了 $f(x) \equiv x$ 的情形之外,分式线性函数 $f(x)$ 至多有两个不动点,即方程 $f(x) = x$ 至多有两个实根.

在所有的分式线性函数中,有一类较为特殊,称为**对合**,即满足 $f(x) = f^{-1}(x)$ 或 $f(f(x)) = x$ 的那些函数. 简单计算表明,分式线性函数 $f(x) = \frac{ax+b}{cx+d}$ 为对合的充分必要条件是 $a+d=0$.

对合的重要性体现为下述定理.

定理 3.1 任一分式线性函数可写为至多两个对合函数的复合.

证明

设 $f(x)$ 为非对合分式线性函数,并设 $f(0)=u, f(1)=v$,则我们可构造对合 $g(x)$,使得
$$g(0)=v, g(1)=u,$$
例如
$$g(x)=\frac{u(x-v)}{(u-v+1)x-u}.$$

这时有 $g(v)=0, g(u)=1$,从而 $f(g(u))=v, f(g(v))=u$. 令 $h=f\circ g$,则由下面的引理即得 h 是一个对合,这样 $f=h\circ g$ 是两个对合函数的复合.

引理 3.2 设 h 为分式线性函数. 如果存在不同的两数 u 和 v,使得 $h(u)=v, h(v)=u$,则 h 是对合函数.

证明

事实上,取不同于 u, v 的数 w,设
$$s=h(w), t=h(s),$$
则我们可仿照前面的办法再构造一个对合 h_1,使得
$$h_1(u)=v, h_1(s)=t,$$
从而就有
$$h_1(h(u))=u, h_1(h(v))=v, h_1(h(s))=s.$$
这就是说,分式线性函数 $h_1\circ h$ 有三个不同的不动点,因此 $h_1\circ h(x)\equiv x$,即 $h(x)=h_1^{-1}(x)$ 为对合函数.

如果把实数轴看做直线,在实数集上添加无穷大元素,相当于在直线上添加一个无穷远点. 我们把添加了无穷远点的直线称为"射影直线". 以后我们提到"直线"时都是指的射影直线. 在这个约定下,分式线性函数的几何意义是直线到自身的射影变换.

设 a, b, c, d 是四个不同的理想实数(可能为 ∞),它们的**交比**定义为
$$[a, b; c, d]:=\frac{a-c}{b-c}\cdot\frac{b-d}{a-d}.$$

如果将一条直线作成数轴,直线上四个不同的点 A,B,C,D 所对应的实数分别为 a,b,c,d,则这四个点的交比定义为 $[A,B;C,D]:=[a,b;c,d]$.

注意,把一条直线作成数轴的方式有很多种(想象各种刻度不同的尺子),但四个点交比的定义与它们作成数轴的方式无关. 以下我们说到直线时,总假定已经在它上面取好了一种作成数轴的方式. 这样,分式线性函数就给出了直线到自身的一种变换,称为**射影变换**.

若 f 为分式线性函数,则容易验证 $[a,b;c,d]=[f(a),f(b);f(c),f(d)]$. 由此可得以下定理.

定理 3.3 直线到自身的射影变换保持四点的交比. 反之,保持任意四点交比不变的变换一定是射影变换.

证明

只需证后一部分. 我们取定三点 $0,1,\infty$,并令 x 为动点,则有
$$[0,1;\infty,x]=[f(0),f(1);f(\infty),f(x)],$$
由此立即看出 $f(x)$ 是 x 的分式线性式.

定义 3.1 设 a,b 是两条直线,映射 $F:a \to b$ 若保持四点的交比,则称 F 为**射影映射**或**射影对应**.

不妨设直线 a 与 b 相交于点 O. 以 O 为原点,分别将 a,b 作成两个数轴,从而建立一个平面仿射坐标系. 给定一个分式线性函数 $f(x)$,我们可定义一个映射 $F:a \to b$ 如下:
$$F(x,0)=(0,f(x)),$$
这里 $(x,0)$ 是直线 a 上的点的坐标,$(0,f(x))$ 是直线 b 上的点的坐标. 容易看出,F 是射影对应. 反之,直线 a,b 之间的任一射影对应都由这种方式给出.

定理 3.4 设点 P 不在直线 a,b 上. 对于直线 a 上的任一点 A,设 AP 交直线 b 于点 B,则从 A 到 B 的这个对应是射影对应. 称这样的射影对应为**透视**,其中,点 P 称为**透视中心**.

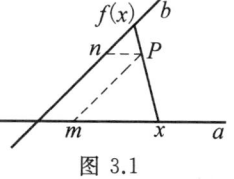

图 3.1

证明

如图 3.1,设 P 的坐标为 (m,n),A 的坐标为 $(x,0)$,B 的坐标为 $(0,f(x))$,则有

$$\frac{n}{f(x)} + \frac{m}{x} = 1.$$

由此可见 $f(x)$ 是分式线性函数.

容易看到,当直线 a 上的点 A 使得 $AP /\!/ b$ 时,直观上看,就没有交点 B 了. 这时我们约定 AP 与 b 仍然"相交"于 b 上的"无穷远点". 自然地,这个"无穷远点"应该属于 AP 和 b 所共有. 进一步,平面上所有互相平行的直线共享同一个"无穷远点". 我们也把这个"无穷远点"称为沿着该方向的无穷远点,并约定每个方向都有唯一的无穷远点,所有的无穷远点位于一条"无穷远直线"上.

经过这样约定之后,我们就不用再去讨论两条直线是否相交的问题了:任何两条直线都相交于唯一的一点.

定理 3.5 (**点线交比的协调性**) 如图 3.2, 点 P 不在直线 a, b 上, 过点 P 引出四条直线 p_1, p_2, p_3, p_4, 它们分别交直线 a 于 A_1, A_2, A_3, A_4; 分别交直线 b 于 B_1, B_2, B_3, B_4.

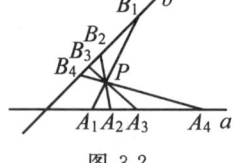

图 3.2

则 $[A_1, A_2; A_3, A_4] = [B_1, B_2; B_3, B_4]$.

换个角度来看这个构形,我们也可以说,上述交比与截线 a 或 b 的选取无关,而只与四条直线 p_1, p_2, p_3, p_4 有关. 因此,我们可以给出如下定义.

定义 3.2 设 p_1, p_2, p_3, p_4 是过同一点 P 的四条直线. 直线 a 分别交它们于 A_1, A_2, A_3, A_4. 定义这四条直线的交比为 $[p_1, p_2; p_3, p_4] := [A_1, A_2; A_3, A_4]$.

既然交于一点的四条直线的交比只与它们自身的构形有关,自然的问题是:能否用它们两两之间的夹角来描述这个交比呢?下面两个例题回答了这个问题.

例 1 在平面直角坐标系中,设 p_1, p_2, p_3, p_4 是过原点的四条直线,它们的斜率分别为 k_1, k_2, k_3, k_4. 证明: $[p_1, p_2; p_3, p_4] = [k_1, k_2; k_3, k_4]$.

证明 取直线 $x=1$ 与这四条直线相交,则交点的纵坐标分别为 k_1, k_2, k_3, k_4. 由定义 3.2 即得结果.

例 2 设 p_1, p_2, p_3, p_4 是交于一点 P 的四条直线,从 p_i 到 p_j 的有向角记为 θ_{ij}. 证明:
$$[p_1,p_2;p_3,p_4]=\frac{\sin\theta_{13}}{\sin\theta_{23}}\cdot\frac{\sin\theta_{24}}{\sin\theta_{14}}.$$

证明 设直线 p_i 的倾角为 θ_i,则斜率为 $k_i=\tan\theta_i$,并有 $\theta_{ij}=\theta_j-\theta_i$. 注意到
$$\sin\theta_{ij}=(\tan\theta_j-\tan\theta_i)\cos\theta_i\cos\theta_j=(k_j-k_i)\cos\theta_i\cos\theta_j,$$
利用上题结论 $[p_1,p_2;p_3,p_4]=[k_1,k_2;k_3,k_4]$ 即可轻松获证.

> **点评** 本题也可运用面积法来证. 设一直线分别交 p_i 于点 A_i,那么交比 $[A_1,A_2;A_3,A_4]$ 就是有向线段之比 $\overline{A_1A_3}:\overline{A_2A_3}$ 和 $\overline{A_2A_4}:\overline{A_1A_4}$ 的乘积,这两者可分别转化为面积比 $\triangle PA_1A_3:\triangle PA_2A_3$ 和 $\triangle PA_2A_4:\triangle PA_1A_4$. 其中 $\triangle PA_1A_3=\frac{1}{2}|PA_1|\cdot|PA_3|\cdot\sin\theta_{13}$,类似有其他各式,代入即得证.

下面两个例子中的构形是经常用到的.

例 3 设 O 是 $\triangle ABC$ 所在平面上一点,且它不在三角形的任何一边或其延长线上. AO, BO, CO 分别交对边于 D, E, F,又设 EF 交 BC 于 P. 证明:$[B,C;D,P]=-1$.

证明 设 AD 交 EF 于点 Q,则
$$[B,C;D,P]=[AB,AC;AD,AP]=[F,E;Q,P]$$

$$= [OF, OE; OQ, OP] = [C, B; D, P].$$

然而由交比的定义可知

$$[B, C; D, P] \cdot [C, B; D, P] = 1,$$

因此 $[B, C; D, P] = 1$ 或 -1. 若等于 1,则 D, P 分 BC 的比相等,即 $D = P$,这不可能. 故 $[B, C; D, P] = -1$.

> **点评** 交比为 -1 的四个共线点称为**调和点列**,交比为 -1 的四条共点直线称为**调和线束**.例如本题中 AB, AC, AD, AP 就构成调和线束.本题的构形常被用于调和点列的作图.

例 4 在 $\triangle ABC$ 中,$\angle BAC$ 的平分线和外角平分线分别交 BC 于 D 和 P. 证明:$[B, C; D, P] = -1$.

证明 首先 $[B, C; D, P] = [AB, AC; AD, AP]$,再利用例 2 的结论,容易验证这四条线的交比等于 -1.

德萨格(Desargues)对合定理

如图 3.3,设 A_1, A_2, A_3, A_4 是平面上一般位置的四点,它们都不在直线 a 上. 设直线 a 分别交 A_iA_j 于点 B_{ij}. 若射影变换 $f: a \to a$ 满足 $f(B_{12}) = B_{34}$,$f(B_{13}) = B_{24}$,$f(B_{14}) = B_{23}$,则 f 是对合变换.

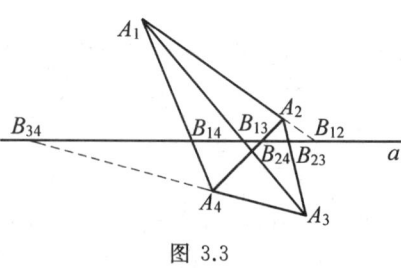

图 3.3

证明

设 A_1A_2 与 A_3A_4 的交点为 U,A_1A_3 与 A_2A_4 的交点为 V,则有

$$[B_{12},B_{34};B_{13},B_{14}] = [A_1B_{12}, A_1B_{34}; A_1B_{13}, A_1B_{14}]$$
$$= [U, B_{34}; A_3, A_4]$$
$$= [A_2U, A_2B_{34}; A_2A_3, A_2A_4]$$
$$= [B_{12}, B_{34}; B_{23}, B_{24}]$$
$$= [B_{34}, B_{12}; B_{24}, B_{23}],$$

其中最后一个等号利用了交比的性质.

另一方面,我们有
$$[B_{12}, B_{34}; B_{13}, B_{14}] = [f(B_{12}), f(B_{34}); f(B_{13}), f(B_{14})]$$
$$= [B_{34}, f(B_{34}); B_{24}, B_{23}].$$

两方面比较可知, $f(B_{34}) = B_{12}$. 再结合 $f(B_{12}) = B_{34}$, 就可由引理 3.2 证得 f 是对合.

德萨格对合定理以一种直观的方式告诉我们如何在直线上作出一个对合. 稍后我们将看到, 这只不过是更一般的德萨格对合定理的特殊情形.

我们把经过点 P 的所有直线构成的集合称为一个"线束",记作 $\mathcal{B}(P)$. 既然 $\mathcal{B}(P)$ 中的任意四条线都定义了交比, 我们自然也可把保持交比的映射 $f: \mathcal{B}(P) \to \mathcal{B}(P)$ 称为射影变换. 在这个意义下,"直线"和"点"的地位完全是相同的. 我们既可说"点 P 在直线 p 上",也可说,"直线 p 在 $\mathcal{B}(P)$ 中". 特别是由于点线交比的协调性, 我们可以毫无困难地把上述结论改述如下.

德萨格对合定理(对偶版本)

设 a_1, a_2, a_3, a_4 是平面上一般位置的四条直线, 它们都不经过点 A. 设点 A 与 a_i 和 a_j 的交点之连线为 b_{ij}. 若射影变换 $f: \mathcal{B}(A) \to \mathcal{B}(A)$ 满足 $f(b_{12}) = b_{34}, f(b_{13}) = b_{24}, f(b_{14}) = b_{23}$, 则 f 是对合变换.

现在我们继续研究两条直线之间的射影对应.

例 5 设 a, b 为直线, $f: a \to b$ 为射影对应. 在 a 上取定点 U 和动点 X, 证明: 直线 $Uf(X)$ 与直线 $Xf(U)$ 的交点轨迹为一直线. 进一步证明: 该直线与定点 U 的选取无关, 称为这个射影对应的**射影轴**.

证明 我们在直线 a 上取不同于 U 的两点 V 和 W,设 $Uf(V)$ 与 $Vf(U)$ 的交点为 P,$Uf(W)$ 与 $Wf(U)$ 的交点为 Q,又设直线 PQ 交 $Uf(U)$ 于点 R. 对于直线 a 上任一点 X,设 $Uf(X)$ 交直线 PQ 于点 Y,$Xf(U)$ 交直线 PQ 于点 Z,那么

$$[Uf(U),Uf(V);Uf(W),Uf(X)]$$
$$=[f(U),f(V);f(W),f(X)]$$
$$=[U,V;W,X]$$
$$=[Uf(U),Vf(U);Wf(U),Xf(U)].$$

另一方面,上式左端等于 $[R,P;Q,Y]$,上式右端等于 $[R,P;Q,Z]$. 这表明必有 $Y=Z$,即 $Uf(X)$ 与 $Xf(U)$ 的交点在直线 PQ 上.

进一步,设直线 a,b 的交点为 O. 那么,把 O 看成直线 a 上的点,则可找到直线 b 上的点 $B=f(O)$;把 O 看成直线 b 上的点,则可找到直线 a 上的点 $A=f^{-1}(O)$. 我们说明,射影轴恰好是直线 AB,从而与定点 U 的选取无关. 事实上,取动点 $X=A$,则 $Uf(A)$ 与 $Af(U)$ 的交点就是 A;取动点 $X=O$,则 $Uf(O)$ 与 $Of(U)$ 的交点就是 B. 因此射影轴就是直线 AB,与 U 无关.

当然,这里我们忽略了一种情况,即 $f(O)=O$ 的情形. 此时的射影对应恰好是透视,相应的结论请读者自证.

例6 (**帕普斯(Pappus)定理**) 如图 3.4,设 A_1,A_2,A_3 是一直线上的三点,B_1,B_2,B_3 是另一直线上的三点. 证明:$A_2B_3 \cap A_3B_2$,$A_3B_1 \cap A_1B_3$,$A_1B_2 \cap A_2B_1$ 这三点共线.

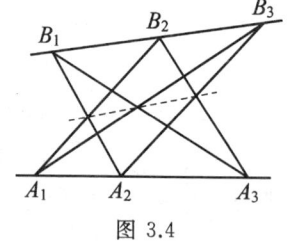

图 3.4

证明 存在两直线之间的射影对应 f,使得 $f(A_i)=B_i$,$i=1,2,3$. 因此,所说的三点都在射影轴上.

下面我们来看一些应用交比来解决问题的例子.

例7 设四边形 $ABCD$ 的对边 AB,DC 交于点 E,对边 AD,BC 交于点 F,对角线 AC,BD 交于点 O. 设 O 关于 AB,CD 的对称点分别为

X, Y,直线 XY 交 EF 于点 T. 求证: $\angle EOT = 90°$.

证明 由例 3 知,EA, ED, EO, EF 构成调和线束,即
$$[EA, ED; EO, EF] = -1.$$
设直线 XY 分别交上述四条直线于 M, N, S, T,则有
$$[M, N; S, T] = -1.$$
注意到 $EX = EY = EO$,有 $\angle EXY = \angle EYX$,从而
$$\angle EOM = \angle EXM = \angle EYN = \angle EON,$$
即 OS 是 $\angle MON$ 的平分线. 结合 $[M, N; S, T] = -1$,可知 OT 是 $\angle MON$ 的外角平分线(参见例 4). 这样我们就证明了 $\angle EOT = 90°$.

本题恰好同时用到了关于调和点列的两个基本构形,即例 3 和例 4.

例 8 在四边形 $ABCD$ 中,$\angle ACB = \angle ACD$,点 E, F 分别在 AD 和 AB 上,且 $\angle ACE = \angle ACF$. 求证:AC, BE, DF 三线共点.

证明 设 AB 交 CD 于点 P,BC 交 AD 于点 Q,AC 交 BD 于点 R. 又设 BE, DF 分别交 AC 于点 S, T. 则有
$$[A, S; R, C] = [BA, BS; BR, BC]$$
$$= [A, E; D, Q]$$
$$= [CA, CE; CD, CQ],$$
以及
$$[A, T; R, C] = [DA, DT; DR, DC]$$
$$= [A, F; B, P]$$
$$= [CA, CF; CB, CP].$$
由题意可知,若将直线 CF, CB, CP 关于 CA 取轴对称,就分别得到 CE, CD, CQ,因此上述两式右端的交比相等. 这样 $[A, S; R, C] = [A, T; R, C]$,就得到 $S = T$. 也就是说,BE, DF 与 AC 的交点是同一点.

点评 利用交比解决问题的关键是利用点、线交比的协调性在点和线的交比之间转换.因此在解题时要有意识地去寻找或制造这种构形.

§3.2 圆锥曲线上的交比

回忆一下,在平面直角坐标系中,圆锥曲线(椭圆、抛物线、双曲线)的标准方程为

$$\frac{x^2}{a^2}+\frac{y^2}{b^2}=1(a>b>0), y^2=2px(p>0),$$

$$或 \frac{x^2}{a^2}-\frac{y^2}{b^2}=1(a>0,b>0),$$

我们发现,这三种方程可以统一写为 $\alpha\beta=\gamma^2$ 的形式.

椭圆或双曲线:

$$\alpha=ex+a+y, \beta=ex+a-y, \gamma=x+c,$$

抛物线: $\alpha=x+\dfrac{p}{2}+y, \beta=x+\dfrac{p}{2}-y, \gamma=x-\dfrac{p}{2},$

其中对于椭圆或双曲线的情形,$e=\dfrac{c}{a}$ 是它的离心率.

细心的读者会发现,方程 $\alpha=0$ 和 $\beta=0$ 所表示的直线恰好是该圆锥曲线的两条切线,而 $\gamma=0$ 所表示的直线恰好是两个切点的连线.

更一般地,任取关于 x 和 y 的三个(线性无关的)一次式 α,β 和 γ,则方程 $\alpha\beta=\gamma^2$ 所表示的就是一条圆锥曲线,它以 $\alpha=0$ 和 $\beta=0$ 为两条切线,以 $\gamma=0$ 为切点弦. 为了避免引入更多的记号,我们将仍然用字母 α,β,γ 来称呼这三条直线.

取定一个实数 t,考虑直线 $t\alpha=\gamma$ 与圆锥曲线 $\Gamma: \alpha\beta=\gamma^2$ 的交点. 显然其中一个交点的坐标就是 $\alpha=\gamma=0$ 的解,另一个交点 T 的坐标则与实数 t 有关. 更精确地,点 T 的坐标是方程组

$$\begin{cases} t\alpha=\gamma, \\ \beta=t\gamma \end{cases} \quad (1)$$

的解. 通过解这个方程组,我们就获得了圆锥曲线的参数方程,点 T 对

应的参数就是 t. 在后续的计算中,我们事实上更多地用到方程(1),而不是它的解,因此在这里我们就不写出该参数方程了.

在圆锥曲线上取定两个点 S 和 T,它们对应的参数分别为 s 和 t,则弦 ST 的方程为
$$st\alpha - (s+t)\gamma + \beta = 0, \qquad (2)$$
这是因为,点 T 的坐标满足式(1),则自动满足式(2),同理点 S 的坐标也满足上述方程.

特别地,若令 $s=t$,则我们就得到了 T 点的切线方程为
$$t^2\alpha - 2t\gamma + \beta = 0. \qquad (3)$$
重要的是反过来的叙述:如果我们有依赖于参数 t 的一族直线,其方程是关于 t 的二次多项式,且系数分别为 x,y 的一次式,即形如式(3),则这族直线都与圆锥曲线 $\alpha\beta=\gamma^2$ 相切.

通过弦 ST 的方程(2),可以看出,它的斜率既与 s 有关,又与 t 有关. 当 s 固定时,这个斜率可看做 t 的函数,因此我们写为 $f_s(t)$. 不难看出,$f_s(t)$ 是 t 的分式线性函数!

如果在圆锥曲线上取四个点 A_1, A_2, A_3, A_4,设它们对应的参数分别为 a_1, a_2, a_3, a_4,则 SA_i 的斜率为 $f_s(a_i)$,因此
$$[SA_1, SA_2; SA_3, SA_4] = [f_s(a_1), f_s(a_2); f_s(a_3), f_s(a_4)]$$
$$= [a_1, a_2; a_3, a_4]. \qquad (4)$$
注意这个等式最右端与 s 无关,因此,我们已证明了以下定理.

定理 3.6 (沙勒(Chasles))对于圆锥曲线上四个定点 A_1, A_2, A_3, A_4 和动点 S,交比 $[SA_1, SA_2; SA_3, SA_4]$ 是常数.

我们将这个常数定义为四个点 A_1, A_2, A_3, A_4 的交比,即
$$[A_1, A_2; A_3, A_4] := [SA_1, SA_2; SA_3, SA_4].$$
注意,交比 $[A_1, A_2; A_3, A_4]$ 不只与四个点 A_1, A_2, A_3, A_4 有关,也与它们所在的圆锥曲线有关. 经过四个点 A_1, A_2, A_3, A_4 的圆锥曲线有很多,当取不同的圆锥曲线时,算得的交比是不相等的.

有了圆锥曲线上四点的交比的概念,我们就可以研究圆锥曲线上保持交比的变换了. 给定一条圆锥曲线 Γ 和映射 $F:\Gamma\to\Gamma$,如果对于 Γ 上任意四点 A_1, A_2, A_3, A_4,都有
$$[A_1, A_2; A_3, A_4] = [F(A_1), F(A_2); F(A_3), F(A_4)],$$

则称 F 为 Γ 上的**射影变换**. 注意方程(4)蕴含了这样的信息:圆锥曲线上四个点的交比,等于它们所对应的参数的交比. 因此,圆锥曲线上的射影变换,实质上就是对参数的射影变换. 也就是说,对于每个射影变换 F,都可找到分式线性函数 $f(x)$,使得当点 T 对应的参数为 t 时,$F(T)$ 对应的参数为 $f(t)$.

例 1 设 $F:\Gamma \to \Gamma$ 为射影变换,在 Γ 上取定点 U 和动点 X,且 $U \neq F(U)$. 证明:直线 $UF(X)$ 与直线 $XF(U)$ 的交点轨迹为一直线. 进一步证明:该直线与定点 U 的选取无关,为射影轴.

证明 **方法一** 前一部分与上一节例 5 中直线形的类似命题证法几乎一样. 我们取不同于 U 的两点 V 和 W,设 $UF(V)$ 与 $VF(U)$ 的交点为 P,$UF(W)$ 与 $WF(U)$ 的交点为 Q,又设直线 PQ 交 $UF(U)$ 于点 R. 对于 Γ 上任一点 X,设 $UF(X)$ 交直线 PQ 于点 Y,$XF(U)$ 交直线 PQ 于点 Z,那么

$$[UF(U),UF(V);UF(W),UF(X)]$$
$$=[F(U),F(V);F(W),F(X)]$$
$$=[U,V;W,X]$$
$$=[UF(U),VF(U);WF(U),XF(U)].$$

另一方面,上式左端等于 $[R,P;Q,Y]$,上式右端等于 $[R,P;Q,Z]$. 这表明必有 $Y=Z$,即 $UF(X)$ 与 $XF(U)$ 的交点在直线 PQ 上.

要说明直线 PQ 与点 U 的选取无关,我们考虑满足条件 $F(X)=X$ 的点,即 F 的不动点 X. 这时,$UF(X)$ 与 $XF(U)$ 的交点就是 X. 也就是说,直线 PQ 必须经过 F 的所有不动点. 这样,它自然是与点 U 无关的.

方法二 设射影变换 F 把参数为 t 的点变成参数为 $f(t)$ 的点,其中 $f(x)$ 为分式线性函数. 设点 U,X 对应的参数分别为 s 和 t,那么 $F(U)$,$F(X)$ 对应的参数分别为 $f(s)$ 和 $f(t)$. 我们写出弦 $UF(X)$ 的方程为

$$sf(t)\alpha - (s+f(t))\gamma + \beta = 0.$$

设 $f(x) = \dfrac{ax+b}{cx+d}$，则上式可整理为

$$s(at+b)\alpha - (s(ct+d)+(at+b))\gamma + (ct+d)\beta = 0.$$

同理，弦 $XF(U)$ 的方程为

$$t(as+b)\alpha - (t(cs+d)+(as+b))\gamma + (cs+d)\beta = 0.$$

以上两式相减，得

$$(s-t)(b\alpha + (a-d)\gamma - c\beta) = 0, \text{即 } b\alpha + (a-d)\gamma - c\beta = 0.$$

可见两条弦的交点坐标一定满足上述方程，从而在该方程所表示的直线上。这条直线与 s, t 无关，即与 U, X 无关。

点评 给定射影轴以后，只要知道一对对应点 U 和 $F(U)$，则任意点 V 在这个射影变换下的像就可利用射影轴作出了。因此，这个命题使我们能够直观地看到射影变换的作用，而不是仅仅停留在计算上。

由于分式线性函数总有两个不动点，它们可能是两个不同或相等的实点，也可能是一对共轭的虚点。因此方法一事实上是不够完整的，读者可尝试针对虚点的情形把这个证明补充完整。

从证明中可以看到，射影变换的不动点正是射影轴与圆锥曲线的交点。依据射影轴与圆锥曲线的相交情况，可以对射影变换进行分类。如果射影轴与圆锥曲线相交于两个不同的点，则这个射影变换称为**双曲型**的；如果射影轴与圆锥曲线相切，则称为**抛物型**的；如果射影轴与圆锥曲线不相交，则称为**椭圆型**的。

例 2 （帕斯卡（Pascal）定理）如图 3.5，$A_1, A_2, A_3, B_1, B_2, B_3$ 是圆锥曲线上的六点。证明：$A_2B_3 \cap A_3B_2$，$A_3B_1 \cap A_1B_3$，$A_1B_2 \cap A_2B_1$ 这三点共线。

证明 存在圆锥曲线上的射影变换 f,使得 $f(A_i)=B_i, i=1,2,3$. 因此,所说的三点都在射影轴上.

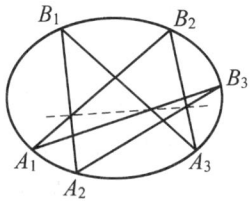

图 3.5

下面我们研究一类特殊的射影变换,即对合.

例 3 设 $F:\Gamma\to\Gamma$ 为对合变换,即 $F(F(T))=T$. 证明:当动点 T 遍经 Γ 时,直线 $TF(T)$ 过定点. 这个定点称为**对合中心**.

证明 **方法一** 在 Γ 上任取三点 A_1, A_2, A_3,设 $A_1F(A_1)$ 与 $A_2F(A_2)$ 的交点为 P,$A_1F(A_2)$ 与 $A_2F(A_1)$ 的交点为 Q,$A_1A_2=A_1F(F(A_2))$ 与 $F(A_1)F(A_2)$ 的交点为 R,则直线 QR 就是射影轴. 设 $A_1F(A_1)$ 与射影轴 QR 的交点为 B_1,则有
$$[A_1, F(A_1); B_1, P]=[QA_1, QF(A_1); QR, QP]=-1,$$
即 $A_1, F(A_1), B_1, P$ 为调和点列.

现在设 $A_3F(A_3)$ 与 $A_1F(A_1)$ 的交点为 P',则只要把上述推理中的 A_2 换为 A_3,我们就可得到 $A_1, F(A_1), B_1, P'$ 为调和点列. 这样,$P=P'$,由 A_3 的任意性即知命题得证.

方法二 记号如前,只需证直线
$$tf(t)\alpha-(t+f(t))\gamma+\beta=0$$
过定点,其中 $f(t)=\dfrac{at+b}{ct-a}$ 为对合函数. 将这个表达式代入上式得
$$t(at+b)\alpha-(t(ct-a)+(at+b))\gamma+(ct-a)\beta=0,$$
也即
$$t^2(a\alpha-c\gamma)+t(b\alpha+c\beta)-(a\beta+b\gamma)=0.$$
容易看到,这条直线总经过 $b\alpha+c\beta=0$ 和 $a\beta+b\gamma=0$ 的交点(这是因为当 $b\alpha+c\beta=a\beta+b\gamma=0$ 时,总有 $a\alpha-c\gamma=0$).

例 4 设 P 是圆锥曲线上一个定点,动弦 QR 满足 $\angle QPR=90°$.

求证: QR 过定点.

证明 由 $F(Q)=R$ 定义了圆锥曲线上的一个变换 F. 我们证明 F 恰好是一个对合变换.

首先,对圆锥曲线上任意四点 A_1,A_2,A_3,A_4,由角度关系易知
$$[PA_1,PA_2;PA_3,PA_4]=[PF(A_1),PF(A_2);PF(A_3),PF(A_4)],$$
因此 F 是射影变换. 又因为
$$F(F(Q))=F(R)=Q,$$
可见 F 是对合. 因此, $QR=QF(Q)$ 必过对合中心.

 若记这里的对合中心为 T,则有进一步的结论:

(1) 圆锥曲线 Γ 的对称轴上任意一点到 OP 和 OT 的距离是相等的,这里 O 是 Γ 的中心(在抛物线情形, O 就是对称轴方向的无穷远点).

(2) 当 P 遍经圆锥曲线时, T 的轨迹也是一条圆锥曲线.

若将这里的 $90°$ 改为一般的角度,则 $Q\to R$ 的这个变换不是对合,从而这些直线 QR 是不过定点的,它们包络出一条二次曲线. 这一点将在稍后予以证明.

如果把条件改为"动弦 QR 使得 $\angle QPR$ 的角平分线为定直线",则相应的结论仍是成立的.

例 5 一条直线分别交 $\triangle ABC$ 的边 BC,CA,AB 于点 D,E,F. 又设 Γ 是任一圆锥曲线, P 是 Γ 上一点, 直线 $PA,PB,\cdots,PF$ 分别交 Γ 于点 $A',B',\cdots,F'$. 求证: $A'D',B'E',C'F'$ 三线共点.

证明 只需证 $A'\to D',B'\to E',C'\to F'$ 这个对应是对合即可,这只需

$PA \to PD, PB \to PE, PC \to PF$ 这个对应是对合. 而这正是德萨格对合定理的对偶版本.

 当 Γ 取为 $\triangle ABC$ 的外接圆时,本题会有些有趣的推论. 读者可自己探索.

例6 给定椭圆 $\Gamma: \dfrac{x^2}{2}+y^2=1$ 和两个定点 $A(2,1), B(3,-2)$, 点 C 在 Γ 上运动. 设直线 AC, BC 与 Γ 的另一个交点分别为 P, Q. 求证: PQ 过定点.

证明 取椭圆的参数方程

$$x=\frac{2\sqrt{2}t}{1+t^2}, \quad y=\frac{1-t^2}{1+t^2}.$$

设点 T 对应的参数为 t, 点 X 的坐标为 (a,b), 我们来计算直线 TX 与 Γ 的另一个交点所对应的参数 s. 这时有

$$\left(\frac{1-t^2}{1+t^2}-b\right)\left(\frac{2\sqrt{2}s}{1+s^2}-a\right)=\left(\frac{1-s^2}{1+s^2}-b\right)\left(\frac{2\sqrt{2}t}{1+t^2}-a\right),$$

由此解得

$$s=\frac{at+\sqrt{2}(b-1)}{\sqrt{2}t(b+1)-a}. \tag{5}$$

现在, 设 P, C, Q 对应的参数分别为 p, c, q, 则利用式(5)有

$$c=\frac{2p}{2\sqrt{2}p-2}, \quad q=\frac{3c-3\sqrt{2}}{-\sqrt{2}c-3},$$

这样

$$q=\frac{3p-3\sqrt{2}}{4\sqrt{2}p-3}.$$

与式(5)对照可知, 直线 PQ 过定点 $\left(\dfrac{6}{7}, \dfrac{1}{7}\right)$.

>
>
> 这是常规做法,颇具代表意义.只要始终抓住参数之间的分式线性关系,计算量就不会太大.读者可尝试运用我们前面介绍的方法,引进 α,β,γ 等记号,也很简便.
>
> 本题其实涉及了两个对合,分别以 A,B 为对合中心.前一个对合将 P 变为 C,后一个对合继续将 C 变为 Q.要证明的是:这两者的复合(即将 P 变为 Q 的这个映射)也是对合.
>
> 我们知道,两个对合的复合应该是一般的射影变换,那么在什么条件下成为对合呢?本题以具体数据展示了这样一种可能.其一般结论是:如果两个对合中心 A,B 关于圆锥曲线是共轭的,则这两个对合的复合还是一个对合,其对合中心恰好是直线 AB 的极点;进一步,这两个对合是可交换的.读者在下一节了解了与极点和极线有关的概念之后,不难自行验证这一结论.

前面提到,对于圆锥曲线 Γ 上的对合变换 F,直线 $TF(T)$ 总过定点.自然的问题是,对于 Γ 上一般的射影变换,情况又如何呢?

例7 设 $F:\Gamma\to\Gamma$ 为射影变换.证明:当点 T 遍经 Γ 时,直线 $TF(T)$ 始终与某条二次曲线相切.

证明 记号如前.设点 T 对应的参数为 t,点 $F(T)$ 对应的参数为 $f(t)$,其中 $f(x)=\dfrac{ax+b}{cx+d}$ 为分式线性函数.则弦 $TF(T)$ 的方程为

$$tf(t)\alpha-(t+f(t))\gamma+\beta=0.$$

将 $f(t)$ 的表达式代入,得

$$t(at+b)\alpha-(t(ct+d)+(at+b))\gamma+(ct+d)\beta=0,$$

进一步,可整理得

$$t^2(a\alpha-c\gamma)-t((a+d)\gamma-b\alpha-c\beta)+(d\beta-b\gamma)=0.$$

与式(3)比较,我们便知这些直线都与二次曲线

$$4(a\alpha-c\gamma)(d\beta-b\gamma)=((a+d)\gamma-b\alpha-c\beta)^2$$

相切.

> **点评** 一般地,如果一族直线都与某条曲线相切,则称该曲线为这族直线的**包络**.本题说明:圆锥曲线上的射影变换,对应点的连线之包络为二次曲线.
>
> 如果把两条相交直线看成圆锥曲线的退化情形,两直线间的射影对应也可看成射影变换的特殊情形,这时对应点的连线之包络仍为二次曲线.

例8 给定圆锥曲线 Γ 上的一个定点 P. 设动弦 QR 满足 $\angle QPR=\theta$ 为定值,证明:QR 保持与某条圆锥曲线相切.

证明 与 $\theta=90°$ 的情形类似. 在 $\mathscr{B}(P)$ 中,把直线 PQ 变为 PR 的变换,事实上是把斜率为 t 的直线变为斜率为 $f(t)$ 的直线,其中

$$f(t)=\frac{t+\tan\theta}{1-t\tan\theta},$$

由此可知这个变换为射影变换. 这样由上一个问题就得到了所要的结果.

> **点评** 进一步,如果定点 P 不在曲线 Γ 上,而其他条件不变,则动弦 QR 仍然保持与某条圆锥曲线 Γ' 相切,而且 P 是 Γ' 的一个焦点. 但其证明要复杂一些,因为这时从 Q 到 R 的变换不是射影变换,所以问题的本质就发生变化了.

§3.3 极点和极线

取定一个圆锥曲线 $\Gamma: \alpha\beta=\gamma^2$,则任意不在此曲线上的点 P 都可以作为对合中心,以构造出一个对合. 这个对合的射影轴,称为该点 P(关于圆锥曲线 Γ)的**极线**.

在上节例 3 的证法二中,我们看到,对合中心 P 的坐标满足方程组
$$\begin{cases} b\alpha+c\beta=0, \\ a\beta+b\gamma=0. \end{cases}$$

也就是说,若将 P 的坐标代入 α,β,γ,依次得到三个数 p_1,p_2,p_3,则有
$$p_1:p_2:p_3=c:(-b):a,$$
其中 $f(x)=\dfrac{ax+b}{cx-a}$ 是这个对合的解析式.

另一方面,在上节例 1 的证法二中,我们又得到 $f(x)=\dfrac{ax+b}{cx+d}$ 的射影轴方程为
$$b\alpha+(a-d)\gamma-c\beta=0.$$

结合这两方面,可以看出,要得到点 P 的极线方程,只需将点 P 的坐标代入 α,β,γ,依次得到三个数 $p_1=\alpha(P),p_2=\beta(P),p_3=\gamma(P)$,则其极线的方程就是
$$-p_2\alpha+2p_3\gamma-p_1\beta=0,$$
也即
$$\beta(P)\alpha+\alpha(P)\beta=2\gamma(P)\gamma. \tag{1}$$

这里我们用 $\alpha(P)$ 表示将点 P 的坐标代入 α 所得的数,$\beta(P),\gamma(P)$ 的含义类似.

对于点 P 在曲线 Γ 上的情形,方程(1)也是有意义的,不难验证这时它正是点 P 处的切线. 因此,对于曲线 Γ 上的点,我们定义其极线为

第三讲 射影变换

该点处的切线.

如果过点 P 能作 Γ 的两条切线,切点分别为 U,V,则这两点都是对合的不动点,从而都在点 P 的极线(射影轴)上. 换句话说,此时点 P 的极线就是切点弦.

若点 Q 在点 P 的极线上,则 Q 的坐标满足方程(1),即有
$$\beta(P)\alpha(Q)+\alpha(P)\beta(Q)=2\gamma(P)\gamma(Q),$$
由此可见,点 P 也在点 Q 的极线上. 正因为这种对称性,我们称这两点 P,Q 关于圆锥曲线 Γ 是**共轭**的.

例 1 (**共轭点的调和性**)设 P,Q 两点关于圆锥曲线 Γ 是共轭的. 设直线 PQ 交 Γ 于两点 U,V. 证明:$[U,V;P,Q]=-1$.

证明 若过点 P 作两条直线 PAB 和 PCD,分别交曲线 Γ 于 A,B,C,D. 不妨设 AC 与 BD 的交点为 Q,AD 与 BC 的交点为 R,则 QR 就是点 P 的极线. 从这个构图中不难看到,
$$[RA,RB;RP,RQ]=-1.$$
现在令 A 和 D 都重合于 U,则 B 和 C 都重合于 V,从而得到
$$[RU,RV;RP,RQ]=[U,V;P,Q]=-1.$$

点评 如果 Γ 是一个圆($\odot O$),且点 P 不是圆心,那么,只要点 Q 在极线上(即与 P 共轭),则由本题结论可知,Q 关于 OP 的对称点也在极线上. 因此,点 P 关于 $\odot O$ 的极线 l 必定与 OP 垂直. 进一步,过 P 作极线 l 的垂线,设垂足为 R,则由交比的条件可算得 $|OP|\cdot |OR|$ 恰好等于圆半径的平方.

换句话说,我们可以采用如下的方式得到点 P 关于 $\odot O$ 的极线:首先取 P 关于 $\odot O$ 的反演点 R,再过 R 作 OR 的垂线.

例2 给定圆锥曲线 Γ 和一条直线 l. 证明:当点 Q 在 l 上运动时,点 Q 的极线经过一个定点 P. 我们称点 P 为直线 l(关于圆锥曲线 Γ)的**极点**. 进一步证明:点 P 的极线恰好是 l.

证明 设直线 l 的方程为
$$p_2\alpha + p_1\beta - 2p_3\gamma = 0,$$
则对于 l 上的每一点 Q,都有
$$p_2\alpha(Q) + p_1\beta(Q) - 2p_3\gamma(Q) = 0.$$
注意到点 Q 的极线方程为
$$\beta(Q)\alpha + \alpha(Q)\beta = 2\gamma(Q)\gamma,$$
可见这些极线都经过一点 P,P 的坐标满足
$$\alpha(P):\beta(P):\gamma(P) = p_1:p_2:p_3,$$
而且 P 的极线正是 l.

例3 设 $\triangle ABC$ 的内切圆 $\odot I$ 分别切 BC,CA 和 AB 于点 D,E 和 F,DE 交 AB 于点 X,DF 交 AC 于点 Y,BE 交 CF 于点 G. 证明:$IG \perp XY$.

证明 我们将极点和极线的理论用于内切圆 $\odot I$.

因为 X 在点 C 的极线 DE 上,所以 C 在点 X 的极线上. 而 F 是切点,它也在点 X 的极线上,所以 CF 就是 X 的极线. 同理,BE 是 Y 的极线. 从而 CF 和 BE 的交点 G 是直线 XY 的极点. 这样立即得到 $IG \perp XY$.

例4 在 $\triangle ABC$ 中,M 为高 AH 的中点,D 为 $\triangle ABC$ 的内切圆与 BC 边的切点,设 DM 与内切圆交于另一点 N. 证明:$\angle BND = \angle CND$.

证明 设内切圆在 AB,AC 上的切点分别是 E,F,设 EF 与 BC 交于点 P,PN 交内切圆于另一点 Q,AD 交 PQ 于点 R. 我们始终围绕内切圆来做分析.

由于 P 在点 A 的极线 EF 上,所以 A 也在点 P 的极线上. 这样 AD 就是点 P 的极线,有 $[N,Q;P,R]=-1$. 进而

$$[DN, DQ; DP, DR] = -1.$$

设 DQ 交 AH 于 S,则

$$[M, S; H, A] = [DN, DQ; DP, DR] = -1.$$

但 M 是 AH 中点,所以 S 是无穷远点,这样 $DQ /\!/ AH$. 因此 DQ 是内切圆的直径,$DN \perp PQ$.

结合 $[B, C; D, P] = -1$ 可知,$\angle BND = \angle CND$.

 将内切圆改为旁切圆,结论仍成立,这里的证法也仍然有效.

例 5 (**德萨格对合定理**)如图 3.6,设 Γ 是过四点 A_1, A_2, A_3, A_4 的圆锥曲线,直线 a 分别交 $A_i A_j$ 于 B_{ij},又交 Γ 于两点 C, D. 如果 $f: a \to a$ 是由 $f(B_{12}) = B_{34}$,$f(B_{13}) = B_{24}$,$f(B_{14}) = B_{23}$ 定义的射影变换,证明:f 是对合,且 $f(C) = D$.

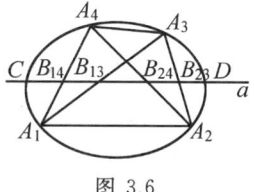

图 3.6

证明 前一部分事实上已经证过了. 只需证 $f(C) = D$. 注意到

$$[C, D; B_{12}, B_{13}] = [A_1 C, A_1 D; A_1 B_{12}, A_1 B_{13}]$$
$$= [A_1 C, A_1 D; A_1 A_2, A_1 A_3] = [A_4 C, A_4 D; A_4 A_2, A_4 A_3]$$
$$= [C, D; B_{24}, B_{34}] = [D, C; B_{34}, B_{24}].$$

因此,如果有直线 a 上的射影变换 g 满足 $g(B_{12}) = B_{34}$,$g(B_{13}) = B_{24}$,$g(C) = D$,则 $g(D) = C$. 也就是说,g 必为对合. 但满足前两个条件的对合正是 f,因此 $g = f$,命题得证.

 从这个结论马上可以得到:如果有一族圆锥曲线过这四点,则其中每条曲线与直线 l 的两个交点都是互为对合的.

例6 (蝴蝶定理)设 P 是圆锥曲线 Γ 的弦 MN 的中点,过 P 再作两条弦 AB 和 CD,设 AC,BD 分别交 MN 于点 X,Y. 求证: $PX=PY$.

证明 取 MN 为上题中的直线 a,则四边形 $ABCD$ 的每组对边与 a 的两个交点,以及 Γ 与 a 的两个交点都成对合. 记这个对合为 f,则有 $f(P)=P, f(M)=N$. 明显地,直线 a 上关于点 P 的中心对称变换也是一个对合,且满足同样的条件. 因此,这两个变换重合. 这样由 $f(X)=Y$ 就得到 $PX=PY$.

取定一个圆锥曲线 Γ. 我们定义平面上的变换 f,它把任意一点 P 变为它的极线,从而自然地,把每条直线变为它的极点(准确地说应该是极点所确定的"线束",不过这里我们无妨把一个点和它所确定的"线束"等同起来). 我们把这种变换称为**配极变换**.

例如,对于 $\triangle A_1A_2A_3$,设顶点 A_i 的极线为 $l_i, i=1,2,3$,则配极变换就将 $\triangle A_1A_2A_3$ 变成了三条直线 l_1,l_2,l_3 所构成的图形,即还是一个三角形. 我们称这两个三角形**互为配极**的. 如果一个三角形被变为它自身(每个顶点都被变为它的对边),则称它为**自配极三角形**或**自共轭三角形**.

下面我们重点关注一下关于某个圆 Γ 的配极变换.

例7 (关于圆的配极)设 $\odot O$ 的圆心 O 恰好是圆锥曲线 Γ 的一个焦点. 证明: 当点 P 在 Γ 上运动时,它关于圆 Γ 的极线始终与某个圆相切.

证明 对于圆锥曲线 Γ,设焦点 O 所对应的准线为 l. 以 O 为原点建立平面直角坐标系,使得 l 垂直于 x 轴. 不妨设 $\odot O$ 的方程为 $x^2+y^2=1$,

直线 l 的方程为 $x=p$.

又设 Γ 的离心率为 e, 则对于 Γ 上任一点 $P(x_0,y_0)$, 有
$$\sqrt{x_0^2+y_0^2}=e\cdot|x_0-p|.$$

注意到点 $P(x_0,y_0)$ 的极线方程为 $x_0x+y_0y=1$, 我们发现, 点 $K\left(\dfrac{1}{p},0\right)$ 到这条直线的距离总为常数
$$\dfrac{\left|\dfrac{x_0}{p}-1\right|}{\sqrt{x_0^2+y_0^2}}=\dfrac{1}{ep},$$

因此, 这些极线都与以 K 为圆心, $\dfrac{1}{ep}$ 为半径的圆相切.

> **点评** 本例说明, 关于 ⊙O 的配极变换, 将 Γ 上的点变为 ⊙K 的切线, 从而将 ⊙K 的切线变为 Γ 上的点.
>
> 进一步, 如果我们取 ⊙K 的两条切线, 那么在关于 ⊙O 的配极变换下, 它们成为圆锥曲线 Γ 上的两个点. 这两条切线的交点, 自然就变成 Γ 上相应两点的连线. 特别地, 当这两条切线趋于重合时, 上述连线就趋于 Γ 的一条切线, 也就是说, 关于 ⊙O 的配极变换, 将 ⊙K 上的点也变为 Γ 的切线. 因此, 这里 ⊙K 和 Γ 的角色是可以互换的.
>
> 另外值得注意的是, 圆心 K 恰好是准线 l 的极点.

例 8 设 O 是圆锥曲线 Γ 的一个焦点, l 是相应于 O 的准线, 一条弦 AB 交准线 l 于点 C. 求证: OC 平分 $\angle AOB$ 或其外角.

证明 我们取以 O 为圆心的某个圆, 作关于这个圆的配极变换. 则 Γ 上的点 A,B 变为某个 ⊙K 的两条切线(记作 a,b), 准线 l 变为该圆的圆心 K, 弦 AB 变为 a 和 b 的交点 P, AB 与 l 的交点 C 变为 P 和 K 的

连线.

注意到 $a \perp OA, b \perp OB, PK \perp OC$，则由 PK 平分 a 与 b 的夹角就可得到 OC 平分 $\angle AOB$ 或其外角.

> **点评** 从难度来说，这应该是很简单的一道习题，然而题中所说的性质却极其重要，这在下一讲自然有所体现. 这里的做法稍有些做作，不过，读者应能由此看出配极变换的应用方式.

例 9 设抛物线 Γ 的三条切线交成 $\triangle ABC$. 证明：$\triangle ABC$ 的外接圆经过 Γ 的焦点.

证明 设抛物线 Γ 的焦点为 O，我们取以 O 为圆心的圆作配极变换，就将看出，这题事实上等价于西姆森 (Simson) 定理.

事实上，Γ 的三条切线变为某个圆 $\odot K$ 上的三个点 D, E, F. 这样 A, B, C 就变为这三点 D, E, F 之间的连线. 注意从"关于圆的配极"一题中找到如下的细节：Γ 的离心率为 $e=1$，因此，点 O 恰好在 $\odot K$ 上.

设 O 在 EF, FD, DE 上的投影分别为 A', B', C'，则 A', B', C' 分别是 A, B, C 关于 $\odot O$ 的反演点. 由西姆森定理，A', B', C' 三点共线. 因此，A, B, C, O 四点共圆.

> **点评** 这个做法的思路是比较明显的：题中有很多切线，那么通过配极变换可以把它们变成共圆的点. 只不过这个做法仍然显得有些做作. 更直接的做法请参见下一讲.

习题 3

1. 设四边形 $ABCD$ 的对边 AB,DC 交于点 E，AD,BC 交于点 F，对角线 AC,BD 交于点 O. 作 $OP \perp EF$ 于 P，求证：$\angle APD = \angle BPC$.

2. 设 $\odot I$ 与 $\triangle ABC$ 的三边 BC,CA,AB 分别相切于点 D,E,F，又设 EF 交 BC 于点 P. 求证：$[B,C;D,P]=-1$.

3. 证明：任意射影变换 $f:\Gamma \to \Gamma$ 可写为 $f = f_1 \circ f_2$，其中 $f_1:\Gamma \to \Gamma$ 和 $f_2:\Gamma \to \Gamma$ 都是对合，并且它们的对合中心都在 f 的射影轴上.

4. 设一个圆内切于 $\triangle ABC$ 的外接圆，并与 AB,AC 都相切，切点分别为 D,E. 求证：DE 的中点是 $\triangle ABC$ 的内心.

5. 设 $\triangle ABC$ 的内切圆分别切 BC,CA,AB 于点 D,E,F. 对任一点 P，设 DP,EP,FP 分别交内切圆于 X,Y,Z. 求证：AX,BY,CZ 三线共点.

6. 设 $\triangle ABC$ 的内切圆与 BC 边的切点为 D，在线段 AD 上取一点 P，设线段 BP,CP 分别交内切圆于 M,N. 求证：AP,BN,CM 三线共点.

7. 设两圆 $\odot O_1$ 与 $\odot O_2$ 外离. 它们的一条外公切线分别切 $\odot O_1$ 和 $\odot O_2$ 于 A_1 和 A_2；一条内公切线分别切 $\odot O_1$ 和 $\odot O_2$ 于 B_1 和 B_2. 求证：A_1B_1,A_2B_2,O_1O_2 三线共点，并且所共的这点关于两圆的极线重合.

8. 设 Γ_1,Γ_2 是两条圆锥曲线，P 是 Γ_2 上一个动点. 证明：P 关于 Γ_1 的极线始终与某条二次曲线相切.

9. 给定圆锥曲线 Γ 上两点 A,B，设动弦 PQ 过定点 C（点 C 不在 Γ 上，也不在直线 AB 上），求 AP 与 BQ 的交点之轨迹形式.

10. 在上题中，如果 Γ 是一个圆，证明：

(1) 当 C 在 Γ 外部时，轨迹只能是双曲线；

(2) 当 C 在 Γ 内部时，轨迹可能是椭圆、抛物线或双曲线；

(3) 当且仅当 C 是圆心时，相应的轨迹是圆.

11. 设 Γ 和 Γ' 是两条圆锥曲线. 证明：存在一个三角形，关于 Γ 和 Γ' 都是自共轭三角形.

第四讲　仿射性质和度量性质

这一讲继续来研究圆锥曲线. 与上一讲不同的地方在于,我们要更多地考虑"平行"、"中点"等概念,为此,需要对无穷远直线作更深入的探讨. 既然平行直线的交点看做在无穷远直线上,所以无穷远点可以看做这些平行直线的"方向";另一方面,在平面直角坐标系中,"方向"可以用向量来表示,因此,我们将使用"沿着向量 u 方向的无穷远点"等字眼来指称无穷远直线上的点,有时也简称为无穷远点 u. 例如,"(0,1)方向的无穷远点"就是 y 轴与无穷远直线的交点.

从这一讲开始,我们将使用矩阵. 这样做可以简化记号,从而可以使我们更关注于几何问题本身而不是繁琐的计算. 对于本书中用到的有关矩阵的基本知识,读者可参考相关书籍. 需要注意的是,即使不使用矩阵,这一讲的计算量也是相当小的,完全可以只使用通常的坐标分量运算来完成.

第四讲　仿射性质和度量性质

§4.1　直径和共轭方向

下面我们始终围绕一条圆锥曲线 Γ 展开讨论，并假设它在某个平面直角坐标系中的方程为
$$f(x,y)=a_{11}x^2+2a_{12}xy+a_{22}y^2+2b_1x+2b_2y+s=0.$$
如果引进矩阵记号
$$X=[x,y], M=\begin{bmatrix}a_{11}&a_{12}\\a_{12}&a_{22}\end{bmatrix}, N=[b_1,b_2],$$
则这个方程也可写为
$$f(X)=XMX'+2NX'+s=0,$$
其中 X' 表示矩阵 X 的转置.

例1　设 PQ 是圆锥曲线 Γ 的动弦，且向量 $\overrightarrow{PQ}$ 始终平行于某个固定的向量 $u=[u_1,u_2]$，求 PQ 的中点 R 的轨迹.

解　设点 P,Q 的坐标写成矩阵形式分别为 X_1,X_2，其中 $X_i=[x_i,y_i]$，则有
$$X_1MX_1'+2NX_1'+s=0,$$
$$X_2MX_2'+2NX_2'+s=0,$$
两式相减，得
$$(X_1+X_2)M(X_1-X_2)'+2N(X_1-X_2)'=0.$$
由于 PQ 始终平行于方向 u，因此上式中 X_1-X_2 可用 u 代替. 这样就得到 P 和 Q 的中点 $X=\dfrac{1}{2}(X_1+X_2)$ 满足

$$(XM+N)u'=0,$$

(注意,这里我们直接把 u 也看作矩阵了.)这也就是所要求的轨迹的方程. 容易看出,它表示一条直线.

> **点评**
>
> 这里我们要指出两点:
>
> 1. 在这一讲中,我们将更强调代数上的正确性. 例如,考虑平行于 $(1,-1)$ 方向的直线 $x+y=2\sqrt{3}$ 与圆 $x^2+y^2=4$ 的交点. 从实的几何图形上看,这两者并不相交. 然而从代数上看,两者的联立方程在复数范围内仍然有两个解,即 $(\sqrt{3}\pm i,\sqrt{3}\mp i)$,它们的中点仍是实的,$(\sqrt{3},\sqrt{3})$. 理解了这一点,就不难明白,为何大多数轨迹问题中我们并没有指明参数的取值范围.
>
> 2. 我们也可从上一讲的角度来理解这个结果. 所有这些平行弦都经过无穷远直线上的同一个点 u. 而在每一条弦 PQ 上,中点 R 满足 $[P,Q;R,u]=-1$,即 R 与 u 是共轭的,因此 R 落在 u 的极线上. 也就是说,我们所求出的中点轨迹,正是无穷远点 u 的极线.

我们称例 1 中求出的这种轨迹(直线)为圆锥曲线 Γ 的**直径**. 在此直径上任取两点 V_1 和 V_2,设 $\overline{V_1V_2}$ 平行于向量 v,则由 $(V_1M+N)u'=0$ 和 $(V_2M+N)u'=0$,两式相减得

$$vMu'=0, \text{ 或 } uMv'=0,$$

这里后一式成立是因为 M 是对称矩阵. 从这两式可见,u 和 v 这两个方向在地位上是完全对等的:如果取平行于 v 方向的平行弦,其中点轨迹就是平行于 u 方向的直径. 我们称这样的两个方向为**共轭方向**. 若两

条直径分别平行于一对共轭方向,则称它们为**共轭直径**.

所有的直径都经过一点,也就是无穷远直线的极点.称这点为 Γ 的**中心**.设中心的坐标为 ξ,则对所有向量 u,都有
$$(\xi M + N)u' = 0,$$
从而
$$\xi M + N = 0.$$
当行列式 $\det(M) \neq 0$ 时,我们可解出中心的坐标为
$$\xi = -NM^{-1},$$
因此这时我们称 Γ 是**有心圆锥曲线**,即椭圆或双曲线;当 $\det(M) = 0$ 时,则称 Γ 是**无心圆锥曲线**,即抛物线.

例 2 设 Γ 是一条有心圆锥曲线,O 是其中心,P 是不同于 O 的任意一点.证明:OP 的方向与点 P 极线的方向是一对共轭方向.

证明 当 P 在 Γ 上时,我们先来推导点 P 切线的方程.为此,设点 P 坐标为 X_1,它邻近的 Γ 上一点坐标为 X_2.同上题一样,仍有 $(X_1 + X_2)M(X_1 - X_2)' + 2N(X_1 - X_2)' = 0$.

现在,令 X_2 趋向于 X_1,则 $X_1 + X_2$ 趋向于 $2X_1$,而 $X_1 - X_2$ 趋向于点 P 切线的方向,从而可用 $(X_1 - X)$ 代替,这里 X 是切线上任一点.于是得到点 P 切线的方程为
$$X_1 M(X - X_1)' + N(X - X_1)' = 0.$$
由于 P 在 Γ 上,我们也可把上式写为
$$X_1 MX' + N(X + X_1)' + s = 0.$$
现在说明,这个方程恰好是点 P 的极线,无论点 P 是否在 Γ 上.事实上,设过 P 能作两条切线,切点分别为 U, V,那么 U, V 点切线的方程分别为 $UMX' + N(X + U)' + s = 0, VMX' + N(X + V)' + s = 0$.
由于 P 同时满足这两个方程,可见 U, V 都满足方程
$$XMX_1' + N(X_1 + X)' + s = 0,$$
即
$$X_1 MX' + N(X + X_1)' + s = 0,$$

也就是说,这就是点 P 的极线方程. 从代数上看,我们认为过 P 总能作两条切线(只要在复数范围内考虑),这样上述结果就是一般性的.

现在,由上述极线方程可知,对于极线上任意两点 U, V,其方向 $u = U - V$ 必定满足
$$uAX_1' + bu' = 0,$$
即
$$(X_1 A + b)u' = 0.$$

而另一方面,OP 的方向为 $v = -bA^{-1} - X_1$,可见
$$vAu' = -(bA^{-1} + X_1)Au' = -(b + X_1 A)u' = 0.$$
这就证明了本题的结果.

这道题本身并不难,这里是为了使读者熟悉矩阵形式的运算而采用了目前的做法,其中获得的极线公式在后面也是很有用的.

对于抛物线,相应的结论其实也成立. 因为对于抛物线来说,任意方向都与对称轴的方向是共轭的,而抛物线的中心正是对称轴方向的无穷远点.

对于一条圆锥曲线 Γ,如果方向 u 和自身共轭,则称它为 Γ 的**渐近方向**. 由共轭方向的定义可知,渐近方向 u 满足方程 $uMu' = 0$.

例如,对于双曲线 $\dfrac{x^2}{a^2} - \dfrac{y^2}{b^2} = 1$ 来说,前述矩阵分别成为
$$M = \begin{bmatrix} \dfrac{1}{a^2} & 0 \\ 0 & -\dfrac{1}{b^2} \end{bmatrix}, N = [0, 0], s = -1.$$

因此,若向量 $u = [u_1, u_2]$ 是渐近方向,则有

$$uMu' = [u_1, u_2] \begin{bmatrix} \dfrac{1}{a^2} & 0 \\ 0 & -\dfrac{1}{b^2} \end{bmatrix} \begin{bmatrix} u_1 \\ u_2 \end{bmatrix} = 0,$$

由此可知 $u_1 : u_2 = \pm a : b$. 也就是说,双曲线的渐近方向有两个,就是它的渐近线的方向. 类似地,读者可验证,抛物线有两个重合的渐近方向,就是它的对称轴的方向;而椭圆没有实的渐近方向.

如果把"方向"看成无穷远直线上的点,则也可以这样解读上述结果:双曲线与无穷远直线交于两点;抛物线与无穷远直线相切;椭圆与无穷远直线没有实的交点.

为了更好地研究这些"交点",我们改用斜率来分辨方向. 例如 y 轴方向的斜率约定为 ∞.

斜率为虚数的方向将被称为无穷远直线上的"虚点". 比较典型的两个虚点是斜率为 i 和 $-$i 者,它们称为无穷远直线上的**圆点**. 这是因为,平面上任意一个圆与无穷远直线都相交于这两点. 事实上,设圆的方程为 $x^2 + y^2 + 2b_1 x + 2b_2 y + s = 0$,则斜率为 $\pm$i 的方向 $u = (1, \pm \text{i})$ 恰好是渐近方向:

$$[1, \pm \text{i}] \begin{bmatrix} 1 & 0 \\ 0 & 1 \end{bmatrix} \begin{bmatrix} 1 \\ \pm \text{i} \end{bmatrix} = 0.$$

反过来,如果一条圆锥曲线与无穷远直线交于上述两点,则也可验证该二次曲线必定是圆.

例 3 (拉盖尔(Laguerre)) 设直线 a 和直线 b 的斜率分别为 k_1 和 k_2. 证明:从直线 a 到直线 b 的有向角 θ 满足
$$\text{e}^{2\text{i}\theta} = [k_1, k_2; \text{i}, -\text{i}].$$

证明 设 $k_i = \tan\theta_i, i = 1, 2$,则上式右端等于
$$\frac{k_1 - \text{i}k_2 + \text{i}}{k_2 - \text{i}k_1 + \text{i}} = \frac{\sin\theta_1 - \text{i}\cos\theta_1 \sin\theta_2 + \text{i}\cos\theta_2}{\sin\theta_2 - \text{i}\cos\theta_2 \sin\theta_1 + \text{i}\cos\theta_1} = \text{e}^{2\text{i}(\theta_2 - \theta_1)},$$

其中 $\theta_2 - \theta_1$ 正是从 a 到 b 的有向角.

> **点评** 拉盖尔公式表明,在欧氏几何中至关重要的夹角概念,可以由无穷远直线上的交比来定义.这就提供了一种从射影几何角度来看欧氏几何的有效途径.
>
> 例如,利用拉盖尔公式,可得到如下结论:两条直线垂直,当且仅当这两条直线上的无穷远点与两个圆点构成调和点列.

例 4 如图 4.1,圆与抛物线交于四点.证明:联结这四点所得的四边形中,任一组对边与抛物线的对称轴所夹的角相等.

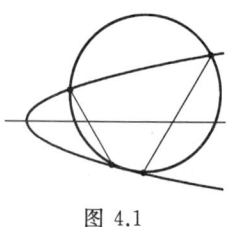

图 4.1

证明 对这四点和无穷远直线应用德萨格对合定理.不妨设抛物线的对称轴斜率为 0,则由抛物线与无穷远直线相切可知 0 是对合不动点.

而圆与无穷远直线的交点 i 和 $-$i 是一对对合点,可知这个对合必定可写为 $f(x) = -x$.

注意四边形的一组对边与无穷远直线的交点也是对合点,因此,其斜率必定互为相反数,即与抛物线对称轴所夹的角相等.

> **点评** 两条渐近线互相垂直的双曲线称为**等轴双曲线**.利用圆点,我们可以给出它的刻画:如果圆锥曲线 Γ 与无穷远直线的两个交点与圆点构成调和点列,则 Γ 是等轴双曲线.

例 5 证明:如果圆锥曲线 Γ 经过 $\triangle ABC$ 的三个顶点和垂心 H,

则 Γ 是等轴双曲线.

证明 我们对 A, B, C, H 这四点以及无穷远直线应用德萨格对合定理. 设 AH 和 BH 的斜率分别为 k_1, k_2,则这四点在无穷远直线上产生的对合恰好将 k_i 变为 $-\dfrac{1}{k_i}$,因此,这个对合的表达式为 $f(x) = -\dfrac{1}{x}$.

由于 Γ 与无穷远直线的交点也是一对对合点,可设它们分别是 m 和 $-\dfrac{1}{m}$. 这样,由 $\left[m, -\dfrac{1}{m}; i, -i\right] = -1$ 即知 Γ 是等轴双曲线.

下面,我们来推导过一点 P 作圆锥曲线 Γ 的两条切线的方程. 设 X 是不同于 P 的任意一点,那么,当实数 t 变化时,$(1-t)P + tX$ 恰好遍经直线 PX. 在一般情形,直线 PX 与 Γ 有两个交点,即关于 t 的方程
$$((1-t)P + tX)M((1-t)P + tX)' + 2N((1-t)P + tX)' + s = 0$$
有两个解. 若直线 PX 与 Γ 相切,则两根相等,即判别式为零. 由此得到 X 应满足的方程为
$$(PM(X-P)' + N(X-P)')^2 - (PMP' + 2NP' + s) \cdot$$
$$(X-P)M(X-P)' = 0,$$
整理得
$$(PMX' + N(X+P)' + s)^2 - (PMP' + 2NP' + s)(XMX' + 2MX' + s) = 0, \tag{1}$$
这就是过点 P 所作的两条切线的方程.

即使过点 P 不能作两条实的切线,这个二次方程仍表示一条曲线. 我们来看怎样的点 P 会使它是圆.

例6 证明:当且仅当 P 是圆锥曲线 Γ 的焦点时,方程(1)表示一个圆.

证明 由于在不同的直角坐标系中,圆的方程总是差不多的,我们不妨取这样的坐标系,使 Γ 的方程为标准方程.

若 Γ 是椭圆 $\dfrac{x^2}{a^2}+\dfrac{y^2}{b^2}=1(a>b>0)$,则对于任一点 $P(x_0,y_0)$,上述方程(1)成为

$$\left(\dfrac{x_0 x}{a^2}+\dfrac{y_0 y}{b^2}-1\right)^2-\left(\dfrac{x_0^2}{a^2}+\dfrac{y_0^2}{b^2}-1\right)\cdot\left(\dfrac{x^2}{a^2}+\dfrac{y^2}{b^2}-1\right)=0,$$

整理得

$$(b^2-y_0^2)x^2+(a^2-x_0^2)y^2+2x_0 y_0 xy-2b^2 x_0 x-2a^2 y_0 y+(a^2 y_0^2+b^2 x_0^2)=0.$$

若上述方程表示的曲线是圆,则有

$$b^2-y_0^2=a^2-x_0^2,\ x_0 y_0=0,$$

由此得 $(x_0,y_0)=(\pm c,0)$,其中 $c=\sqrt{a^2-b^2}$ 为半焦距,也即 P 为焦点. 对于抛物线和双曲线的情形也可类似验证.

点评 本题的结论也可叙述成:当且仅当过点 P 所作的两条切线分别经过两个圆点时,点 P 是圆锥曲线 Γ 的焦点. 在有些著作中,这个性质被用来作为焦点的定义.

例7 设 Γ 是一个以 O 为中心的椭圆,动点 A,B 在 Γ 上,且 AO 与 BO 为共轭直径. 动圆 Γ' 的圆心在 Γ 上,且与 OA,OB 都相切. 证明:Γ' 的半径为定值.

证明 设 Γ 的方程为 $\dfrac{x^2}{a^2}+\dfrac{y^2}{b^2}=1$,$\Gamma'$ 的圆心为 $(a\cos t,b\sin t)$,半径为 r. 则 Γ' 的方程为

$$(x-a\cos t)^2+(y-b\sin t)^2=r^2,$$

即

$$x^2+y^2-2a\cos t\, x-2b\sin t\, y+s=0,$$

其中 $s=a^2\cos^2 t+b^2\sin^2 t-r^2$. 由于 OA 和 OB 是圆 Γ' 的两条切线,可知它们的方程为

$$(-a\cos tx-b\sin ty+s)^2-s(x^2+y^2-2a\cos tx-2b\sin ty+s)=0,$$

整理得

$$(a^2\cos^2 t-s)x^2+(b^2\sin^2 t-s)y^2+2ab\sin t\cos txy=0.$$

假设由此可解得 $y=k_1x$ 和 $y=k_2x$,则 k_1 和 k_2 是方程

$$(b^2\sin^2 t-s)k^2+2ab\sin t\cos tk+(a^2\cos^2 t-s)=0$$

的两根. 因此

$$k_1k_2=\frac{a^2\cos^2 t-s}{b^2\sin^2 t-s}=\frac{r^2-b^2\sin^2 t}{r^2-a^2\cos^2 t}.$$

注意到 $(1,k_1)$ 和 $(1,k_2)$ 是椭圆 Γ 的共轭方向,我们又有

$$\frac{1\cdot 1}{a^2}+\frac{k_1k_2}{b^2}=0,$$

即 $k_1k_2=-\dfrac{b^2}{a^2}$. 将它与前一式比较可知

$$\frac{r^2-b^2\sin^2 t}{r^2-a^2\cos^2 t}=\frac{-b^2}{a^2}=\frac{-b^2\cos^2 t}{a^2\cos^2 t},$$

利用等比定理得到 $\dfrac{-b^2}{a^2}=\dfrac{r^2-b^2}{r^2}$,进而得 $r^2=\dfrac{a^2b^2}{a^2+b^2}$ 为定值.

点评 这题并不算难,只是结论比较有趣. 这里的做法也并不取巧,请读者体会此处设置变量和转化条件的技巧.

例8 设 Γ 是一个以 O 为中心的椭圆,动点 A,B 在 Γ 上,且 AO 与 BO 为共轭直径. 证明:

(1) $\triangle OAB$ 的面积为定值;

(2) $|OA|^2+|OB|^2$ 为定值.

证明 设 Γ 的方程为 $\dfrac{x^2}{a^2}+\dfrac{y^2}{b^2}=1$. 则可设 $A(a\cos\theta_1,b\sin\theta_1)$,$B(a\cos\theta_2,$

$b\sin\theta_2$). 由 AO 与 BO 是共轭直径可得
$$\cos\theta_1\cos\theta_2+\sin\theta_1\sin\theta_2=0,$$
也即 $\cos(\theta_1-\theta_2)=0$，因此 $\theta_1=\theta_2+\left(\dfrac{1}{2}+k\right)\pi, k\in\mathbf{Z}$. 这样，$\cos\theta_2=\pm\sin\theta_1$，$\sin\theta_2=\mp\cos\theta_1$.

（1）要计算 $\triangle OAB$ 的面积，可通过行列式
$$\frac{1}{2}\begin{vmatrix} 0 & 0 & 1 \\ a\cos\theta_1 & b\sin\theta_1 & 1 \\ a\cos\theta_2 & b\sin\theta_2 & 1 \end{vmatrix}=\frac{1}{2}ab\sin(\theta_2-\theta_1)=\pm\frac{1}{2}ab,$$

因此，$\triangle OAB$ 的面积为 $\dfrac{1}{2}ab$，为定值.

（2）同理，$|OA|^2+|OB|^2=a^2(\cos\theta_1^2+\cos\theta_2^2)+b^2(\sin\theta_1^2+\sin\theta_2^2)=a^2+b^2$，为定值.

本题从不变量的角度给出了共轭直径的刻画. 第（1）小题也可采用下述方法来证：设 $A(x_1,y_1), B(x_2,y_2)$，则有
$$\frac{x_1^2}{a^2}+\frac{y_1^2}{b^2}=1, \frac{x_2^2}{a^2}+\frac{y_2^2}{b^2}=1, \frac{x_1x_2}{a^2}+\frac{y_1y_2}{b^2}=0.$$

将前两式相乘，并减去第三式的平方，得到
$$\frac{(x_1y_2-x_2y_1)^2}{a^2b^2}=1,$$

因此，$|x_1y_2-x_2y_1|=ab$，即 $\triangle AOB$ 的面积为 $\dfrac{1}{2}ab$，为定值.

证明中用到的恒等式
$$(x_1^2+By_1^2)(x_2^2+By_2^2)$$
$$=(x_1x_2+By_1y_2)^2+B(x_1y_2-x_2y_1)^2$$
事实上有深刻的数论意义.

另外，本题还说明了：如果把一个圆压缩成椭圆，那么圆的互相垂直的直径就相应地变为椭圆的一对共轭直径.

§4.2 焦点和准线

这一节讨论圆锥曲线的一些度量性质,主要涉及焦点、准线和垂直.

例 1 设 F 是圆锥曲线 Γ 的一个焦点,l 是相应的准线,一条弦 AB 交准线 l 于点 C.证明:C 到 AF 和 BF 的距离相等.

证明 设圆锥曲线的离心率为 e,并设 A,B 在准线上的投影分别为 D,E,则有 $|AF|=e\cdot|AD|$,$|BF|=e\cdot|BE|$.这样一来,
$$\frac{|AC|}{|BC|}=\frac{|AD|}{|BE|}=\frac{|AF|}{|BF|},$$
由(外)角平分线的性质可知 FC 平分 $\angle AFB$ 或其外角.

这个性质在上一讲已经证过了,不过这里提供的是一种更简单的方法.

下面这些问题,都可看作上述性质的推论(在这些问题中,F 是焦点,l 是相应的准线):

1. 过准线 l 上一点 P 作 Γ 的切线 PD,D 为切点,则 $FD \perp FP$.

2. 设 A 是圆锥曲线上一点,BC 是过焦点 F 的弦,设 AB 和 AC 分别交准线 l 于点 D,E,则 $FD \perp FE$.

例 2 设圆锥曲线的弦 PP',QQ' 都经过左焦点.证明:PQ 与 $P'Q'$ 的交点在左准线上.

153

证明 对于椭圆 $\dfrac{x^2}{a^2}+\dfrac{y^2}{b^2}=1$ 或双曲线 $\dfrac{x^2}{a^2}-\dfrac{y^2}{b^2}=1$,其左焦点为 $F(-c,0)$,左准线为 $l:x=-\dfrac{c^2}{a}$;对于抛物线 $y^2=2px$,其焦点为 $F\left(\dfrac{p}{2},0\right)$,准线为 $l:x=-\dfrac{p}{2}$.

利用上一讲引进的符号 α,β,γ,容易验证,无论上述哪种情况,焦点 F 恰好满足 $\alpha(F):\beta(F):\gamma(F)=1:1:0$,相应的准线方程都可写为 $\alpha+\beta=0$. 这就可以看出,左准线恰好是左焦点的极线. 于是,由对合的理论即知结论成立.

点评 本题说明,对于圆锥曲线来说,准线恰好是焦点的极线.

例 3 证明:有心圆锥曲线 Γ 的两个焦点到任意切线的距离之积为定值.

证明 我们仅对 Γ 为椭圆的情形给出证明,双曲线的情形是类似的.

椭圆 $\Gamma:\dfrac{x^2}{a^2}+\dfrac{y^2}{b^2}=1(a>b>0)$ 在一点 $P(x_0,y_0)$ 处的切线方程为

$$\dfrac{x_0 x}{a^2}+\dfrac{y_0 y}{b^2}=1,$$

这样,焦点 $(c,0)$ 到它的距离为 $\dfrac{-1+\dfrac{x_0 c}{a^2}}{\sqrt{\dfrac{x_0^2}{a^4}+\dfrac{y_0^2}{b^4}}},$

同理,焦点 $(-c,0)$ 到它的距离为

$$\dfrac{-1-\dfrac{x_0 c}{a^2}}{\sqrt{\dfrac{x_0^2}{a^4}+\dfrac{y_0^2}{b^4}}},$$

这两者的乘积为

$$\frac{1-\dfrac{x_0^2c^2}{a^4}}{\dfrac{x_0^2}{a^4}+\dfrac{y_0^2}{b^4}}.$$

从 $\dfrac{x_0^2}{a^2}+\dfrac{y_0^2}{b^2}=1$ 中解出 y_0^2,代入上式,可知上式等于

$$\frac{1-\dfrac{x_0^2c^2}{a^4}}{\dfrac{x_0^2}{a^4}+\dfrac{1-\dfrac{x_0^2}{a^2}}{b^2}}=b^2,$$

为定值.

例 4（**彭赛列(Poncelet)小定理**）如图4.2，F_1 和 F_2 是圆锥曲线 Γ 的两个焦点,过点 P 作 Γ 的两条切线 PA 和 PB. 证明：PF_1 与 PA 的夹角等于 PB 与 PF_2 的夹角.

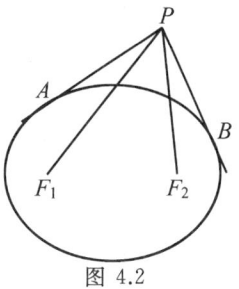

图 4.2

证明 利用上题的结论,可知 F_1 到 PA 和 PB 的距离之比,恰好与 F_2 到 PA 和 PB 的距离之比成反比.由此不难得出结论.

> **点评** 事实上,这个结论对于抛物线也是成立的,请读者思考此时应如何表述.
>
> 另外,当点 P 位于 Γ 上时,上述两条切线重合,这时的结论就退化为熟知的光学性质.

例 5 设 AM,AN 是有心圆锥曲线的两条定切线,一条动切线分别交 AM,AN 于点 B,C. 分别过点 B,C 作相应切线的垂线,交于点 P. 证明：点 P 的轨迹是双曲线.

证明 我们以 $\angle MAN$ 的平分线为 x 轴,外角平分线为 y 轴,建立直角

坐标系,则可设 AM 和 AN 的斜率分别为 k 和 $-k$. 又设圆锥曲线的两个焦点为 F 和 G,则由彭赛列小定理,可设 AF 和 AG 的斜率分别为 t 和 $-t$. 进而可设 $F(p, pt), G(q, -qt)$.

对任一点 $P(x, y)$,可求出它在 AM 上的投影为 $B(b, bk)$,其中 $b=\dfrac{x+ky}{1+k^2}$;同理,P 在 AN 上的投影为 $C(c, -ck)$,其中 $c=\dfrac{x-ky}{1+k^2}$.

若 BC 是圆锥曲线的切线,则由彭赛列小定理可知 $\angle CBF = \angle GBM$,据此就可得出点 P 应满足的方程为
$$\frac{1}{1+k^2}(x^2-k^2y^2)-(p+q)x+(p-q)ty+pq(1+t^2)=0,$$
可见它是一条双曲线.

> 在涉及两条切线的问题中,彭赛列小定理的用处是极为明显的.

例 6 证明:对于有心圆锥曲线,焦点在所有切线上的投影之轨迹是圆;对于抛物线,焦点在所有切线上的投影构成一条直线.

证明 这是光学性质的直接推论. 对于有心圆锥曲线,设焦点为 F_1, F_2,中心为 O,又设直线 l 与圆锥曲线相切于点 P,则 F_1 关于 l 的对称点 N 在直线 PF_2 上,且 $|F_2N|=2a$ 为定值. 这样,F_1 在 l 上的投影 M 就满足 $|OM|=a$,为定值. 因此,所有这些投影点 M 的轨迹是一个以 O 为圆心的圆.

抛物线的情形类似可证.

> 对于抛物线的情形,比较有趣的是反过来的叙述:给定一点 F 和一条直线 l,过 l 上的动点 M 作 FM 的垂线,则这些垂线都与某条抛物线相切.

例 7 证明:有心圆锥曲线的互相垂直的切线交点轨迹是一个圆.

证明 我们利用上一题的结论来做. 设点 P 在轨迹上, 过 P 的两条切线是 m 和 n. 设焦点 F_1 在这两条切线上的投影分别为 M, N, 则圆锥曲线的中心 O 满足 $|OM|=|ON|=a$, 为定值. 注意到 F_1MPN 为矩形, 有

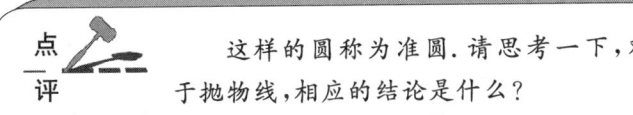

由此可见, $|OP|^2$ 为定值, 即 P 的轨迹是一个以 O 为圆心的圆.

> **点评** 这样的圆称为准圆. 请思考一下, 对于抛物线, 相应的结论是什么?

例 8 设抛物线的三条切线交于 A, B, C. 证明:抛物线的焦点在 $\triangle ABC$ 的外接圆上, 准线经过 $\triangle ABC$ 的垂心 H.

证明 焦点 F 在所有切线上的投影一定落在顶点处的切线上, 从而, F 在 $\triangle ABC$ 三边的投影是共线的, 即 F 点的西姆森(Simson)线. 因此, 由西姆森定理的逆定理, F 一定在 $\triangle ABC$ 的外接圆上.

进一步, 由西姆森线的性质, 点 F 关于 $\triangle ABC$ 的西姆森线平分 FH, 即 FH 的中点落在顶点处的切线上, 因此 H 在准线上.

> **点评** 这里用到的西姆森线的性质为:对于 $\triangle ABC$ 的外接圆上任一点 F, 其西姆森线都平分线段 FH. 其证明可参见约翰逊(R. Johnson)《近代欧氏几何学》第 327 页(单墫译, 1999). 本讲的习题 19 是这条性质的推广.
>
> 本题的后一部分也可采用配极变换来做, 读者不妨一试.

例9 设等轴双曲线与一个圆交于 A, B, C, D 四点，等轴双曲线的中心为 P，圆心为 O。求证：$ABCD$ 的重心恰好是 OP 的中点。

证明 对 A, B, C, D 这四点和无穷远直线应用德萨格对合定理。不妨设等轴双曲线的渐近线斜率分别为 1 和 -1，那么这四点在无穷远直线上产生的对合可写为 $f(x) = -x$。因此有 AB 和 CD 的斜率互为相反数等。

设 AB 与两条渐近线分别交于 A_1, B_1，又设 CD 与两条渐近线分别交于 C_1, D_1，其中 A_1 和 C_1 在一条渐近线上，B_1 与 D_1 在另一条渐近线上。由上一段的分析，易知 A_1, B_1, C_1, D_1 四点共圆。

现在，由熟知的结论，AB 的中点就是 A_1B_1 的中点，CD 的中点就是 C_1D_1 的中点，因此，$ABCD$ 的重心恰好是 $A_1B_1C_1D_1$ 的重心。进一步，AB 的中垂线与 A_1B_1 的中垂线重合，CD 的中垂线也与 C_1D_1 的中垂线重合，因此，A, B, C, D 所在的圆与 A_1, B_1, C_1, D_1 所在的圆，圆心也是重合的。

设 A_1C_1 和 B_1D_1 的中点分别为 M 和 N，则 $OMPN$ 为矩形。这时，四边形 $A_1B_1C_1D_1$ 的重心恰好是 MN 的中点，从而是 OP 的中点。这样就完成了本题的证明。

利用本题的结果，立即可得到如下推论：

若以等轴双曲线上某点 O 为圆心，$2|OP|$ 为半径作圆，与等轴双曲线相交，则 O 关于 P 的对称点是其中一个交点，而另外三个交点构成等边三角形。

这正是 1996 年全国高中数学联赛题。

例10 （厄克特(Urquhart)定理）如图 4.3，设 P, R 是以 A, B 为焦点的椭圆上两点，AR 交 BP 于 S，AP 交 BR 于 Q。证明：Q, S 也在某一以 A, B 为焦点的椭圆上。

证明 不妨设两个焦点 A, B 分别位于 $(-1, 0)$ 和 $(1, 0)$. 这时, 以 A, B 为焦点的椭圆由离心率 e 唯一决定, 例如, 半长轴长为 $\frac{1}{e}$.

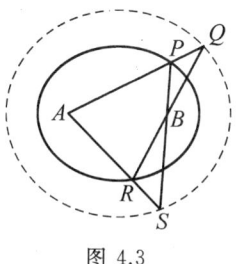

图 4.3

设 P 在椭圆上, 有向角 $\angle PAB$ 的余弦等于 t, 则容易得到

$$|AP| - \frac{1}{e} = \frac{e-t}{1-et}.$$

同理, 设有向角 $\angle ABP$ 的余弦等于 k, 则有

$$|BP| - \frac{1}{e} = \frac{e-k}{1-ek}.$$

由 $|AP| + |BP| = \frac{2}{e}$, 得方程

$$\frac{e-t}{1-et} + \frac{e-k}{1-ek} = 0.$$

如果记行向量 $u = (t, 1), v = (k, 1)$, 并记矩阵 $M = \begin{bmatrix} 1 & -e \\ -e & 1 \end{bmatrix}$, 则上式可形式地写为

$$uM \sim vM,$$

其中 $\sim$ 表示两个向量中元素的比值为相反数. 注意 $\sim$ 具有如下性质:

若 $x \sim yM$, 其中 M 是可逆对称矩阵, 则 $y \sim xM$.

因此上式可进一步写为

$$v \sim uM^2.$$

这事实上给出了从 A 出发的光线经椭圆反射后到达 B, 其出发角度与到达角度之间的关系.

现在取以 A, B 为焦点, 离心率为 f 的另一椭圆, 设 PB 交此椭圆于 S, 则有向角 $\angle ABS$ 的余弦为 $-k$.

设有向角 $\angle BAS$ 的余弦为 s, 记 $w = (s, 1)$, 并记矩阵 $N = \begin{bmatrix} 1 & -f \\ -f & 1 \end{bmatrix}$, 则同上可得

$$v' \sim wN^2,$$

其中 $v'=(-k,1)\sim v$.

现在,由 $v\sim uM^2, v\sim v', v'\sim wN^2$,可知
$$wN^2\sim uM^2, 或 w\sim uM^2N^2.$$

这给出了以一定角度的一条光线从焦点出发,依次经过两个椭圆反射后回到该焦点时,返回角度与出发角度之间的关系.

注意到矩阵 M 与 N 可交换,即 $MN=NM$,因此,同样角度的光线,改变两个椭圆的反射次序也是成立的,这样问题就获得了证明.

> **点评** 这里对分式线性式的矩阵处理,几乎是教科书式的. 读者可仔细体会这种形式在运算时所带来的便利性.
>
> 我们这里证明的,其实是厄克特定理的一种特殊情形. 其一般情形可叙述为:设一条直线与 $\triangle ABC$ 的边 BC, CA, AB 所在直线分别交于 D, E, F 三点. 若四边形 $BCEF$ 具有性质:最大边与最小边之和等于另两边之和,则四边形 $CAFD$ 和 $ABDE$ 也都具有这一性质(注:这些四边形可能是凹的或自身相交的).
>
> 在这一叙述方式中,若将其中的"等于"改为"大于"或改为"小于",则结论仍是成立的. 这是东方论坛的老封(即叶中豪老师)发现的.

§4.3 仿 射 对 应

给定两条直线 p,q. 如果两点 P,Q 分别沿着 p 和 q 作匀速运动，则称从 P 到 Q 的这个对应是**仿射对应**. 如果在两条直线上分别建立数轴，那么这个对应可写为 $f(x)=ax+b$. 可见，仿射对应是射影对应的特殊情形. 当 $p/\!/q$ 时，容易看出，P,Q 的连线总过定点. 因此后面我们只考虑 p 和 q 不平行的情形.

例1 设 AD 是 $\triangle ABC$ 的一条高线，O 是外心，P 是直线 AO 上任意一点，H_1 和 H_2 分别是 $\triangle APB$ 和 $\triangle APC$ 的垂心. 求证：H_1,H_2,D 三点共线.

证明 当 P 在 AO 上匀速运动时，注意 H_1 始终在过 B 且垂直于 AO 的直线上匀速运动，H_2 也始终在过 C 且垂直于 AP 的直线上匀速运动，因此从 H_1 到 H_2 的这个对应是上述两直线间的仿射对应.

而这两直线平行，则立即得到，无论动点 P 在何位置，H_1H_2 都经过一个定点. 特别地，取 P 为 AO 和外接圆的交点，则 H_1,H_2 分别重合于 B,C；再取 P 为 AO 和 BC 的交点，则 H_1 和 H_2 都在高线 AD 上. 这样，我们就证明了定点恰好是垂足 D.

> **点评** 采用运动的观点，通常更容易发现解决问题的线索. 此外，由证明过程可见，这题如改为 P 在过 A 的任一直线上运动，则 H_1H_2 也过定点.

例 2 （仿射对应的刻画）证明：如果点 P,Q 分别沿着两条相交直线作匀速运动，则 PQ 始终保持与一条抛物线相切，或过定点.

证明 我们在复平面上来考虑. 不妨取 P 所在的直线为实轴，并设 P 的运动速度为 1，又将 Q 的运动速度向量写为复数 v，那么当 P 对应的复数为 $t \in \mathbf{R}$ 时，Q 对应的复数为 $f(t) = vt + u$. 这里若 $u = 0$，则 PQ 总平行于某个固定的方向，即经过该方向的无穷远点. 因此以下设 $u \neq 0$.

由于两直线相交，可知 $v \neq 1$. 我们取点 $F = \dfrac{u}{1-v}$，则

$$\frac{t - f(t)}{t - F} = 1 - v$$

为常值，也就是说，$\angle FPQ$ 和 $|PQ|:|FP|$ 均为常数，因此 $\triangle FPQ$ 始终保持与某个固定的三角形相似.

设 F 在 PQ 上的投影为 M，则 $\triangle PFM$ 也始终保持与某个固定的三角形相似. 将前面的分析倒过去，就得到 M 的轨迹是一条直线.

现在，直线 PQ 就是过 M 所作的 FM 的垂线. 当 M 遍经一条直线时，PQ 自然就包络出一条抛物线.

点评 这里的点 F 是怎么得到的？事实上，只要先将变换 f 扩充定义在整个复平面上，成为复平面的相似变换 $f(z) = vz + u$，则 F 恰好是相似不动点.

进一步，从证明中可以看到，F 恰好是这条抛物线的焦点. 于是得到推论：设抛物线的焦点为 F，两点 X，Y 处的切线交于 O，则 $\triangle FXO \sim \triangle FOY$.（注：$OX, OY$ 就是原题中的两条直线）.

利用这一结果，我们可以结合抛物线的性质来解决一些问题.

例 3 在四边形 $ABCD$ 中，对边 AB 和 DC 交于点 P. 设点 E 和 F

分别在有向线段 $\overrightarrow{AB}$ 和 $\overrightarrow{DC}$ 上,且分它们的比相等.求证:$\triangle PAD$,$\triangle PEF$,$\triangle PBC$ 的垂心共线.

证明 这里的条件表明,当 E 在 AB 上匀速运动时,F 也在 DC 上匀速运动.因此,AD,BC,EF,PA,PD 都是同一条抛物线的切线.

由于抛物线任三条切线所成的三角形的垂心都在准线上,因此结论得证.

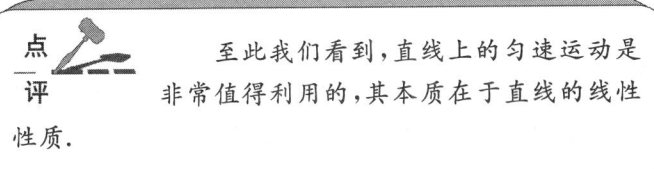

点评 至此我们看到,直线上的匀速运动是非常值得利用的,其本质在于直线的线性性质.

例4 设 P 是 $\triangle ABC$ 内、外心连线 OI 上任意一点,自 P 向三边作垂线,垂足依次为 D,E,F.求证:$AF+BD+CE=AE+CD+BF$.

证明 首先容易验证,当 $P=O$ 或 $P=I$ 时,结论成立.现在,令 P 在线段 OI 上匀速运动,则 D,E,F 也分别在三边上匀速运动.这样,所给的六条线段长度都是匀速变化的.既然在 $P=O$ 和 $P=I$ 时两端相等,那么,对于运动的任一时刻,这两端也都相等.

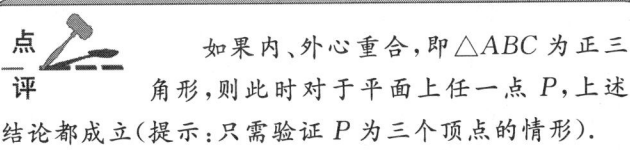

点评 如果内、外心重合,即 $\triangle ABC$ 为正三角形,则此时对于平面上任一点 P,上述结论都成立(提示:只需验证 P 为三个顶点的情形).

例5 设 AB,BC 是圆锥曲线 Γ 的动弦,它们的斜率均为定值.求证:AC 始终与某个圆锥曲线相切.

证明 由于 AB 的斜率为定值,可知 AB 总经过某个固定的无穷远点

P. 同理,BC 也总经过某个固定的无穷远点 Q. 因此,这里从 A 到 B 的变换是一种特殊的对合,从 B 到 C 的变换也是如此. 这样,从 A 到 C 的变换是射影变换,从而 AC 始终与某个圆锥曲线相切.

> **点评** 这道题的本质是圆锥曲线 Γ 到自身的仿射变换. 注意,仿射变换是特殊的射影变换,只不过将某些特征元素取在无穷远直线上. 自然,仿射变换就有一些特殊的性质,如保持平行性,保持中点等等. 在此不多作介绍.
>
> 对本题来说,进一步的结论还有: AC 所包络的圆锥曲线与 Γ 位似; AC 在 Γ 上所截出的弓形面积为常数.

在本讲的最后,我们来看几个涉及圆的问题. 它们共同的特征是,问题中都有某种线性的性质可供利用.

例 6 证明:圆外切四边形两条对角线的中点与圆心共线.

证明 取这里的圆为单位圆 $x^2+y^2=1$,考虑它在两点 $(\cos 2a, \sin 2a)$ 和 $(\cos 2b, \sin 2b)$ 处的切线. 由参数的几何意义可知,这两点切线处的交点坐标为
$$\frac{1}{\cos(b-a)}(\cos(b+a), \sin(b+a)),$$
这也可写为
$$\frac{1}{1+\tan a\tan b}(1-\tan a\tan b, \tan a+\tan b).$$

现在,设四条边与圆的切点分别为 $(\cos 2t_i, \sin 2t_i)$,并记 $k_i=\tan t_i$, $i=1,2,3,4$,则四边形顶点的坐标分别为
$$A_{12}: \frac{1}{1+k_1 k_2}(1-k_1 k_2, k_1+k_2), A_{34}: \frac{1}{1+k_3 k_4}(1-k_3 k_4, k_3+k_4),$$
等等.

对角线 $A_{12}A_{34}$ 的中点 P 的坐标为 (p_1, p_2),其中

$$p_1 = \frac{1 - k_1 k_2 k_3 k_4}{(1 + k_1 k_2)(1 + k_3 k_4)},$$

$$p_2 = \frac{k_1 + k_2 + k_3 + k_4 + k_1 k_2 k_3 + k_2 k_3 k_4 + k_3 k_4 k_1}{2(1 + k_1 k_2)(1 + k_3 k_4)},$$

可见,OP 的斜率关于 $1,2,3,4$ 是全对称的. 因此,$A_{23}A_{41}$ 的中点 Q 也在 OP 上.

> **点评** 牛顿曾研究过如下的问题:与四条直线都相切的那些圆锥曲线的中心的轨迹是什么?结果表明这轨迹是一条直线,后称为牛顿线. 本题正是牛顿线的特例.

例 7 设圆 Γ_1, Γ_2 的方程分别为

$$m_i(x, y) = x^2 + y^2 + D_i x + E_i y + F_i, i = 1, 2.$$

又设圆 Γ 的方程为 $m(x, y) = 0$,其中 $m(x, y) = \lambda m_1(x, y) + (1 - \lambda) m_2(x, y)$. 过 Γ 上的动点 P 分别作 Γ_1 和 Γ_2 的切线,切点分别为 X, Y. 求证:$|PX| : |PY|$ 为定值.

证明 我们说明,切线长 $|PX|$ 满足 $|PX|^2 = m_1(P)$,其中 $m_1(P)$ 表示将 P 的坐标代入 m_1 所得的数.

事实上,设 Γ_1 的圆心为 O_1,半径为 r,则 Γ_1 的方程为 $m_1(X) = |X - O_1|^2 - r^2$. 将 P 的坐标代入,恰好就是 $m_1(P) = |PO_1|^2 - r^2$,即切线长平方.

同理,$|PY|^2 = m_2(P)$.

又由于 P 在 Γ 上,即 $m(P) = 0$,有 $\lambda \cdot m_1(P) + (1 - \lambda) \cdot m_2(P) = 0$,因此

$$|PX|^2 : |PY|^2 = m_1(P) : m_2(P) = (\lambda - 1) : \lambda,$$

为定值.

> **点评** 本题有一特例曾广为流传,即 Γ_2 退化成一点的情形:
>
> 设圆 Γ_1 与圆 Γ 相切于一点 Γ_2,则对于 Γ 上任一点 P,$|PX|:|P\Gamma_2|$ 为定值,其中 PX 是 Γ_1 的切线.
>
> 在本题中,若固定两个圆 Γ_1 和 Γ_2,令 λ 变化,则可获得一族圆. 这族圆称为**共轴圆系**.
>
> 本题说明,若 $\Gamma_1,\Gamma_2,\Gamma_3$ 是共轴圆系中的三个圆,则 Γ_3 上任一点 P 关于 Γ_1,Γ_2 的幂之比为定值.

例 8 (**彭赛列**(Poncelet)**定理**) 设 Γ 和 γ 是两个圆. 过 Γ 上一点 P_0 作 γ 的切线,交 Γ 于另一点 P_1;再过 P_1 作 γ 的另一切线,交 Γ 于另一点 P_2;如此反复,得到 Γ 上的一系列点 P_i,$i=0,1,2,\cdots$. 如果有自然数 $n \geqslant 3$,使得 $P_n = P_0$,证明:对于 Γ 上任一点 Q_0,按上述方式得到 Q_1,$Q_2,\cdots,Q_n$,也有 $Q_n = Q_0$.

证明 为了方便叙述,我们约定 γ 沿逆时针方向旋转. 对于切线 UV,如果在切点处从 U 到 V 的方向与 γ 本身的旋转方向一致,则称切线 UV 是顺着 γ 的,反之则称它是逆着 γ 的. 在这个约定下,本题中的切线 $P_i P_{i+1}$ 要么都是顺着 γ 的,要么都是逆着 γ 的.

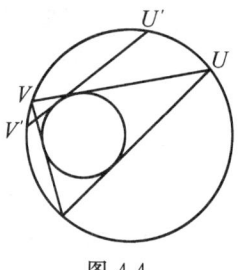

图 4.4

如图 4.4,考虑顺着 γ 的任一切线 UV,其中 U,V 都在 Γ 上. 从 U 到 V 的这个对应,定义了 Γ 上一个变换,记作 F. 现在,设 Γ 的方程为 $x^2+y^2=1$,即参数方程为 $(\cos t, \sin t)$. 则进一步可设 F 将参数为 t 的点变为参数为 $f(t)$ 的点. 我们试图找出 f 所满足的方程.

事实上,设 U,U' 是 Γ 上邻近的两个点,$V=F(U)$,$V'=F(U')$,其中 U 的参数为 t,V 对应的参数为 $f(t)$. 又设 UV 与 $U'V'$ 的交点为 S,则有

$$\frac{|UU'|}{|US|} = \frac{|VV'|}{|V'S|},$$

当 U' 趋向于与 U 重合时,$|US|$ 和 $|V'S|$ 分别趋向于 U,V 向 γ 所作的切线长. 因此我们得到

$$\frac{\mathrm{d}t}{\alpha(t)} = \frac{\mathrm{d}f(t)}{\alpha(f(t))}.$$

取 t 的函数 $s=s(t)$,使 $\mathrm{d}s=\dfrac{\mathrm{d}t}{\alpha(t)}$,并设 $f(t)=g(s(t))$,则上式可进一步写为

$$\mathrm{d}s = \mathrm{d}g(s),$$

这说明 $g(s)=s+c$,其中 c 为常数.

换句话说,如果把 s 作为 Γ 的参数,则变换 F 只不过是把参数为 s 的点变成参数为 $s+c$ 的点.

现在,设 P_0 的参数为 s_0,则 P_j 的参数为 s_0+jc. 可见,当且仅当 $nc \equiv 0 (\mathrm{mod}\ T)$ 时 $P_0=P_n$,这里 T 是参数 s 的周期,$T=s(2\pi)-s(0)$.

容易看到,这个充要条件与 s_0 无关,因此命题得证.

> **点评** 这里的证法大致上属于雅可比(Jacobi). 通过适当选取参数,将这里的变换表达成平移,是极为神奇的步骤.

习题 4

1. 设 F 为抛物线的焦点,抛物线的一条动切线交两条定切线于点 P,Q. 求证:$\triangle FPQ$ 的形状保持不变.

2. 设 P,Q 是抛物线上两点,它们在准线上的投影分别为 M,N. 证明:$\triangle FMN$ 的外心恰好是 P,Q 处切线的交点.

3. 证明:抛物线任意两条切线的夹角,等于切点弦对焦点的张角的一半.

4. 过准线上一点 Z 作圆锥曲线的两条切线 ZP,ZQ. 证明:PQ 过焦点 F,且 $ZF\perp PQ$.

5. 设 ZP,ZQ 是圆锥曲线的两条定切线,一条动切线分别交 ZP, ZQ 于 M,N. 证明:焦点 F 对 MN 所张的角为定值.

6. 证明:如果等轴双曲线 Γ 经过 $\triangle ABC$ 的三个顶点,则 Γ 还经过三角形的垂心 H.

7. 证明:圆与抛物线交于四点,则这四点的重心在抛物线的对称轴上.

8. 证明:椭圆的两条互相垂直的直径,其平方的倒数和为常数.

9. 设 $a>b>0$,点 D_i 的坐标为 $(a\cos t_i, b\sin t_i)$, $i=1,2,3,4$. 求证:这四点共圆的充要条件是 $t_1+t_2+t_3+t_4\equiv 0\pmod{2\pi}$.

10. 固定圆锥曲线的两条切线和中心. 求证:焦点的轨迹是等轴双曲线.

11. 在圆锥曲线中,若两条弦 PQ,PQ' 与轴成等角,证明:$\triangle PQQ'$ 的外接圆与圆锥曲线相切于点 P.

12. 一条抛物线与等边 $\triangle ABC$ 的三边分别相切于点 A',B',C'. 证明:AA',BB',CC' 交于抛物线的焦点.

13. 设一个圆经过抛物线的焦点,圆心在准线上. 证明:存在一个等边三角形,内接于圆,而三边与抛物线相切.

14. 设点 P 不在圆 Γ 上,点 R 在圆 Γ 上运动,过 R 的直线 l 满足 $l\perp PR$. 求证:l 始终与某条圆锥曲线 Γ' 相切;当 P 在 Γ 内部时,Γ' 是椭

圆;当 P 在 Γ 外部时,Γ' 是双曲线;进一步,Γ' 与 Γ 相切.

15. 如果把上题的垂直改为"l 与 PR 成定角",相应的结论怎样?

16. 设 $\triangle ABC$ 内接于抛物线,$\triangle A'B'C'$ 外切于抛物线,且它们的对应边平行.求证:它们的对应边之比为 $1:4$.

17. 证明:存在一个三角形,内接于椭圆 $\dfrac{x^2}{a^2}+\dfrac{y^2}{b^2}=1$,且外切于圆 $x^2+y^2=r^2$ 的充要条件是 $\dfrac{1}{r}=\dfrac{1}{a}+\dfrac{1}{b}$.

18. 设点 A 在椭圆上,且不是椭圆的顶点.过 A 的切线和法线与短轴相交于 B,C 两点.证明:以 BC 为直径的圆经过椭圆的焦点.

19. (松达特(Sondat))对于两个三角形 $\triangle ABC$ 和 $\triangle A'B'C'$,如果从 A 向 $B'C'$ 所作的垂线,B 向 $C'A'$ 所作的垂线及 C 向 $A'B'$ 所作的垂线交于一点 X,证明:从 A' 向 BC 所作的垂线,B' 向 AC 所作的垂线及 C' 向 AB 所作的垂线也交于一点 X'.进一步,如果 $\triangle ABC$ 和 $\triangle A'B'C'$ 透视于点 P,则 X,X',P 三点共线.

第五讲 三线坐标系

有一类几何问题,主要围绕一个三角形展开,这时我们可以选取一种特别的坐标系,即所谓三线坐标系.在这种坐标系下,既可以展开射影几何的讨论,也可以对图形的度量性质作深入的研究.因此,三线坐标系在三角形的几何中扮演了重要的角色.在这一讲中,我们将具体地介绍这一工具,并给出它的一些应用.

为了记号简单,在这一讲中始终取定一个 $\triangle A_1 A_2 A_3$,并记
$$c_i = \cos A_i, s_i = \sin A_i, i = 1, 2, 3.$$

进一步,记
$$c_{ij} = c_i c_j, s_{ij} = s_i s_j, c_{ijk} = c_i c_j c_k,$$

等等.这样,我们自然有如下的恒等式
$$c_1 + c_{23} = s_{23}, s_1 = s_2 c_3 + s_3 c_2, s_{11} + c_{11} = 1,$$

以及
$$c_{11} + c_{22} + c_{33} + 2c_{123} = 1.$$

熟练运用这些三角恒等式,是这一讲的关键所在.

第五讲　三线坐标系

§5.1　点和直线的坐标

在平面直角坐标系中,取定一个 $\triangle A_1A_2A_3$. 设边 A_2A_3 的(向外的)法向量为 $\vec{n_1}=(\cos\theta_1,\sin\theta_1)$,则其方程可写为
$$z_1:=\cos\theta_1 x+\sin\theta_1 y+\mu_1=0,$$
其中 μ_1 是原点到 A_2A_3 的(带符号)距离. 类似地,设 A_3A_1 和 A_1A_2 的(向外的)法向量分别为 $\vec{n_2}=(\cos\theta_2,\sin\theta_2)$ 和 $\vec{n_3}=(\cos\theta_3,\sin\theta_3)$,则它们的方程可分别写为
$$z_i:=\cos\theta_i x+\sin\theta_i y+\mu_i=0, i=2,3.$$

对于平面上每一点 P,我们将 P 的坐标代入 z_1,z_2,z_3 这三个一次式,就得到三个数,分别记作 $p_i:=z_i(P)$. 容易知道,p_i 恰好分别是点 P 到 $\triangle A_1A_2A_3$ 的三边之(带号)距离. 一般地,我们将这三个数写成一个向量 (p_1,p_2,p_3),并仍然用字母 P 来代表这个向量,将这个向量称为点 P 的**三线坐标**.

不过,这三个数 p_1,p_2,p_3 中除了蕴含点 P 的位置信息之外,其实还隐含了一个条件:如果记 $\triangle A_1A_2A_3$ 的三边长分别为 a_1,a_2,a_3,面积为 Δ,则有
$$p_1a_1+p_2a_2+p_3a_3=2\Delta.$$

我们在大多数时候其实是不需要这个信息的,因此,我们要把三线坐标的定义稍稍放宽一点. 如果 λ 为非零实数,则我们把向量 $\lambda(p_1,p_2,p_3)$ 也称为点 P 的**三线坐标**. 记作
$$P\sim\lambda(p_1,p_2,p_3).$$

这样做的原因在于,给定了不全为零的三个数 p_1,p_2,p_3 时,我们总能从方程组
$$p_1z_2-p_2z_1=0, p_2z_3-p_3z_2=0 \qquad (1)$$
中解出 P 的直角坐标,而不必去解 $z_i=p_i, i=1,2,3$ 这三个方程. 注意

方程(1)只与比值 $p_1:p_2:p_3$ 有关. 经过这样处理之后,我们可以认为,一个点 P 的三线坐标就是一个比值;更具体地,就是到三边的(带号)距离之比.

举例来说,$\triangle A_1 A_2 A_3$ 的顶点,三线坐标分别为 $(1,0,0)$,$(0,1,0)$ 和 $(0,0,1)$;$\triangle A_1 A_2 A_3$ 的内心 I,三线坐标为 $(1,1,1)$;重心 G,三线坐标为 $\left(\frac{1}{a_1},\frac{1}{a_2},\frac{1}{a_3}\right)$,也即 $\left(\frac{1}{s_1},\frac{1}{s_2},\frac{1}{s_3}\right)$;等等. 为了区别起见,如果 p_1,p_2,p_3 恰好就是点 P 到三边的(带号)距离,则称 (p_1,p_2,p_3) 为点 P 的**绝对坐标**.

现在取定两个点 P,Q,它们的绝对坐标仍然用 P,Q 来表示,即 $P=(p_1,p_2,p_3)$,$Q=(q_1,q_2,q_3)$. 那么,对于直线 PQ 上任意一点 $X(x,y)$,一方面,其绝对坐标为 (z_1,z_2,z_3);另一方面,这个绝对坐标一定可写为 P 和 Q 的线性组合. 因此,我们总有

$$\begin{vmatrix} p_1 & p_2 & p_3 \\ q_1 & q_2 & q_3 \\ z_1 & z_2 & z_3 \end{vmatrix} = 0,$$

这也就是直线 PQ 的方程. 从这个方程中我们看到:

1. 如果用点 P,Q 的任意一个三线坐标代替上面的绝对坐标,所得的方程在形式上是一样的.

2. 任意直线的方程都形如

$$l_1 z_1 + l_2 z_2 + l_3 z_3 = 0.$$

我们称向量 $l=(l_1,l_2,l_3)$ 为该直线的三线坐标,同时,称呼该直线为 l. 例如在直线 PQ 的情形,

$$l_1 = p_2 q_3 - p_3 q_2, l_2 = p_3 q_1 - p_1 q_3, l_3 = p_1 q_2 - p_2 q_1. \qquad (2)$$

以后我们将把式(2)简写为

$$l = P \times Q.$$

这里我们事实上借用了向量的外积符号.

3. 如果借用向量的内积符号,即定义

$$l \cdot P = l_1 p_1 + l_2 p_2 + l_3 p_3,$$

那么,点 P 在直线 l 上就蕴含着 $l \cdot P = 0$.

刚才我们事实上已经得到,两点 P,Q 所决定的直线为 $l = P \times Q$.

例如，两个顶点 A_2 和 A_3 的连线 A_2A_3 的三线坐标为 $e_1 = (0,1,0) \times (0,0,1) = (1,0,0)$. 反过来，要想求出两条直线 l 和 m 的交点 P, 只需解方程组 $l \cdot P = m \cdot P = 0$, 这仍可利用外积, 我们可取 $P \sim l \times m$.

在三线坐标系中，三点 P, Q, R 共线，当且仅当 $\det(P, Q, R) = 0$; 类似地，三线 l, m, n 共点，当且仅当 $\det(l, m, n) = 0$.

经过这样的处理之后，我们完全可以忘记背后支撑我们的平面坐标系，而只使用三线坐标系来解决问题了. 我们先来看一个简单的例子，它恰好解释了直线的三线坐标的几何意义.

例 1 (**直线的三线坐标**) 设直线 l 的三线坐标为 (l_1, l_2, l_3). 求证: A_1, A_2, A_3 到直线 l 的（带号）距离之比为 $\dfrac{l_1}{a_1} : \dfrac{l_2}{a_2} : \dfrac{l_3}{a_3}$.

证明 设直线 l 交 A_2A_3 于点 B_1, 则
$$B_1 = l \times e_1 = (l_1, l_2, l_3) \times (1, 0, 0) = (0, l_3, -l_2).$$

这就表示，B_1 到 A_3A_1 和 A_1A_2 的距离之比为 $l_3 : (-l_2)$. 从而, $\triangle B_1 A_3 A_1$ 和 $\triangle B_1 A_1 A_2$ 的面积之比为 $a_2 l_3 : (-l_2 a_3)$. 进而 $\overline{B_1 A_3} : \overline{A_2 B_1} = (a_2 l_3) : (-l_2 a_3) = \dfrac{l_3}{a_3} : \left(-\dfrac{l_2}{a_2}\right)$. 因此, A_2, A_3 到直线 l 的（带号）距离之比就是 $\dfrac{l_2}{a_2} : \dfrac{l_3}{a_3}$.

 读者应仔细体会这里的正负号变化.

例 2 在锐角 $\triangle A_1 A_2 A_3$ 中，设 $A_1 H_1, A_2 H_2$ 是两条高, $A_1 P_1, A_2 P_2$ 是两条内角平分线. 设 O, I 分别是内心和外心. 求证: 当且仅当 P_1, P_2, O 三点共线时, H_1, H_2, I 三点共线.

证明 易知 H_1 到三边的距离依次为 $0, A_1H_1 \cdot \cos A_3$ 和 $A_1H_1 \cdot \cos A_2$, 因此可取其三线坐标为 $H_1 = (0, c_3, c_2)$. 同理, $H_2 = (c_3, 0, c_1)$. 外心 O 到三边的距离分别为 $R \cdot \cos A_i$, $i = 1, 2, 3$(其中 R 为外接圆半径), 因此可取其三线坐标为 $O = (c_1, c_2, c_3)$.

内心 I 和 P_1, P_2 的三线坐标分别可取为 $I = (1, 1, 1)$, $P_1 = (0, 1, 1)$, $P_2 = (1, 0, 1)$.

这样, H_1, H_2, I 三点共线, 当且仅当

$$\begin{vmatrix} 0 & c_3 & c_2 \\ c_3 & 0 & c_1 \\ 1 & 1 & 1 \end{vmatrix} = 0,$$

展开整理得

$$c_3(c_1 + c_2 - c_3) = 0.$$

同时, P_1, P_2, O 三点共线, 当且仅当

$$\begin{vmatrix} 0 & 1 & 1 \\ 1 & 0 & 1 \\ c_1 & c_2 & c_3 \end{vmatrix} = 0,$$

展开整理得

$$c_1 + c_2 - c_3 = 0.$$

由于是锐角三角形, 因此两者等价.

点评 结合几何图形直接写出一些点或线的坐标, 是应用三线坐标系的关键所在. 至于本题, 从证明过程可见, 锐角三角形的条件可减弱为 $A_3 \neq 90°$.

德萨格双三角形定理

对于平面上两个三角形 $\triangle A_1 A_2 A_3$ 和 $\triangle B_1 B_2 B_3$, 若对应顶点的连

第五讲　三线坐标系

线 A_1B_1，A_2B_2，A_3B_3 共点，则对应边的交点 $A_2A_3 \cap B_2B_3$，$A_3A_1 \cap B_3B_1$，$A_1A_2 \cap B_1B_2$ 共线. 反之亦然.

证明

设直线 A_1B_1，A_2B_2，A_3B_3 共点于 $P=(p_1,p_2,p_3)$. 那么，P 到 A_1A_3 和 A_1A_2 的距离之比为 $p_2:p_3$，这样由 A_i，P，$B_i(i=1,2,3)$ 共线可知，B_1 到这两边的距离之比也为 $p_2:p_3$，从而可设 B_1 的三线坐标为 (b_1,p_2,p_3). 但我们要把这个坐标取成

$$B_1 = \left(\frac{b_1}{p_2 p_3}, \frac{1}{p_3}, \frac{1}{p_2}\right),$$

这样，同理得到 B_2，B_3 的三线坐标以后，就可以将它们排成一个对称矩阵

$$M = \begin{bmatrix} \dfrac{b_1}{p_2 p_3} & \dfrac{1}{p_3} & \dfrac{1}{p_2} \\ \dfrac{1}{p_3} & \dfrac{b_2}{p_3 p_1} & \dfrac{1}{p_1} \\ \dfrac{1}{p_2} & \dfrac{1}{p_1} & \dfrac{b_3}{p_1 p_2} \end{bmatrix},$$

于是三条边 $B_2 \times B_3$，$B_3 \times B_1$，$B_1 \times B_2$ 的坐标恰好是伴随矩阵 M^* 的各列. 要完成这个定理的证明，事实上不需要具体计算 M^*. 这里为了后面的应用，我们写出 M^* 如下：

$$M^* = \frac{1}{p_1 p_2 p_3} \begin{bmatrix} \dfrac{b_2 b_3 - p_2 p_3}{p_1} & p_3 - b_3 & p_2 - b_2 \\ p_3 - b_3 & \dfrac{b_3 b_1 - p_3 p_1}{p_2} & p_1 - b_1 \\ p_2 - b_2 & p_1 - b_1 & \dfrac{b_1 b_2 - p_1 p_2}{p_3} \end{bmatrix}.$$

我们取 $p = \left(\dfrac{1}{p_1 - b_1}, \dfrac{1}{p_2 - b_2}, \dfrac{1}{p_3 - b_3}\right)$，则可直接看出，$p$ 是 $B_2 \times B_3$ 和 $A_2 \times A_3$ 的线性组合，也就是说，对应边 B_2B_3 和 A_2A_3 的交点在直线 p 上. 同理，另两对对应边也如此，从而定理的前一部分证毕. 至此，读者应能看出，为何我们要设法使 M 成为对称矩阵了.

反过来的论证从代数上看没有任何区别，只是交换一下"点"和

175

"线"的称呼罢了.

德萨格双三角形定理并不是一个困难的定理. 例如我们可以从两个不共面的三角形开始进行推理, 这时只需应用简单的立体几何知识就可证明结论成立; 然后, 我们再把这个立体图形投影到平面上, 就获得了如上表述的定理.

我们如何去理解这个定理呢? 比较明显的是, 它允许我们在共线点和共点线之间自由转化. 如果两个三角形的对应顶点的连线共点于 P, 则我们称这两个三角形经过点 P 成透视, 称点 P 为**透视中心**; 如果两个三角形的对应边交点都在某条直线 l 上, 则我们称这两个三角形经过直线 l 成透视, 称 l 为**透视轴**. 德萨格定理表明, 透视中心和透视轴必定同时出现.

除此之外, 还有其他的理解方式. 例如, 我们考虑 A_1B_1, A_2B_2, A_3B_3 这三条直线两两之间的透视. 德萨格双三角形定理事实上说明, 要使其中两个透视的复合恰好等于第三个透视, 充分必要条件就是这三条直线共点.

类似的情况在空间仍然成立. 我们考虑三张平面 π_1, π_2, π_3, 以及透视 $\phi_1: \pi_2 \to \pi_3$, $\phi_2: \pi_3 \to \pi_1$. 可以证明, 只有当 π_1, π_2, π_3 有一条公共直线时, $\phi_2 \circ \phi_1$ 是 π_2 和 π_1 之间的透视.

对于不在 $\triangle A_1A_2A_3$ 的任何一边上的某个点 P, 设 A_iP 与对边的交点为 P_i, $i = 1, 2, 3$, 则 $\triangle A_1A_2A_3$ 与 $\triangle P_1P_2P_3$ 关于点 P 成透视, 从而必有透视轴 l. 我们称 l 为点 P 的**三线性极线**. 从德萨格双三角形定理的证明中可以看到, 这相当于取 $b_1 = b_2 = b_3 = 0$, 因此, 从上述证明中可得, 点 $P = (p_1, p_2, p_3)$ 的三线性极线的坐标为 $\left(\dfrac{1}{p_1}, \dfrac{1}{p_2}, \dfrac{1}{p_3}\right)$. 反过来, 若一条直线的三线坐标为 $l = (l_1, l_2, l_3)$, 则称坐标为 $\left(\dfrac{1}{l_1}, \dfrac{1}{l_2}, \dfrac{1}{l_3}\right)$ 的点为它的**三线性极点**.

为了能使用三线坐标系来处理一些度量问题, 我们引进

$$g := \begin{bmatrix} \vec{n}_1 \cdot \vec{n}_1 & \vec{n}_1 \cdot \vec{n}_2 & \vec{n}_1 \cdot \vec{n}_3 \\ \vec{n}_2 \cdot \vec{n}_1 & \vec{n}_2 \cdot \vec{n}_2 & \vec{n}_2 \cdot \vec{n}_3 \\ \vec{n}_3 \cdot \vec{n}_1 & \vec{n}_3 \cdot \vec{n}_2 & \vec{n}_3 \cdot \vec{n}_3 \end{bmatrix} = \begin{bmatrix} 1 & -c_3 & -c_2 \\ -c_3 & 1 & -c_1 \\ -c_2 & -c_1 & 1 \end{bmatrix},$$

称 g 为**度量矩阵**.

如果取行向量 $s=(s_1,s_2,s_3)$,其中 $s_i=\sin A_i$,则容易验证 $sg=0$. 由此可知,度量矩阵的行列式为零. 这个事实反映的正是欧氏平面的平直性. 因为,在非欧几何中,我们一样可以建立三线坐标系的理论,而相应的度量矩阵行列式不为零.

进一步的分析表明,度量矩阵 g 其实是半正定的,也就是说,对任意行向量 v,都有 $vgv'\geqslant 0$,等号成立当且仅当 $v=\lambda s,\lambda\in \mathbf{R}$.

这里的行向量 s 有特别的意义. 如果把它看作点的坐标,在下一节就会知道,它恰好是共轭重心. 但最重要的是把它看作直线的坐标,这时它恰好表示无穷远直线! 有两个证据可以支撑这个观点. 首先,对于一个普通点 P,若取绝对坐标 (p_1,p_2,p_3),则总有 $P\cdot s=p_1 s_1+p_2 s_2+p_3 s_3=\dfrac{\Delta}{R}\neq 0$,其中 R 是 $\triangle A_1 A_2 A_3$ 的外接圆半径. 因此,满足 $P\cdot s=0$ 的点 P 绝不是普通点. 其次,我们考虑重心 $G=\left(\dfrac{1}{s_1},\dfrac{1}{s_2},\dfrac{1}{s_3}\right)$ 的三线性极线,容易看出,它正是无穷远直线,而其坐标恰好为 s.

由于这个原因,后面我们将一直用 s 表示无穷远直线. 一个自然的推论是:两条直线 u 和 v 平行,当且仅当 $(u\times v)\cdot s=0$,或写为 $\det(u,v,s)=0$.

在有些计算中,我们还会用到 g 的伴随矩阵 g^*,即

$$g^*:=\begin{bmatrix}s_{11}&s_{12}&s_{13}\\s_{12}&s_{22}&s_{23}\\s_{13}&s_{23}&s_{33}\end{bmatrix}=s's,$$

称 g^* 为**第二度量矩阵**.

例 3 取定一个 $\triangle A_1 A_2 A_3$ 和定点 P. 直线 m 经过 P,且绕着点 P 转动. 求证:直线 m 的三线性极点的轨迹是一条二次曲线.

证明 设直线 m 的三线性极点的坐标为 (z_1,z_2,z_3),则 m 的坐标为

$\left(\dfrac{1}{z_1}, \dfrac{1}{z_2}, \dfrac{1}{z_3}\right)$. 由于 m 经过定点 $P=(p_1,p_2,p_3)$, 我们得到
$$\dfrac{p_1}{z_1}+\dfrac{p_2}{z_2}+\dfrac{p_3}{z_3}=0,$$
也即 $p_1z_2z_3+p_2z_3z_1+p_3z_1z_2=0$. 可见, 这是一个二次方程, 所以轨迹是一条二次曲线, 经过 $\triangle A_1A_2A_3$ 的三个顶点.

例 4 (**两直线的夹角**) 设 u 和 v 是两条直线. 证明: 它们的夹角之余弦为
$$\dfrac{ugv'}{\sqrt{ugu'}\sqrt{vgv'}}.$$

证明 由于直线 $u=(u_1,u_2,u_3)$ 在直角坐标系中的方程为
$$u_1z_1+u_2z_2+u_3z_3=0,$$
可见它的法向量为
$$\vec{u}=u_1\vec{n_1}+u_2\vec{n_2}+u_3\vec{n_3}.$$
同理, 直线 v 的法向量为
$$\vec{v}=v_1\vec{n_1}+v_2\vec{n_2}+v_3\vec{n_3}.$$
这样, 它们夹角的余弦为
$$\dfrac{\vec{u}\cdot\vec{v}}{|\vec{u}|\cdot|\vec{v}|}=\dfrac{ugv'}{\sqrt{ugu'}\sqrt{vgv'}},$$
命题得证.

点评 这个结果立即导致了如下的推论:

1. 当且仅当 $ugv'=0$ 时直线 u 和 v 垂直;

2. 对任意点 P 和直线 l, 都有
$$(P\times(lg))gl'=0,$$
也就是说, P 与 lg 的连线与 l 垂直. 又注意到 g 是对称矩阵, 有 $(lg)\cdot s=(sg)\cdot l=0$, 即 lg 在无穷远直线上, 因此, 我们可以说 lg 恰好代表了与 l 垂直的方向;

3. 设 P 和 Q 是无穷远直线上的两点,它们分别代表两个方向,设 $P=(p_1,p_2,p_3)$. 那么当这两个方向垂直时,
$$Q=\left(\frac{c_2p_2-c_3p_3}{s_1},\frac{c_3p_3-c_1p_1}{s_2},\frac{c_1p_1-c_2p_2}{s_3}\right).$$
用这种方式表达的垂直,将在第三节发挥重要作用.

4. 过点 P 作直线 l 的垂线,则垂线的坐标为 $P\times(lg)$,进而垂足的坐标为 $(P\times(lg))\times l$.

例 5 (**2001 年全国联赛试题**)如图 5.1, $\triangle A_1A_2A_3$ 中, O 为外心, 三条高 A_1H_1, A_2H_2, A_3H_3 交于点 H, 直线 H_1H_2 和 A_1A_2 交于点 M_3, H_1H_3 和 A_1A_3 交于点 M_2. 求证: $OH\perp M_2M_3$.

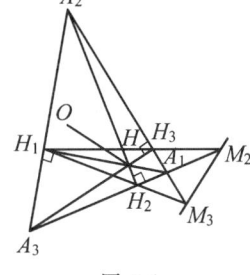

图 5.1

 **证明** 直接可写出 O 和 H 的坐标,即
$$O=(c_1,c_2,c_3),$$
$$H=(c_{23},c_{31},c_{12})\sim\left(\frac{1}{c_1},\frac{1}{c_2},\frac{1}{c_3}\right).$$
注意直线 M_2M_3 恰好是点 H 的三线性极线,所以其坐标为 $v=(c_1,c_2,c_3)$. 这样,直接计算可得
$$vg=(c_1-2c_{23},c_2-2c_{31},c_3-2c_{12})=O-2H.$$
这表明 vg 是 O 和 H 的线性组合,因此 $vg\cdot(O\times H)=0$,也就是 $v\perp OH$.

 直接观察线性组合,比验证行列式为零要简单.

例 6 (**点到直线的距离**)取点 P 的绝对坐标,并设直线 l 不是无

穷远直线. 证明:点 P 到直线 l 的距离为 $\dfrac{|P\cdot l|}{\sqrt{lgl'}}$.

证明 这是直角坐标系中相应公式的直接推论. 事实上, $P\cdot l$ 表示将 P 的直角坐标代入 l 的方程 $l_1z_1+l_2z_2+l_3z_3$. 而 $\sqrt{lgl'}$ 恰好是 l 的法向量的长度. 由此即得结论.

§5.2 圆 锥 曲 线

在这一节,我们将从等角共轭点的角度来研究圆锥曲线.

在 $\triangle A_1A_2A_3$ 所在的平面上,设点 P 不在任何一边(或其延长线)上. 我们作 P 关于三边的对称点 P_1,P_2,P_3,设 $\triangle P_1P_2P_3$ 的外心为 P^*,又设 P^*P_i 与边 a_i 的交点为 T_i, $i=1,2,3$. 容易证明,存在一条圆锥曲线 Γ,以 P 和 P^* 为焦点,且经过 T_1, T_2, T_3.

进一步,由圆锥曲线的光学性质可知,Γ 分别与三条边相切于 T_1, T_2, T_3. 这就是说,P 和 P^* 对于 $\triangle A_1A_2A_3$ 来说,具有完全对等的地位. 我们称 P 和 P^* 是 $\triangle A_1A_2A_3$ 的一对**等角共轭点**. 注意,彭赛列小定理告诉我们,圆锥曲线的两个焦点对于两条切线具有等角性质. 这就是"等角"两字的来历. 以后,我们将始终用 P^* 表示 P 点的等角共轭点.

利用等角性质可知,若 P 的坐标为 $P=(p_1,p_2,p_3)$,则其等角共轭点 P^* 的坐标为

$$P^* = \left(\frac{1}{p_1}, \frac{1}{p_2}, \frac{1}{p_3}\right).$$

因此,若点 $X = \left(\frac{1}{z_1}, \frac{1}{z_2}, \frac{1}{z_3}\right)$ 在一条直线 (l_1, l_2, l_3) 上运动,则其等角共轭点 $X^* = (z_1, z_2, z_3)$ 满足方程

$$\frac{l_1}{z_1} + \frac{l_2}{z_2} + \frac{l_3}{z_3} = 0, \text{ 或 } l_1 z_2 z_3 + l_2 z_3 z_1 + l_3 z_1 z_2 = 0,$$

这是一个二次方程,它所表示的曲线经过 A_1, A_2, A_3 这三点.

例1 给定五个一般位置的点(没有三点共线). 证明:存在唯一的圆锥曲线经过这些点.

证明 设这五点为 $A_i, i=1,2,\cdots,5$，其中 A_4, A_5 关于 $\triangle A_1A_2A_3$ 的等角共轭点分别为 P,Q. 那么，当点 X 遍经直线 PQ 时，其等角共轭点 X^* 的轨迹是一条二次曲线，经过 $A_i, i=1,2,\cdots,5$. 这就说明了存在性.

要说明唯一性，设过这五点的某条二次曲线的方程为
$$p_1 z_1^2 + p_2 z_2^2 + p_3 z_3^2 + l_1 z_2 z_3 + l_2 z_3 z_1 + l_3 z_1 z_2 = 0,$$
其中 p_i, l_i 为常数. 由于这条曲线经过 A_1, A_2, A_3，可知 $p_1 = p_2 = p_3 = 0$. 这样，由前面的讨论，当 X^* 在这条曲线上时，其等角共轭点 X 在直线 (l_1, l_2, l_3) 上运动，这条直线自然是 PQ.

综合以上两方面，命题得证.

> **点评** 要说明这里的曲线是圆锥曲线，需要了解二次曲线的分类. 圆锥曲线是非退化的二次曲线，其特征是没有三点共线. 退化的情形就是两条直线，可以是平行或相交或重合，甚至可以是一对共轭的虚直线.
>
> 以后，我们将把二次曲线
> $$\Gamma: l_1 z_2 z_3 + l_2 z_3 z_1 + l_3 z_1 z_2 = 0$$
> 称为直线 $l=(l_1, l_2, l_3)$ 的**等角共轭像**，也把直线 l 称为 Γ 的等角共轭像.
>
> 注意这里包含了一些退化情形. 例如取 $(l_1, l_2, l_3) = (1, 0, 0)$，则表明直线 A_2A_3 的等角共轭像是两条直线 A_1A_2 和 A_1A_3.

例 2 （帕斯卡定理）设 $A_1, A_2, A_3, B_1, B_2, B_3$ 是圆锥曲线上的六点. 设 A_2B_3 与 A_3B_2 的交点为 P, A_3B_1 与 A_1B_3 的交点为 Q, A_1B_2 与 A_2B_1 的交点为 R. 证明：P, Q, R 三点共线.

证明 取 $A_1A_2A_3$ 为坐标三角形，设 B_1, B_2, B_3 的坐标分别为 (u_1, u_2, u_3)，

$(v_1,v_2,v_3),(w_1,w_2,w_3)$. 由于 B_1^*,B_2^*,B_3^* 三点共线,我们有

$$\begin{vmatrix} \dfrac{1}{u_1} & \dfrac{1}{u_2} & \dfrac{1}{u_3} \\ \dfrac{1}{v_1} & \dfrac{1}{v_2} & \dfrac{1}{v_3} \\ \dfrac{1}{w_1} & \dfrac{1}{w_2} & \dfrac{1}{w_3} \end{vmatrix}=0. \tag{1}$$

另一方面,直线 A_2B_3 的坐标为 $A_2\times B_3=(w_3,0,-w_1)$;同理,直线 A_3B_2 的坐标为 $(-v_2,v_1,0)$. 因此它们的交点 P 满足

$$P=(w_3,0,-w_1)\times(-v_2,v_1,0)$$
$$=(v_1w_1,v_2w_1,v_1w_3)\sim\left(1,\dfrac{v_2}{v_1},\dfrac{w_3}{w_1}\right).$$

同理, $Q\sim\left(\dfrac{u_1}{u_2},1,\dfrac{w_3}{w_2}\right),R\sim\left(\dfrac{u_1}{u_3},\dfrac{v_2}{v_3},1\right)$.

要证 P,Q,R 三点共线,我们只需证明

$$\begin{vmatrix} 1 & \dfrac{u_1}{u_2} & \dfrac{u_1}{u_3} \\ \dfrac{v_2}{v_1} & 1 & \dfrac{v_2}{v_3} \\ \dfrac{w_3}{w_1} & \dfrac{w_3}{w_2} & 1 \end{vmatrix}=0, \tag{2}$$

而这是显然的. 只需把式(1)中行列式的第 1 行乘以 u_1,第 2 行乘以 v_2,第 3 行乘以 w_3 就得到了式(2).

例 3 证明:对于 $\triangle A_1A_2A_3$,无穷远直线的等角共轭像恰好是外接圆.

证明 我们利用西姆森定理的逆定理来确定外接圆. 也就是,一点 X 在外接圆上,当且仅当它在三边的投影共线.

注意点 $X=(z_1,z_2,z_3)$ 在直线 A_2A_3 上的投影为

$$X_1=(X\times(e_1g))\times e_1=(0,z_2+z_1c_3,z_3+z_1c_2),$$

同理得到 X_2 和 X_3 的坐标. 要使 X_1,X_2,X_3 三点共线,则有

$$\begin{vmatrix} 0 & z_2+z_1c_3 & z_3+z_1c_2 \\ z_1+z_2c_3 & 0 & z_3+z_2c_1 \\ z_1+z_3c_2 & z_2+z_3c_1 & 0 \end{vmatrix}=0.$$

将这个行列式的第 1 列乘以 s_1,再将后两列的 s_2, s_3 倍加到第 1 列,则第 1 列三个数都变为 $s_1z_1+s_2z_2+s_3z_3=Xs'$. 因此该行列式等于

$$(Xs')\begin{vmatrix} 1 & z_2+z_1c_3 & z_3+z_1c_2 \\ 1 & 0 & z_3+z_2c_1 \\ 1 & z_2+z_3c_1 & 0 \end{vmatrix}=(Xs')\begin{vmatrix} 1 & z_1c_3 & z_1c_2 \\ 1 & -z_2 & z_2c_1 \\ 1 & z_3c_1 & -z_3 \end{vmatrix},$$

最后的行列式可按第 1 列展开计算,得到它等于 $s_1(s_1z_2z_3+s_2z_3z_1+s_3z_1z_2)$. 因此,我们得到点 X 应满足的方程为

$$(Xs')(s_1z_2z_3+s_2z_3z_1+s_3z_1z_2)=0,$$

其中方程 $Xs'=0$ 表示无穷远直线,我们自然去掉这部分. 剩下的部分恰好是它的等角共轭像,即为外接圆.

本题也可以只用纯几何的方法得到. 此处的证明只是为了让读者熟悉三线坐标系的用法.

这个结论虽然简单,但其意义是深远的. 从今以后,要考虑无穷远直线,我们也可以用外接圆来替代.

例如,试考虑如下问题:对于无穷远直线上的两个点 P^* 和 Q^*,它们分别代表两个方向,这两个方向的夹角是什么?

这个夹角可取为 $\angle P^*A_1Q^*$. 通过取 P^*, Q^* 的等角共轭点 P 和 Q,则由等角性可知,$\angle P^*A_1Q^* = \angle QA_1P$. 即 P^* 方向与 Q^* 方向的夹角,恰好等于 PQ 在外接圆上所对的圆周角. 特别地,方向 P^* 和 Q^* 垂直,当且仅当 P 和 Q 是一对对径点.

另外,无穷远直线上的两个"圆点"满足

$$s_1z_1+s_2z_2+s_3z_3=0, s_1z_2z_3+s_2z_3z_1+s_3z_1z_2=0,$$

因此,它们也满足方程

$$(s_1 z_2 z_3 + s_2 z_3 z_1 + s_3 z_1 z_2) - (p_1 z_1 + p_2 z_2 + p_3 z_3) \cdot$$
$$(s_1 z_1 + s_2 z_2 + s_3 z_3) = 0.$$

由上一讲的讨论知,这个方程所表示的二次曲线是圆. 例如,当 $p_i = \dfrac{c_i}{2}$ 时,上述方程表示的是 $\triangle A_1 A_2 A_3$ 的九点圆(因为三边的中点坐标满足上述方程).

例 4 设直线 l 交 $\triangle A_1 A_2 A_3$ 的外接圆于 P,Q 两点. 证明:直线 l 的等角共轭像 Γ 是双曲线,其渐近线的夹角等于直线 l 与外接圆的夹角.

证明 联结 $A_1 P, A_1 Q$,则 P,Q 的等角共轭点分别是无穷远点 P^*, Q^*. 这样, Γ 与无穷远直线有两个实交点,因此 Γ 是双曲线,其渐近线分别平行于 $A_1 P^*$ 和 $A_1 Q^*$. 由等角性可知 $\angle P^* A_1 Q^* = \angle Q A_1 P$,因此,渐近线夹角等于 PQ 所对的圆周角,也即直线 l 与外接圆的夹角.

点评 采用类似的推理可得,当直线 l 与外接圆相切时,其等角共轭像 Γ 是抛物线;与外接圆相离时,两个交点是虚点,从而 Γ 是椭圆. 进一步, Γ 的离心率只与外心到直线的距离有关.

作为特例,当 DE 是外接圆直径时,其等角共轭像 Γ 为等轴双曲线. 因此,要得到过某点 P 和 A_1, A_2, A_3 的等轴双曲线,只需先取等角共轭点 P^*,然后作直线 OP^* 的等角共轭像即可,这里 O 是 $\triangle A_1 A_2 A_3$ 的外心.

这题的相关结论载于凯西(J. Casey)1893 年的著作 *A Treatise on the Analytical Geometry of the Point, Line, Circle, and Conic Sections*.

由于重心的坐标为 $G = \left(\dfrac{1}{s_1}, \dfrac{1}{s_2}, \dfrac{1}{s_3}\right)$,因此其等角共轭点为 $K = (s_1, s_2, s_3)$,称为**共轭重心**.

例5 设 l 是过定点 P 的动直线，l 关于 $\triangle A_1A_2A_3$ 的三线性极点为 X. 证明：X 的轨迹是一条圆锥曲线 Γ，它经过 $\triangle A_1A_2A_3$ 的三个顶点，而 Γ 与 $\triangle A_1A_2A_3$ 的外接圆的第四个交点，恰好是直线 KP 的三线性极点.

证明 设 $P=(p_1,p_2,p_3)$，则对于 Γ 上的每一点 $X=(z_1,z_2,z_3)$，其三线性极线 $l=\left(\dfrac{1}{z_1},\dfrac{1}{z_2},\dfrac{1}{z_3}\right)$ 都经过 P，因此

$$\frac{p_1}{z_1}+\frac{p_2}{z_2}+\frac{p_3}{z_3}=0,$$

这就是 Γ 的方程. 可见它其实也是直线 $p=(p_1,p_2,p_3)$ 的等角共轭像，自然经过三个顶点.

直线 p 与无穷远直线 s 的交点为 $p\times s$，其等角共轭像恰好是 Γ 与外接圆的第四个交点. 因此，其坐标为 $T=(p\times s)^*$. 但是这里 p 与 P 的坐标一致，s 与 K 的坐标也一致，因此 $p\times s$ 也表示直线 KP 的坐标. 可以看出，T 恰好是直线 KP 的三线性极点.

下面我们考虑一般的二次曲线，其方程

$$m_{11}z_1^2+m_{22}z_2^2+m_{33}z_3^2+2m_{12}z_1z_2+2m_{23}z_2z_3+2m_{13}z_1z_3=0$$

可写为矩阵形式 $XMX'=0$，其中 $X=(z_1,z_2,z_3)$，

$$M=\begin{bmatrix} m_{11} & m_{12} & m_{13} \\ m_{12} & m_{22} & m_{23} \\ m_{13} & m_{23} & m_{33} \end{bmatrix}.$$

利用上一讲的技术，容易证明，一点 P 关于圆锥曲线 $\Gamma:XMX'=0$ 的极线坐标为 PM. 反之，直线 l 关于 Γ 的极点坐标为 lM^{-1}，也可取为 lM^*，其中 M^* 是 M 的伴随矩阵. 特别地，Γ 的中心坐标为 sM^*，其中 s 为无穷远直线.

例6 （配极三角形定理）证明：关于某个圆锥曲线互为配极的两个三角形是透视的.

证明 设两三角形之一为 $\triangle A_1 A_2 A_3$. 将圆锥曲线的方程写为 $XMX' = 0$,其中 M 是对称的矩阵. 容易看到,M 的各行恰好就是 A_i 的极线的坐标. 这样,M^* 的各行就是配极三角形的顶点坐标. 由于 M^* 是对称的,这个结论就是显然的了.

> **点评** 这个定理的历史有些混乱,有些文献中将这个定理归功于黑塞(Hesse),有些则认为是沙勒最早发现的. 姚保罗(Paul Yiu)甚至将它冠以康韦(J. Conway)的名字. 这里我们只简单地将它命名为配极三角形定理.
>
> 我们不妨把上述证明过程与德萨格双三角形定理的证明作一下对比,不难看到,两者在代数上几乎是一样的,关键都在于如下几乎是显然的结论:若矩阵 M 是对称的,则 M^* 也对称.
>
> 注意到这一点,就可轻易证明反过来的结果:两个三角形若成透视,则可找到一条圆锥曲线,使它们为配极.

例 7 设 P 是 $\triangle ABC$ 所在平面上一点,过 P 作 AP, BP, CP 的垂线,分别交 BC, CA, AB 于点 D, E, F. 求证:D, E, F 三点共线.

证明 我们以 P 为圆心作半径为 r 的一个圆 Γ,则点 A 关于 Γ 的极线 l_a 满足 $l_a \perp AP$,且 P 到 l_a 的距离等于 $\dfrac{r^2}{|AP|}$. 同理得到 B, C 的极线 l_b 和 l_c. 由配极三角形定理,l_a, l_b, l_c 所形成的三角形与 $\triangle ABC$ 透视,即它们与 BC, CA, AB 的交点共线.

现在,令 $r \to 0$,则 l_a, l_b, l_c 分别成为题中所说的垂线,此时三点共线应仍成立.

作者是从曹纲处学到的上述证法. 当然,直接应用三线坐标进行计算也很简单.

读者不妨进一步思考:对于半径为 r 的圆,设三角形 $l_a l_b l_c$ 与 $\triangle ABC$ 的透视中心为 Q_r. 那么,当 r 变化时,这些点 Q_r 的轨迹是什么?

§5.3 三角形的几何

这一节开始考虑三角形中的一些经典对象,如西姆森线、垂极点和九点圆等.

设 P 是 $\triangle A_1A_2A_3$ 的外接圆上一点,则 P 在三边的投影落在一条直线上,称为 P 点的**华莱士-西姆森(Wallace-Simson)线**,记作 $w(P)$. 设 $P = \left(\dfrac{1}{p_1}, \dfrac{1}{p_2}, \dfrac{1}{p_3}\right)$,则其等角共轭点 $P^* = (p_1, p_2, p_3)$. 通过利用圆周角进行转换,不难证明 P 点的西姆森线 $s(P)$ 垂直于 A_1P^*,因此,$w(P)$ 方向的无穷远点正是

$$R^* = \left(\frac{c_2p_2 - c_3p_3}{s_1}, \frac{c_3p_3 - c_1p_1}{s_2}, \frac{c_1p_1 - c_2p_2}{s_3}\right).$$

此式可参见 5.1 节例 4 的点评.

另外,对于外接圆上任意两点 $P = \left(\dfrac{1}{p_1}, \dfrac{1}{p_2}, \dfrac{1}{p_3}\right)$ 和 $Q = \left(\dfrac{1}{q_1}, \dfrac{1}{q_2}, \dfrac{1}{q_3}\right)$,由于它们的等角共轭点 P^* 和 Q^* 都在无穷远直线 s 上,因此,$P^* \times Q^* \sim s$. 这样,直线 PQ 的坐标为

$$P \times Q = \left(\frac{1}{p_2q_3} - \frac{1}{p_3q_2}, *, *\right)$$
$$= \left(\frac{p_3q_2 - p_2q_3}{p_2p_3q_2q_3}, *, *\right)$$
$$\sim (s_1p_1q_1, s_2p_2q_2, s_3p_3q_3).$$

例 1 (西姆森线的夹角) 设 P, Q 两点在 $\triangle A_1A_2A_3$ 的外接圆上,$w(P)$ 和 $w(Q)$ 分别是其西姆森线. 求证:$w(P)$ 与 $w(Q)$ 的夹角等于

PQ 所对的圆周角.

证明 由前面的分析,$w(P)\perp A_1P^*$,$w(Q)\perp A_2Q^*$,因此,$w(P)$ 与 $w(Q)$ 的夹角等于 A_1P^* 与 A_1Q^* 的夹角,从而等于 $\angle QA_1P$,即 PQ 所对的圆周角.

> **点评** 比较重要的特例是:当 PQ 是外接圆的直径时,相应的两条西姆森线互相垂直.此时,$w(P)$ 方向的无穷远点恰好是 Q^*,$w(Q)$ 方向的无穷远点恰好是 P^*.

例 2 设 P 是 $\triangle A_1A_2A_3$ 的外接圆上一点.证明:P 点的西姆森线 $w(P)$ 经过线段 HP 的中点,其中 H 是 $\triangle A_1A_2A_3$ 的垂心.

证明 由西姆森定理可知,P 关于三边的对称点在一条直线上.现在只需证明这条直线还经过 H.

注意 $P=\left(\dfrac{1}{p_1},\dfrac{1}{p_2},\dfrac{1}{p_3}\right)$ 关于 A_2A_3 和 A_3A_1 的对称点 P_1,P_2 的坐标分别为

$$P_1=\left(-\dfrac{1}{p_1},\dfrac{1}{p_2}+\dfrac{2c_3}{p_1},\dfrac{1}{p_3}+\dfrac{2c_2}{p_1}\right),$$

$$P_2=\left(\dfrac{1}{p_1}+\dfrac{2c_3}{p_2},-\dfrac{1}{p_2},\dfrac{1}{p_3}+\dfrac{2c_1}{p_2}\right),$$

垂心 H 的坐标为 $H=\left(\dfrac{1}{c_1},\dfrac{1}{c_2},\dfrac{1}{c_3}\right)$. 直接计算可得

$$\det(P_1,P_2,H)=\dfrac{2}{p_1p_2p_3c_1c_2}\cdot$$

$$((c_2+c_{13})p_1+(c_1+c_{23})p_2+(c_{11}+c_{22}+2c_{123})p_3).$$

利用本讲开头介绍的恒等式,上述括号中的式子可化简为

$$s_{13}p_1+s_{23}p_2+s_{33}p_3=s_3(s_1p_1+s_2p_2+s_3p_3).$$

由于 P^* 在无穷远直线上,因此上式为零,即 $\det(P_1,P_2,H)=0$.

从而 P_1, P_2, H 三点共线.

> **点评** 这是个常见结论. 此处证法的特点是, 由始至终只有余弦值参与运算, 因此可以一直采用纯代数演算, 最后才一次性化简.
>
> 由于九点圆与外接圆是位似的, 位似比为 $1:2$, 位似中心正是垂心 H. 因此, 本题立即导致下述推论:
>
> 1. $w(P)$ 与 HP 的交点 P_0 在九点圆上;
>
> 2. 若 PQ 是外接圆直径的两个端点, 则 $w(P) \perp w(Q)$; 而由位似关系可知, P_0 和 Q_0 的中点是九点圆的直径两端 (这里 Q_0 是 $w(Q)$ 与 HQ 的交点), 因此 $w(P)$ 与 $w(Q)$ 的交点在九点圆上.
>
> 有了以上两题的结果, 我们不难算得, 点 $P = \left(\dfrac{1}{p_1}, \dfrac{1}{p_2}, \dfrac{1}{p_3}\right)$ 的西姆森线 $w(P)$ 的坐标为
> $$w(P) := \left(\frac{s_{11}p_1}{c_2p_2 - c_3p_3}, \frac{s_{22}p_2}{c_3p_3 - c_1p_1}, \frac{s_{33}p_3}{c_1p_1 - c_2p_2}\right).$$

例 3 (费尔巴哈 (Feuerbach)) 证明: 若圆锥曲线 Γ 经过 $\triangle A_1 A_2 A_3$ 的三个顶点和垂心 H, 则它必为等轴双曲线; 所有这些等轴双曲线的中心之轨迹, 恰好是 $\triangle A_1 A_2 A_3$ 的九点圆.

证明 我们考虑 Γ 的等角共轭像 l. 直线 l 经过 H 的等角共轭点, 即外心 O, 因此, l 是外接圆的直径, 设为 PQ, 其中 P, Q 是直径的两个端点.

由于 l 与外接圆相交于两个实点, 所以 Γ 是双曲线. 进一步, Γ 的渐近方向 P^* 和 Q^* 互相垂直, 因此 Γ 是等轴双曲线.

现在, 我们进一步说明, P 和 Q 的西姆森线 $w(P)$ 和 $w(Q)$ 恰好就是 Γ 的渐近线. 注意, $w(P)$ 的方向为 Q^*, $w(Q)$ 的方向为 P^*. 因此, 只需证明 Γ 的中心在 $w(P)$ 上.

为此，设 $P=\left(\dfrac{1}{p_1},\dfrac{1}{p_2},\dfrac{1}{p_3}\right)$，则直线 OP 的坐标为 $l=(l_1,l_2,l_3)=O\times P$. 具体地，

$$l_1=\dfrac{c_2p_2-c_3p_3}{p_2p_3},\quad l_2=\dfrac{c_3p_3-c_1p_1}{p_3p_1},\quad l_3=\dfrac{c_1p_1-c_2p_2}{p_1p_2}.$$

这样，双曲线 Γ 的方程为 $XMX'=0$，其中

$$M=\begin{bmatrix}0 & l_3 & l_2 \\ l_3 & 0 & l_1 \\ l_2 & l_1 & 0\end{bmatrix},$$

进而可得 $M^*=DCD$，其中

$$C=\begin{bmatrix}1 & -1 & -1 \\ -1 & 1 & -1 \\ -1 & -1 & 1\end{bmatrix},\quad D=\begin{bmatrix}l_1 & 0 & 0 \\ 0 & l_2 & 0 \\ 0 & 0 & l_3\end{bmatrix}.$$

如此一来，Γ 的中心为 $sM^*=sDCD$. 要证明中心在西姆森线 $w(P)$ 上，只需验证 $sDCDw(P)'=0$. 注意到

$$Dw(P)'=\left(\dfrac{s_{11}p_1}{p_2p_3},\dfrac{s_{22}p_2}{p_3p_1},\dfrac{s_{33}p_3}{p_1p_2}\right)'\sim(s_{11}p_1^2,s_{22}p_2^2,s_{33}p_3^2)',$$

从而

$$CDw(P)'\sim(s_{11}p_1^2-s_{22}p_2^2-s_{33}p_3^2,*,*)'.$$

但 P^* 在无穷远直线上，表明 $s_1p_1+s_2p_2+s_3p_3=0$，因此

$$s_{11}p_1^2-s_{22}p_2^2-s_{33}p_3^2=2s_{23}p_2p_3,$$

进而得到 $CDw(P)'\sim\left(\dfrac{1}{s_1p_1},\dfrac{1}{s_2p_2},\dfrac{1}{s_3p_3}\right)'$.

至此，马上可以看出，$sDCDw(P)'=0$，即双曲线的中心在 $w(P)$ 上. 同理，它也在 $w(Q)$ 上，从而 Γ 的中心是 $s(P)$ 和 $s(Q)$ 的交点，在九点圆上.

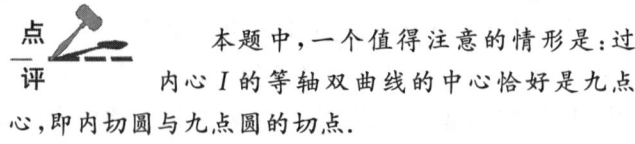

点评　本题中，一个值得注意的情形是：过内心 I 的等轴双曲线的中心恰好是九点心，即内切圆与九点圆的切点.

例 4 （**垂极点**）设 l 是 $\triangle A_1A_2A_3$ 所在平面上的任一直线. 过 A_1 作 l 的垂线，垂足为 L_1；再过 L_1 作 A_2A_3 的垂线 m_1，类似得到 L_2,L_3，m_2,m_3. 求证：m_1,m_2,m_3 三线共点 L. 点 L 称为直线 l 的**垂极点**.

证明 **方法一** 过 A_1 作 l 的垂线，垂足为 $A_1\times lg\times l$. 再作 $e_1=A_2\times A_3$ 的垂线，得到
$$m_1=A_1\times lg\times l\times e_1g.$$
由二重外积的公式，上式可写为
$$m_1=((A_1\cdot l)lg-(lg\cdot l)A_1)\times e_1g.$$
注意 lg 和 e_1g 都是无穷远点，可设 $(A_1\cdot l)lg\times e_1g=\lambda_1 s$，其中 $\lambda_1=l_1(s_2l_3-s_3l_2)$. 再简记 $\tau=lg\cdot l, h_1=A_1\times e_1g$，则有
$$m_1=\lambda_1 s-\tau h_1,$$
同理可定义 λ_2,λ_3 和 h_2,h_3. 注意 h_1 恰好是 A_2A_3 边上的垂线，h_2 恰好是 A_3A_1 边上的垂线，因此它们的交点
$$h_1\times h_2=H=(c_{23},c_{31},c_{12})$$
为垂心.

这样一来，m_1 与 m_2 的交点就是
$$m_1\times m_2=(\lambda_1 s-\tau h_1)\times(\lambda_2 s-\tau h_2)\sim s\times(\lambda_2 h_1-\lambda_1 h_2)+\tau H.$$
现在，将 $h_1=(0,c_2,-c_3)$ 和 $h_2=(-c_1,0,c_3)$ 代入，可算得
$$\lambda_2 h_1-\lambda_1 h_2=(c_1\lambda_1,c_2\lambda_2,c_3\lambda_3).$$
这就可以看出，m_1 与 m_2 的交点坐标关于 $1,2,3$ 是对称的. 也就是说，m_2 与 m_3 的交点坐标仍为上述表达式.

这就说明 m_1,m_2,m_3 三线共点.

方法二 令 $P^*=lg$ 为垂直 l 方向的无穷远点，P 为 P^* 的等角共轭点，则 P 在外接圆上. 设 P 在三边的投影分别为 P_1,P_2,P_3，则这三点都在西姆森线 $s(P)$ 上，且 $s(P)$ 与 l 平行.

注意到 $\dfrac{|L_2L_3|}{|A_2A_3|}=\cos\angle(A_2A_3,l)=\cos\angle(A_2A_3,s(P))$. 而另一方面，易见 $\triangle PA_2A_3\sim\triangle PP_2P_3$，也有 $\dfrac{|P_2P_3|}{|A_2A_3|}=\dfrac{|PP_2|}{|PA_2|}=\cos\angle(A_2A_3,s(P))$.

这就证明了 $|L_2L_3|=|P_2P_3|$. 同理有另两式，因此 $L_1L_2L_3$ 与 $P_1P_2P_3$

是全等的. 这样, 立即可见 m_1, m_2, m_3 三线共点 L.

> **点评** 我们把直线 l 的垂极点记作 $o(l)$.
> 根据前面的方法一, 我们可把 $o(l)$ 的坐标化简为如下形式
> $$o(l) \sim ((l_1 - c_3 l_2 - c_2 l_3)(c_{23} l_1 - c_2 l_2 - c_3 l_3), *, *).$$
> 利用这一坐标表达式, 我们可证明: 若直线 l 交外接圆于 U, V 两点, 则垂极点 $o(l)$ 恰好是西姆森线 $w(U)$ 和 $w(V)$ 的交点.

例 5 证明: 当点 P 遍经 $\triangle A_1 A_2 A_3$ 的外接圆时, 其西姆森线 $w(P)$ 始终保持与某条三尖内摆线相切 (见图 5.2).

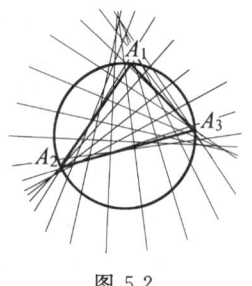

图 5.2

证明 我们先证明如下引理.

设动点 Q 在圆 Γ 上沿逆时针方向作匀速圆周运动, 直线 l 经过 Q, 且按顺时针方向匀速转动. 如果直线 l 转动的角速度是点 Q 运动的角速度的 2 倍, 则 l 的包络是三尖内摆线.

事实上, 在平面直角坐标系中, 三尖内摆线的参数方程可写为
$$x = 2\cos t + \cos 2t, \quad y = 2\sin t - \sin 2t,$$

它在点 t 处的切向量为 $(-\sin t - \sin 2t, \cos t - \cos 2t)$, 也即 $(\cos t + \cos 2t, \sin t - \sin 2t)$. 因此, 该点处的切线经过 $(\cos t, \sin t)$ 和 $(-\cos 2t, \sin 2t)$ 这两点. 取 $Q = (\cos t, \sin t)$, 就可以看到, 切线 l 转动的方向恰好与 Q 转动的方向相反, 而速度是其 2 倍. 这样, 引理就获得了证明.

这个引理也可叙述为: 甲、乙两人在圆周上匀速跑步, 速度比为 $1 : (-2)$, 则两人连线的包络为三尖内摆线. (思考: 若把 (-2) 改成其他数值, 结果又如何?)

根据前述引理, 西姆森线的这一性质就水到渠成了. 首先, 通过以

H 为中心的位似变换,把西姆森线 $w(P)$ 变成经过 P 的直线 $w_1(P)$. 则当 P 在外接圆上匀速运动时,$w_1(P)$ 也匀速反向旋转,并且转动的速度是 P 运动速度的 2 倍(参见例1). 因此,$w_1(P)$ 的包络是三尖内摆线,从而 $w(P)$ 的包络也是三尖内摆线.

根据这一结果,我们可得到如下吸引人的结论:

设 P 在 $\triangle A_1A_2A_3$ 的外接圆上运动,l 是外接圆在 P 处的切线,则 l 的垂极点 $o(l)$ 的轨迹恰好是上述三尖内摆线.

事实上,固定外接圆上的 P 点,设 Q 是外接圆上与之邻近的一点. 根据上例的点评,P 和 Q 的西姆森线之交点就是直线 PQ 的垂极点. 这样,当 Q 趋向与 P 重合时,这垂极点就趋向 $w(P)$ 与三尖内摆线的切点了.

例 6 (基佩特(Kiepert)双曲线) 分别以 $\triangle A_1A_2A_3$ 的边 A_2A_3, A_3A_1, A_1A_2 为底边,(向外)作底角为 θ 的等腰三角形,顶点分别为 B_1, B_2, B_3. 证明:A_1B_1, A_2B_2, A_3B_3 三线共点. 记这点为 P,证明:当 θ 变化时,点 P 的轨迹是一条等轴双曲线.

证明 直接可写出 B_1 的坐标为 $(-\sin\theta, \sin(A_3+\theta), \sin(A_2+\theta))$,若记 $t=\cot\theta$,则这个坐标也可取为
$$B_1=(-1, c_3+ts_3, c_2+ts_2),$$
同理可得到 B_2, B_3 的坐标. 易见它们能排成对称矩阵,因此,A_1B_1, A_2B_2, A_3B_3 三线共点,并且所共点的坐标为
$$P=\left(\frac{1}{c_1+ts_1}, \frac{1}{c_2+ts_2}, \frac{1}{c_3+ts_3}\right).$$

当 t 变化时,点 $c+ts$ 在外心 O 与共轭重心 K 所在的直线上运动,而 P 恰好是它的等角共轭点. 因此,P 的轨迹是等轴双曲线.

点评 这条有名的基佩特双曲线,包含了三角形的一系列特殊点.1930—1940年代,相关的研究一度非常活跃.进一步的结论还有:当 θ 变化时,$\triangle A_1A_2A_3$ 与 $\triangle B_1B_2B_3$ 的透视轴之包络,是一条抛物线,称为基佩特抛物线,它的准线恰好是欧拉线.

习题 5

1. 证明：点 $P=(p_1,p_2,p_3)$ 关于 $\triangle A_1A_2A_3$ 的垂足圆方程为
$$(s\cdot P)(\sum s_1 p_2 p_3)(\sum s_1 z_2 z_3)$$
$$-(\sum s_1 s_2 p_3(p_2+c_1 p_3)(p_3+c_1 p_2)))(s\cdot X)=0.$$

2. （费尔巴哈定理）证明：三角形的九点圆和内切圆相切，并求出切点和切线的坐标．

3. 设 P 是 $\triangle ABC$ 所在平面上一点，过 Q 作 AP 的垂线交 BC 于 Q_1，作 BP 的垂线交 CA 于 Q_2，作 CP 的垂线交 AB 于 Q_3；又过 P 作 AQ 的垂线交 BC 于 P_1，类似作 P_2,P_3．证明：

(1) 当且仅当 Q_1,Q_2,Q_3 三点共线时，P_1,P_2,P_3 三点共线；

(2) 当这两组点都共线时，这两条线平行，且都垂直于 PQ．

4. 设 P 是 $\triangle ABC$ 所在平面上一点，过 $\triangle ABC$ 的垂心 H 分别作 PA,PB,PC 的垂线，依次与 BC,CA,AB 相交．证明：所得的三个交点共线．

5. （吉宾斯（Gibbins），1924）设直线 l 分别交 $\triangle A_1A_2A_3$ 的三边于 X_1,X_2,X_3，分别过 X_j 作所在边的垂线，交成一个 $\triangle B_1B_2B_3$．求证：$\triangle A_1A_2A_3$ 与 $\triangle B_1B_2B_3$ 的垂心连线被 l 平分．

6. （博特马-霍恩（Bottema-Hoorn））求所有这样的点 P 的轨迹，使得 P 的三线性极线与欧拉线垂直．

7. 设直线 l 关于 $\triangle A_1A_2A_3$ 的等角共轭像为 Γ，过外心 O 作直线 l 的垂线，分别交外接圆于 P,Q．证明：P,Q 两点的西姆森线分别平行于 Γ 的两条对称轴．

第六讲 复数方法

在前两讲中,我们已初步看到虚数在平面几何中的一些应用,典型的例子即是"圆点".现在,我们要更深入地挖掘复数在处理几何问题时的威力.

在平面直角坐标系中,一个点的坐标写为(a,b);如果看作复平面,则这个点又可记为复数$z=a+ib$.对于两个点(a_1,b_1)和(a_2,b_2),设对应的复数分别为z_1,z_2,则它们的定比分点$((1-\lambda)a_1+\lambda a_2,(1-\lambda)b_1+\lambda b_2)$对应的复数为$(1-\lambda)z_1+\lambda z_2,\lambda\in \mathbf{R}$. 在这一讲中,我们提到一个点$z$时,约定这个点所对应的复数也记为$z$.

复数的长处在于表达夹角. 例如, 给定四个点A,B,C,D, 则复数$\dfrac{B-A}{C-A}$的辐角就是$\angle CAB$;若直线AB与CD垂直,则$\dfrac{A-B}{C-D}$为纯虚数,即

$$\frac{A-B}{C-D}+\frac{\overline{A}-\overline{B}}{\overline{C}-\overline{D}}=0.$$

反之,若上式成立,则AB与CD垂直.

类似地,三点A,B,C共线,当且仅当

$$\frac{A-B}{A-C}-\frac{\overline{A}-\overline{B}}{\overline{A}-\overline{C}}=0.$$

四点A,B,C,D共圆,当且仅当

$$\frac{A-B}{A-C}\cdot\frac{D-C}{D-B}-\frac{\overline{A}-\overline{B}}{\overline{A}-\overline{C}}\cdot\frac{\overline{D}-\overline{C}}{\overline{D}-\overline{B}}=0,$$

即四个复数的交比$[A,D;B,C]$为实数.

第六讲 复数方法

§6.1 直线和圆

在这一讲中,我们将始终用 z 来表示一个动点所对应的复数.

例1 设原点 O 关于直线 l 的对称点为 A,且 $O \neq A$. 证明:直线 l 上任一点 z 都满足方程

$$\frac{z}{A} + \frac{\overline{z}}{\overline{A}} = 1.$$

进一步,平面上任一点 y 到直线 l 的距离为

$$\frac{1}{2}|A|\left(1 - \frac{y}{A} - \frac{\overline{y}}{\overline{A}}\right).$$

证明 由于直线 l 是 OA 的中垂线,所以 l 上任一点 z 都满足

$$|z - O| = |z - A|,$$

利用 $|z|^2 = z\overline{z}$ 可将上式展开为

$$z\overline{z} = (z - A)(\overline{z} - \overline{A}),$$

也即 $\overline{A}z + A\overline{z} = A\overline{A}$. 这就证明了第一部分.

对于任一点 y,设直线 Oy 交 l 于点 $\lambda \cdot y$,λ 为实数,则有

$$\lambda \cdot \left(\frac{y}{A} + \frac{\overline{y}}{\overline{A}}\right) = 1,$$

即

$$\frac{1}{\lambda} = \frac{y}{A} + \frac{\overline{y}}{\overline{A}}.$$

设原点 O 到 l 的距离为 d,则点 y 到 l 的距离为 $\frac{\lambda - 1}{\lambda} \cdot d = \left(1 - \frac{1}{\lambda}\right) \cdot d$. 显然,$d = \frac{|A|}{2}$,因此,$y$ 到 l 的距离为

$$\frac{1}{2}|A|\left(1 - \frac{y}{A} - \frac{\overline{y}}{\overline{A}}\right).$$

这就完成了整个问题的证明.

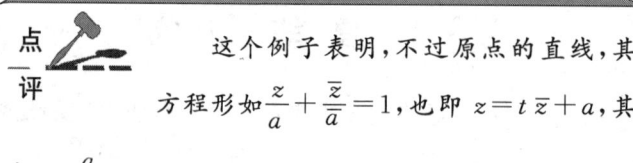

这个例子表明,不过原点的直线,其方程形如 $\dfrac{z}{a}+\dfrac{\bar{z}}{\bar{a}}=1$,也即 $z=t\bar{z}+a$,其中 $t=\dfrac{a}{\bar{a}}$ 的模长为 1.

例2 设 $\triangle ABC$ 的外心 O 恰好是复平面的原点,H 为 $\triangle ABC$ 的垂心. 求证:$H=A+B+C$.

证明 只需证明由 $H=A+B+C$ 所定义的点 H 确为垂心.

事实上,由于外心在原点,所以 $|B|=|C|$,因此,复数 $B+C$ 与 $B-C$ 所表示的向量互相垂直,即 $H-A$ 与 $B-C$ 互相垂直. 同理可证另两个垂直,所以 $H=A+B+C$ 就是垂心.

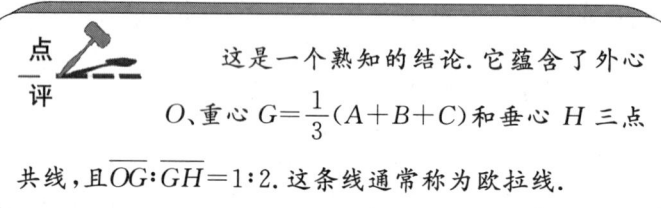

这是一个熟知的结论. 它蕴含了外心 O、重心 $G=\dfrac{1}{3}(A+B+C)$ 和垂心 H 三点共线,且 $\overline{OG}:\overline{GH}=1:2$. 这条线通常称为欧拉线.

例3 在平面上取定 $\triangle D_0E_0F_0$ 和一个点 P. 在任意 $\triangle ABC$ 周围依次作 $\triangle BCD \backsim \triangle F_0E_0P$,$\triangle CAE \backsim \triangle D_0F_0P$,$\triangle ABF \backsim \triangle E_0D_0P$. 求证:$\triangle DEF \backsim \triangle D_0E_0F_0$.

证明 **方法一** 依题意,
$$\dfrac{D-B}{C-B}=\dfrac{P-F_0}{E_0-F_0},\dfrac{E-C}{A-C}=\dfrac{P-D_0}{F_0-D_0},\dfrac{F-A}{B-A}=\dfrac{P-E_0}{D_0-E_0},$$
因此

$$D = B + \frac{(C-B)(P-F_0)}{E_0 - F_0}, \quad E = C + \frac{(A-C)(P-D_0)}{F_0 - D_0},$$

可见

$$E - D = (C-B) - \frac{(C-B)(P-F_0)}{E_0 - F_0} + \frac{(A-C)(P-D_0)}{F_0 - D_0}$$

$$= \frac{C-B}{F_0 - E_0}(P - E_0) - \frac{C-A}{F_0 - D_0}(P - D_0).$$

同理,

$$F - E = \frac{A-C}{D_0 - F_0}(P - F_0) - \frac{A-B}{D_0 - E_0}(P - E_0).$$

我们看到,$\dfrac{E-D}{F-E}$ 关于 P 是个分式线性式,记作 $f(P)$. 分别将 $P = D_0, E_0, F_0$ 代入,都有

$$f(P) = \frac{E_0 - D_0}{F_0 - E_0},$$

因此,对于任意 P,上式都恒成立. 这就证明了

$$\frac{E-D}{F-E} = \frac{E_0 - D_0}{F_0 - E_0},$$

即 $\triangle DEF \backsim \triangle D_0 E_0 F_0$.

方法二 我们先证明如下的基本结论:

两个三角形相似,即 $\triangle z_1 z_2 z_3 \backsim \triangle w_1 w_2 w_3$,当且仅当

$$\begin{vmatrix} z_1 & w_1 & 1 \\ z_2 & w_2 & 1 \\ z_3 & w_3 & 1 \end{vmatrix} = 0.$$

事实上,若 $\triangle z_1 z_2 z_3 \backsim \triangle w_1 w_2 w_3$,则存在相似变换 f,使得 $f(z_i) = w_i$. 而熟知相似变换形如 $f(z) = uz + v$,其中 u, v 为常数(复数),因此上述行列式的第二列是另两列的线性组合,从而等于零. 反之亦然.

现在,由 $\triangle BCD \backsim \triangle F_0 E_0 P$,可得

$$\begin{vmatrix} B & F_0 & 1 \\ C & E_0 & 1 \\ D & P & 1 \end{vmatrix} = 0, \quad 即 \quad \begin{vmatrix} B & \dfrac{1}{E_0} & 1 \\ C & \dfrac{1}{F_0} & 1 \\ D & \dfrac{PD_0}{k} & 1 \end{vmatrix} = 0,$$

其中 $k=D_0E_0F_0$. 于是, 存在常数 λ 和 μ, 使得

$$\frac{1}{E_0}=\lambda B+\mu, \frac{1}{F_0}=\lambda C+\mu, \frac{PD_0}{k}=\lambda D+\mu.$$

同理, 有

$$\begin{vmatrix} C & \frac{1}{F_0} & 1 \\ A & \frac{1}{D_0} & 1 \\ E & \frac{PE_0}{k} & 1 \end{vmatrix}=0, \begin{vmatrix} A & \frac{1}{D_0} & 1 \\ B & \frac{1}{E_0} & 1 \\ F & \frac{PF_0}{k} & 1 \end{vmatrix}=0,$$

于是,

$$\frac{PE_0}{k}=\lambda E+\mu, \frac{PF_0}{k}=\lambda F+\mu.$$

这就立即可以看出, $\triangle DEF \backsim \triangle D_0E_0F_0$.

叶中豪老师将此题的构形形象地称为"破镜重圆". 它有许多有趣的特例.

1. 如果 $\triangle D_0E_0F_0$ 退化为一条直线, 而且点 P 在此直线上, 则本题成为门奈劳斯(Menelaus)定理的逆定理;

2. 如果 $\triangle D_0E_0F_0$ 为正三角形, 且 P 是其中心, 则本题成为拿破仑(Napoleon)定理: 分别以 $\triangle ABC$ 的边为边, 向外作正三角形, 则所得三个正三角形的中心仍构成正三角形.

下面我们来看一些涉及圆的问题. 其关键在于如下的观察: 一次函数 $f(z)=uz+v, u\neq 0$, 可看成复平面的相似变换, 因此, 平面上任何一个圆, 可看作单位圆在此变换下的像. 也就是说, 当 z 遍经单位圆时, $f(z)$ 遍经一个圆.

例 4 设原点 O 不在 $\triangle A_1A_2A_3$ 的任何一边上, 它关于直线 A_2A_3,

A_3A_1, A_1A_2 的对称点分别为 x_1, x_2, x_3. 令 $t_i = \dfrac{\overline{x_i}}{x_i}$, $i=1,2,3$. 又设

$$z(t) := \frac{x_1 t_1 (t_1 - t)}{(t_1-t_2)(t_1-t_3)} + \frac{x_2 t_2 (t_2 - t)}{(t_2-t_1)(t_2-t_3)} + \frac{x_3 t_3 (t_3 - t)}{(t_3-t_1)(t_3-t_2)}.$$

求证:当 t 遍经单位圆时,$z(t)$ 遍经 $\triangle A_1A_2A_3$ 的外接圆.

证明 依题意可知,三边所在直线的方程分别为

$$l_i : \frac{z}{x_i} + \frac{\overline{z}}{\overline{x_i}} = 1, \text{ 即 } t_i z + \overline{z} = t_i x_i, i=1,2,3.$$

可见,直线 l_i 与 l_j 的交点为

$$x_{ij} = \frac{x_i t_i - x_j t_j}{t_i - t_j}.$$

这样,容易发现

$$z(t_1) = x_{23}, z(t_2) = x_{13}, z(t_3) = x_{12}.$$

因此,$z(t)$ 所表示的圆经过三角形的三个顶点,即它是外接圆.

> **点评** 由上述证明可见,$\triangle A_1A_2A_3$ 的外心为
>
> $$z(0) = \frac{x_1 t_1^2}{(t_1-t_2)(t_1-t_3)} + \frac{x_2 t_2^2}{(t_2-t_1)(t_2-t_3)}$$
> $$+ \frac{x_3 t_3^2}{(t_3-t_1)(t_3-t_2)}.$$
>
> 这种表示外接圆的外心的方式,有一个主要的优点,即所有的计算事实上都在单位圆上完成,因此运算是纯代数的(取共轭转化为取倒数).

例5 平面上四条一般位置的直线,每次从中取三条交出一个三角形.证明:所得四个三角形的外接圆共点.

证明 设这四条直线的方程分别为

$$l_i : t_i z + \overline{z} = t_i x_i, i=1,2,3,4,$$

其中 $t_i = \dfrac{\overline{x_i}}{x_i}$. 进一步, 记

$$a_k = \sum_{i=1}^{4} \dfrac{x_i t_i^{4-k}}{\prod_{j=1, j\neq i}^{n}(t_i - t_j)}, k = 1, 2, 3,$$

那么, 容易验证, 由 l_1, l_2, l_3 所围成的三角形的外接圆是

$$z_4(t) = (a_1 - a_2 t_4) - (a_2 - a_3 t_4) t.$$

注意到 $\overline{a}_2 = -t_1 t_2 t_3 t_4 a_3$, 可知 $|a_2| = |a_3|$, 因此 $t_0 = \dfrac{a_2}{a_3}$ 在单位圆上.

这样, 点 $z(t_0) = a_1 - \dfrac{a_2^2}{a_3}$ 就在上述外接圆上.

同理, 另外三个三角形的外接圆也经过这一点.

> **点评** 这样的四条直线及它们的六个交点所构成的图形叫做完全四边形, 四个三角形外接圆所共的点称为密格尔 (Miquel) 点. 本题是克利福德 (Clifford) 链定理的一部分. 利用这里的想法, 采用数学归纳法可证明其一般情形.

例 6 (2003 年 IMO 第 4 题) 设 $ABCD$ 为圆内接四边形, P, Q, R 分别是 D 在 BC, CA, AB 上的投影. 证明: $PQ = QR$ 当且仅当 $\angle ABC$ 和 $\angle ADC$ 的角平分线交点在 AC 上.

证明 不妨设 $|A| = |B| = |C| = |D| = 1$, 且 $A = \overline{C}$. 这样, $AC = 1$, 弧 AC 的中点为 1 或 -1. 不妨设 $\angle ABC$ 的角平分线经过 1, $\angle ADC$ 的角平分线经过 -1. 这两条角平分线分别交 AC 于 Z 和 Z'.

记 $s = A + C$, 由 Z 在直线 AC 上, 有 $Z + \overline{Z} = s$. 由 Z 在 1 和 B 的连线上, 有 $Z + B\overline{Z} = 1 + B$. 由此解得

$$Z = \dfrac{sB - B - 1}{B - 1},$$

同理可得

$$Z' = \frac{sD+D-1}{D+1}.$$

注意 D 关于 AB 的对称点 D^* 满足 $\dfrac{D^*-A}{B-A} = \dfrac{\overline{D}-\overline{A}}{\overline{B}-\overline{A}}$,可知

$$D^* = A+B-\frac{AB}{D},$$

从而 D 在 AB 上的投影为 $R = \dfrac{1}{2}\left(A+B+D-\dfrac{AB}{D}\right)$. 同理,

$$P = \frac{1}{2}\left(B+C+D-\frac{BC}{D}\right), Q = \frac{1}{2}\left(C+A+D-\frac{CA}{D}\right).$$

现在,$PQ = QR$ 等价于 $Q = \dfrac{1}{2}(P+R)$,即

$$(C+A-2B) = \frac{2CA-AB-BC}{D}.$$

将 $CA=1$ 和 $C+A=s$ 代入,即知上式又等价于

$$\frac{sB-B-1}{B-1} = \frac{sD+D-1}{D+1}, \text{即 } Z=Z'.$$

因此命题获证.

§6.2 外心和垂心

涉及外心和垂心的问题,直接利用复数方法往往有困难,因为通常这两者需要解方程组得到. 不过,只要妥善选取坐标原点,这个困难是容易克服的.

例 1 已知 $\triangle ABC \cong \triangle ADE$,延长底边 BC,ED 交于点 P,O 是 $\triangle PCD$ 的外心. 求证:$AO \perp BE$.

证明 我们按下述顺序来重构这个问题中的图形:首先取 $\triangle PCD$ 及其外心 O,再在 PC 和 PD 的延长线上分别取点 B 和 E,使 $|BC|=|DE|$,最后取点 A,使 $\triangle ABC \cong \triangle ADE$.

取 P 为原点,并设 $C = c \cdot x, D = d \cdot y$,其中 $c = |C|, d = |D|$. 由外心 O 在 PC 的中垂线上,得

$$\frac{O}{C} + \frac{\overline{O}}{\overline{C}} = 1.$$

同理,O 也在 PD 的中垂线上,得

$$\frac{O}{D} + \frac{\overline{O}}{\overline{D}} = 1.$$

从以上两式中消去 $\overline{O}$,得

$$O = \frac{\overline{C} - \overline{D}}{\frac{\overline{C}}{C} - \frac{\overline{D}}{D}} = \frac{xy(dx - cy)}{x^2 - y^2}.$$

现在,由于 B, E 分别在 PC 和 PD 的延长线上,且 $|BC| = |DE|$,可设 $B = (c+t)x, E = (d+t)y$,其中 $t = |BC| = |DE|$. 利用 $\triangle ABC \cong \triangle ADE$,得

$$\frac{A - C}{B - C} = \frac{A - E}{D - E},$$

也即 $\dfrac{A-C}{x} = \dfrac{A-E}{-y}$，由此解得

$$A = \dfrac{\dfrac{C}{x} + \dfrac{E}{y}}{\dfrac{1}{x} + \dfrac{1}{y}} = \dfrac{xy(c+d+t)}{x+y}.$$

这样一来，我们得到

$$A - O = \dfrac{xy}{x^2 - y^2}((c+d+t)(x-y) - (dx - cy)) = \dfrac{xy}{x^2 - y^2}(B - E).$$

为了证明 $AO \perp BE$，只需说明 $\theta := \dfrac{xy}{x^2 - y^2}$ 为纯虚数. 注意到

$$\bar{\theta} = \dfrac{\dfrac{1}{xy}}{\dfrac{1}{x^2} - \dfrac{1}{y^2}} = -\dfrac{xy}{x^2 - y^2} = -\theta,$$

则结论就是显然的了.

> **点评** 采用复数方法时，外心和垂心是较难处理的两个点，因此要恰当地选取坐标系的原点. 一种常见的处理办法是取外心为原点（下节将有不少这样的例子），但这并非一成不变. 对本题而言，改变构图顺序后，点 P 才是联系各种条件的关键所在，因此才有了上面的做法.
>
> 本题也可取 A 为原点进行计算，读者不妨一试.

例 2 两个等大的圆 $\odot O_1$ 和 $\odot O_2$ 有一条外公切线是 PQ，其中 P，Q 分别是切点. 设 B，C 分别在 $\odot O_1$ 和 $\odot O_2$ 上，且 BP 交 CQ 于点 A. 求证：$\triangle ABC$ 的外心在 $O_1 O_2$ 的中垂线上.

证明 由题意可知，$P - O_1 = Q - O_2$，$|B - O_1| = |C - O_2|$.

我们取点 T，使 $\triangle TO_1 B \cong \triangle TO_2 C$，则有

$$\frac{T-B}{T-C}=\frac{B-O_1}{C-O_2}.$$

两端取模长,可得$|T-B|=|T-C|$. 进一步,

$$\frac{B-O_1}{C-O_2}=\frac{B-O_1}{P-O_1}\cdot\frac{Q-O_2}{C-O_2},$$

这表明$\frac{B-O_1}{C-O_2}$的辐角等于$\angle PO_1B$与$\angle CO_2Q$之和. 而这两个角分别等于$180°-2\angle BPO_1$和$180°-2\angle O_2QC$,所以前述辐角等于$-2(\angle BPO_1+\angle O_2QC)=-2\angle BAC$.

注意$\frac{T-B}{T-C}$的辐角等于$\angle CTB$,因此我们有$\angle BTC=2\angle BAC$.

综上可知,T就是$\triangle ABC$的外心O. 明显地,$|T-O_1|=|T-O_2|$,即外心在O_1O_2的中垂线上.

点评 此题改编自2009年IMO的第2题,曾用于2009年南开大学数学夏令营. 这里的办法事实上是同一法.

例3 如图6.1,$\angle BAC=\angle DAE$. 设H_1,H_2分别为$\triangle ABC$和$\triangle ADE$的垂心,M,N分别是BE和CD的中点. 求证:$H_1H_2\perp MN$.

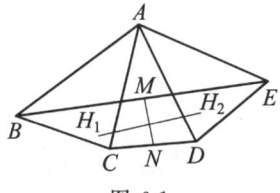

图6.1

证明 取A为原点,并设$\angle BAC=\angle DAE=\theta$,$\rho=\cos\theta+i\sin\theta$,则可设$C=x\rho B$,$E=y\rho D$,其中$x,y$为正实数.

由于H_1是$\triangle ABC$的垂心,可知$\frac{B-H_1}{C}$和$\frac{C-H_1}{B}$都是纯虚数,即有

$$\frac{B-H_1}{C}+\frac{\overline{B}-\overline{H_1}}{\overline{C}}=0,\frac{C-H_1}{B}+\frac{\overline{C}-\overline{H_1}}{\overline{B}}=0,$$

从上式中消去 $\overline{H_1}$ 得

$$H_1 = \frac{\frac{B\overline{C}}{C} - \frac{C\overline{B}}{B} + \overline{B} - \overline{C}}{\frac{\overline{C}}{C} - \frac{\overline{B}}{B}} = \frac{1+\rho^2}{1-\rho^2}(1-x\rho)B = \frac{1+\rho^2}{1-\rho^2}(B-C).$$

同理,

$$H_2 = \frac{1+\rho^2}{1-\rho^2}(D-E).$$

因此,$H_1 - H_2 = \frac{1+\rho^2}{1-\rho^2}(B-C-D+E) = \frac{2(1+\rho^2)}{1-\rho^2}(M-N).$

由于 $|\rho|=1$,显然 $1+\rho^2$ 与 $1-\rho^2$ 垂直,因此 $H_1 H_2 \perp MN$.

虽然这题只是简单的直接计算,但是对垂心的处理还是值得借鉴的.

例 4 一个三角形被三条中线分为六个小三角形.证明:这六个小三角形的外心共圆.

证明 取重心 G 为原点.设三角形的顶点分别为 A,B,C,则 $A+B+C=0$,且各边中点分别为 $D=-\frac{A}{2}, E=-\frac{B}{2}, F=-\frac{C}{2}$.设 $\triangle AGE$,$\triangle AGF$,$\triangle BGF$,$\triangle BGD$,$\triangle CGD$,$\triangle CGE$ 的外心依次为 $O_1, O_2, O_3, O_4, O_5, O_6$.我们只需证明 O_1, O_2, O_3, O_4 四点共圆,则同理有 O_3, O_4, O_5, O_6 四点以及 O_5, O_6, O_1, O_2 四点共圆.这样就必有六点共圆(否则与根心定理矛盾).

由于 $\triangle AGE$ 的外心为 O_1,则 O_1 在 GE 和 GA 的中垂线上,有

$$\frac{O_1}{A} + \frac{\overline{O_1}}{\overline{A}} = 1, \frac{O_1}{E} + \frac{\overline{O_1}}{\overline{E}} = 1.$$

由这两式消去 $\overline{O_1}$ 得

$$O_1 = \frac{\overline{A} + \frac{1}{2}\overline{B}}{t_1 - t_2},$$

其中 $t_1 = \dfrac{\overline{A}}{A}, t_2 = \dfrac{\overline{B}}{B}$.

同理，$\triangle AGF, \triangle BGF, \triangle BGD$ 的外心依次为

$$O_2 = \dfrac{\overline{A} + \dfrac{1}{2}\overline{C}}{t_1 - t_3},$$

$$O_3 = \dfrac{\overline{B} + \dfrac{1}{2}\overline{C}}{t_2 - t_3},$$

$$O_4 = \dfrac{\overline{B} + \dfrac{1}{2}\overline{A}}{t_2 - t_1},$$

其中 $t_3 = \dfrac{\overline{C}}{C}$. 注意到 $C = -(A+B)$, 可知 $t_1 - t_3 = \dfrac{B}{A+B}(t_1 - t_2)$, $t_2 - t_3 = \dfrac{-A}{A+B}(t_1 - t_2)$, 因此

$$O_2 = \dfrac{\dfrac{1}{2}(\overline{A} - \overline{B})\lambda}{t_1 - t_2},$$

$$O_3 = \dfrac{\dfrac{1}{2}(\overline{A} - \overline{B})\mu}{t_1 - t_2},$$

其中 $\lambda = \dfrac{B}{A+B}, \mu = \dfrac{A}{A+B} = 1 - \lambda$.

现在，要证明 O_1, O_2, O_3, O_4 四点共圆，即 $[O_1, O_2; O_3, O_4]$ 为实数. 这只需约去 $(t_1 - t_2)$，并作直接的计算. 从略.

在这一节最后，我们来讨论一些较为复杂的曲线. 前面我们看到，若有一次函数 $f(z) = uz + v$，则当 z 遍经单位圆时，$f(z)$ 仍遍经一个圆. 自然的问题是，换成其他的函数又如何呢？

例 5 （外摆线）一个半径为 $\dfrac{1}{n}$ 的圆，外切于单位圆，且无滑动地绕着单位圆滚动. 求该圆上一个定点滚过的轨迹.

解 为方便叙述，称这个半径为 $\dfrac{1}{n}$ 的圆为小圆. 不妨设当切点为 1 时，

该定点 Z 也恰好位于 1 处. 那么, 当切点为 z 时, 单位圆上被轧过的弧段是从 1 到 z, 而在小圆上, 轧过的弧段应与之等长. 因此, 这时的定点 Z 满足 $\angle zO'Z = n\angle 1Oz$, 其中 O' 是此时小圆的圆心.

由此可知, $Z - O' = z^n(z - O')$. 结合 $O' = \left(1 + \dfrac{1}{n}\right)z$, 可得

$$Z = \left(1 + \frac{1}{n}\right)z - \frac{1}{n}z^{1+n}.$$

因此, 当 z 遍经单位圆时, Z 就遍经上述轨迹.

> **点评** 我们称此轨迹为 n-尖外摆线, 因为其图形中有 n 个尖点. 特别地, 当 $n = 1$ 时, 所得的曲线称为心脏线.
>
> 如果把本题中的外切改为内切, 则当 $n \geq 3$ 时, 也可获得对应的轨迹, 称为 n-尖内摆线, 其对应的函数为
>
> $$f(z) = \left(1 - \frac{1}{n}\right)z + \frac{1}{n}z^{1-n}.$$
>
> 在这两类摆线中(采用刚刚提到的方程), 原点都称为该摆线的中心.

例 6 设 Γ 是一条心脏线, O 是其中心. 证明: 有唯一一条直线, 它与 Γ 切于两点 P 和 Q. 进一步, 对于这条直线上任一点 M, 还有另一条切线 MR, 这时, MO 恰好是 $\angle PMR$ 的三等分角线.

证明 如前, 设 Γ 是单位圆在变换

$$f(z) = 2z - z^2$$

下的像. 设 z_0, z_1 是单位圆上邻近的两点, 那么, $f(z_0), f(z_1)$ 是 Γ 上邻近的两点, 其方向为 $f(z_0) - f(z_1)$. 当 z_1 无限趋向于 z_0 时, $z_0 - z_1$ 的方向趋向于 z_0 处的切向量, 即 iz_0. 因此, Γ 在 $f(z_0)$ 的切向量为

$$\lim_{z_1 \to z_0} \frac{f(z_0) - f(z_1)}{z_0 - z_1} \cdot iz_0 = f'(z_0) \cdot iz_0,$$

其中 $f'(z)$ 是 $f(z)$ 的导数.

把 $f(z)=2z-z^2$ 代入,得 z_0 处的切向量为 $g(z_0)=f'(z_0)\cdot \mathrm{i}z_0 = 2\mathrm{i}(z_0-z_0^2)$. 可见,当 $z_0=1$ 时,$g(z_0)=0$,即 $f(1)$ 处的切向量为零,这是心脏线的尖点.

我们来找两个点 z_1 和 z_2,使这两点处的切向量重合且平行于 z_1-z_2,即 $g(z_1)\parallel g(z_2)\parallel (z_1-z_2)$. 通过直接解方程可知,仅有 $z_1=\dfrac{1+\sqrt{3}\mathrm{i}}{2}$ 和 $z_2=\dfrac{1-\sqrt{3}\mathrm{i}}{2}$. 这意味着仅有一条直线,即 z_1z_2,与心脏线切于两点. 容易看到,这条直线的方向向量为 $2\mathrm{i}$,即平行于虚轴.

对于这条直线上任一点 z,有 $z+\bar{z}=1$. 我们令 $f(z_3)$ 处的切线与这条直线交于 p 点,则
$$p-f(z_3)=\lambda g(z_3),$$
其中 λ 为实数. 结合 $p+\bar{p}=1$,可解得
$$p=\frac{z_3(z_3^2-3z_3+3)}{z_3^3+1}.$$

要证明 Op 是 p 点处两条切线的三等分线,只需 $\left(\dfrac{p}{\mathrm{i}}\right)^3$ 与 $\dfrac{g(z_3)}{\mathrm{i}}$ 平行. 这只需注意到 $\bar{z}_3z_3=1$ 即可直接算出.

例 7 (莫利(Morley)定理) 给定一个 $\triangle A_1A_2A_3$,证明:所有内切于 $\triangle A_1A_2A_3$ 的心脏线的中心之轨迹是一个正三角形.

证明 我们首先说明,当 t 遍经单位圆时,下面这族直线恰好是一条心脏线的切线全体
$$l(t):=z+t^3\bar{z}-f(t)=0,$$
其中 $f(t)=\bar{b}t^3+3\bar{a}t^2+3at+b$,这里 a,b 为常数.

事实上,取这族直线中邻近的两条,假设它们分别由 $l(t)$ 和 $l(t_1)$ 定义,那么,它们的交点是
$$z=\frac{f(t)t_1-f(t_1)t}{t^3-t_1^3}.$$

当 t_1 无限趋近于 t 时,z 趋向于这族直线的包络曲线上一点,即

$$\lim_{t_1 \to t} \frac{t^3 f(t_1) - t_1^3 f(t)}{t^3 - t_1^3} = 2at + \overline{a}t^2 + b.$$

前面提到,心脏线是由 $g(z) = 2z - z^2$ 定义的,其中 z 遍经单位圆. 那么,由 $g(z) = 2cz - c^2 z^2$ 定义的曲线也是心脏线,其中 $|c| = 1$. 从而更一般地,由

$$g(z) = a(2z - cz^2) + b$$

定义的曲线也是心脏线,其中 a, b, c 为常数,$|c| = 1$.

如此一来,我们马上看出,刚刚求出的包络曲线正是一条心脏线,其中心为 b.

我们来看当 a, b 满足何条件时,这条心脏线与给定三角形的三边相切. 设三边所在的直线方程为

$$\frac{z}{x_j} + \frac{\overline{z}}{\overline{x}_j} = 1, j = 1, 2, 3,$$

即原点关于三边的对称点分别为 x_1, x_2, x_3. 那么,与这族直线的方程对照,可得

$$x_j = f(t_j) = \overline{b} t_j^3 + 3\overline{a} t_j^2 + 3a t_j + b, j = 1, 2, 3.$$

由这三个方程中消去 a 和 $\overline{a}$,得

$$b + \overline{b} t_1 t_2 t_3 = \sum \frac{x_1 t_2 t_3}{(t_1 - t_2)(t_1 - t_3)},$$

其中 t_j 满足 $t_j^3 = \frac{x_j}{\overline{x}_j}$.

这就是与三条直线都相切的心脏线的中心 b 所应满足的方程. 看起来这是一条直线的方程,实则不然. 因为给定 x_j 时,t_j 有三种选择,因此事实上有多条直线(三个方向各有三条,共九条). 要紧的是,不同方向的直线间的夹角必定是 $60°$,因此,轨迹中包含正三角形是显然的.

注意到题中要求"内切",则所得的轨迹必定是一条封闭曲线. 因此,它恰好是一个正三角形.

> **点评** 自然的问题是,这正三角形的顶点是何时产生的? 稍精细的分析表明,那正是心脏线与某条边有两个切点时(参看上一题).

§6.3 垂 极 点

现在我们继续用复数方法来研究曲线,特别是曲线的变形.

设 $f(z)$ 是 z 的有理函数,当 z 遍经单位圆时,$f(z)$ 遍经一条曲线,我们把这条曲线称为由 $f(z)$ 所定义的曲线.

给定一条曲线 Γ 和一个点 P,我们考虑 P 在 Γ 的动切线 l 上的投影,则所有这些投影点的轨迹称为 Γ 关于点 P 的**垂足曲线**.

例 1 (**垂足曲线**)设 Γ 是由函数 $f(z)$ 所定义的曲线,Γ 关于原点的垂足曲线为 γ. 求证:γ 是由函数 $g(z):=\mathcal{R}\left(\dfrac{f(z)}{zf'(z)}\right)zf'(z)$ 所定义的曲线.

证明 上一节提到,曲线 Γ 在 $f(z)$ 处的切向量为 $izf'(z)$,因此法向量为 $zf'(z)$,从而可设原点在这条切线上的投影为 $Z=\lambda zf'(z)$,其中 λ 为实数.

由 $Z-f(z)=\lambda zf'(z)-f(z)$ 平行于 $izf'(z)$,可得
$$\lambda=\mathcal{R}\left(\dfrac{f(z)}{zf'(z)}\right).$$

从而命题获证.

 我们立即可以得到一大批垂足曲线的例子.

例如,当 Γ 是由 $f(z)=z+c$(其中 c 为实数)定义的圆时,Γ 关于原点的垂足曲线是由
$$g(z)=1+\dfrac{c}{2}(1+z^2)$$

定义的蜗线. 特别地, $c=1$ 时, 这是一条心脏线.

又如, 当 Γ 是由 $f(z)=2z-z^2$ 定义的心脏线时, Γ 关于原点的垂足曲线是由
$$g(z)=\frac{3}{2}z(1-z)$$
定义的蜗线.

例 2 设 Γ 是由 $f(z)=\dfrac{2}{3}z+\dfrac{1}{3}z^{-2}$ 定义的 3-尖内摆线. 求证: Γ 关于原点的垂足曲线是三叶玫瑰线.

证明 此时有 $f'(z)=\dfrac{2}{3}(1-z^{-3})$. 因此
$$\mathscr{R}\left(\frac{f(z)}{zf'(z)}\right)=\frac{1}{2}\left(\frac{f(z)}{zf'(z)}+\frac{\overline{f(z)}}{\bar{z}\overline{f'(z)}}\right)$$
$$=\frac{1}{2}\left(\frac{2z+z^{-2}}{2z(1-z^{-3})}+\frac{2z^{-1}+z^2}{2z^{-1}(1-z^3)}\right)=\frac{3}{4}.$$

可见垂足曲线为 $g(z)=\dfrac{2}{3}(z-z^{-2})$,

这是三叶玫瑰线. 当 $z^3=1$ 时, $g(z)$ 经过原点.

以下我们用复数方法来研究垂极点的性质. 为此, 我们始终取 $\triangle ABC$ 的外心 O 为原点, 并设外接圆半径为 1. 进一步, 记
$$s_1=A+B+C, s_2=BC+CA+AB, s_3=ABC.$$

例 3 (西姆森线) 设 τ 是 $\triangle ABC$ 的外接圆上任一点. 证明: τ 在三边的投影共线.

证明 设 τ 关于 BC 边的对称点为 P, 则
$$\frac{P-B}{C-B}=\frac{\bar\tau-\bar B}{\bar C-\bar B}=\frac{\dfrac{1}{\tau}-\dfrac{1}{B}}{\dfrac{1}{C}-\dfrac{1}{B}}=\frac{C-\dfrac{BC}{\tau}}{B-C},$$

即 $P = B + C - \dfrac{BC}{\tau} = s_1 - A - \dfrac{BC}{\tau}.$

同理，τ 关于 CA 边的对称点为 $Q = s_1 - B - \dfrac{CA}{\tau}.$

容易说明，$A + \dfrac{BC}{\tau}$ 与 $B + \dfrac{CA}{\tau}$ 之比为实数. 这样，s_1, P, Q 三点共线 $\left(\text{这条直线经过垂心 } s_1, \text{方向向量等于 } A + \dfrac{BC}{\tau}\right).$

同理，τ 关于 AB 边的对称点也在上述直线上. 这就证明了，τ 关于三边的对称点共线，从而它在三边的投影也共线.

> **点评** 从证明中可见，τ 关于三边的对称点及垂心 s_1，这四点共线. 从而立即得到：垂心与 τ 连线的中点在西姆森线上.
>
> 进一步，由于 τ 的西姆森线经过 $\dfrac{s_1 + \tau}{2}$，且方向向量为 $A + \dfrac{BC}{\tau}$，可知其方程为
>
> $$\dfrac{z - \tfrac{1}{2}(s_1 + \tau)}{A + \dfrac{BC}{\tau}} - \dfrac{\overline{z} - \tfrac{1}{2}(\overline{s_1} + \overline{\tau})}{\overline{A} + \dfrac{\overline{B}\,\overline{C}}{\overline{\tau}}} = 0,$$
>
> 化简得 $\quad z\tau - \overline{z} s_3 = \dfrac{\tau^3 + s_1 \tau^2 - s_2 \tau - s_3}{2\tau}.$

例 4 （**垂心关于西姆森线的对称点**）设 τ 是 $\triangle ABC$ 外接圆上的动点，l 是 τ 的西姆森线，Z 是垂心 s_1 关于 l 的对称点. 证明：Z 的轨迹是三叶玫瑰线.

证明 由前面的结论，τZ 平行于西姆森线 l，因此可设

$$\dfrac{Z - \tau}{A + \dfrac{BC}{\tau}} - \dfrac{\overline{Z} - \overline{\tau}}{\overline{A} + \dfrac{\overline{B}\,\overline{C}}{\overline{\tau}}} = 0,$$

而 s_1Z 垂直于西姆森线,因此

$$\frac{Z-s_1}{A+\dfrac{BC}{\tau}}+\frac{\overline{Z}-\overline{s}_1}{\overline{A}+\dfrac{\overline{B}\,\overline{C}}{\overline{\tau}}}=0.$$

以上两式相加,并化简得

$$Z=\tau+s_1-\frac{(\overline{\tau}+\overline{s}_1)s_3}{\tau}.$$

这就可见,当 τ 遍经单位圆时,z 恰好是标准的三叶玫瑰线作相似变换得到的. 因此结论得证.

> **点评** 根据例 2 和例 3 的结论,结合本题的结果立即可得:$\triangle ABC$ 的所有西姆森线恰好是某条三尖内摆线的切线. 三角形中的这条特殊摆线通常称为施泰纳(Steiner)三尖内摆线.

例 5 (**垂极点**)设 l 是 $\triangle ABC$ 所在平面上任一直线,A,B,C 在 l 上的投影分别为 P,Q,R. 分别过 P 作 BC 的垂线,过 Q 作 CA 的垂线,过 R 作 AB 的垂线. 证明:这三条垂线共点.

证明 若直线 l 不经过外心 O,则可设直线 l 的方程为

$$\frac{z}{u}+\frac{\overline{z}}{\overline{u}}=1,$$

这时,A 在 l 上的投影 P 满足 $AP\ /\!/\ u$,即有

$$\frac{P}{u}+\frac{\overline{P}}{\overline{u}}=1,\quad \frac{P-A}{u}-\frac{\overline{P}-\overline{A}}{\overline{u}}=0,$$

两式相加,并整理得

$$P=\frac{1}{2}\left(A+u-\frac{\overline{A}u}{\overline{u}}\right).$$

记 $t=\dfrac{u}{\overline{u}}$,则 $|t|=1$. 我们考虑点

$$x=\frac{1}{2}\left(s_1+u+\frac{s_3}{t}\right),$$

则有
$$x - P = \frac{1}{2}\left(B + C + \frac{s_3}{t} + \frac{t}{A}\right),$$

其中,$B+C$ 与 $B-C$ 垂直. 又容易验证,
$$\frac{\frac{s_3}{t} + \frac{t}{A}}{B - C} + \frac{\frac{\overline{s_3}}{\overline{t}} + \frac{\overline{t}}{\overline{A}}}{\overline{B} - \overline{C}} = 0,$$

因此,$x-P$ 与 $B-C$ 垂直.

同理,$x-Q$ 与 $C-A$ 垂直,$x-R$ 与 $A-B$ 垂直. 这就证明了所说的三条垂线共点于 x.

若直线 l 经过外心 O,则可设其方程为
$$\frac{z}{w} - \frac{\overline{z}}{\overline{w}} = 0,$$

其中 w 是直线 l 的方向向量,$|w|=1$. 这时类似于前面的方法,可得三条垂线共点于
$$x = \frac{1}{2}(s_1 + w).$$

从而结论获证.

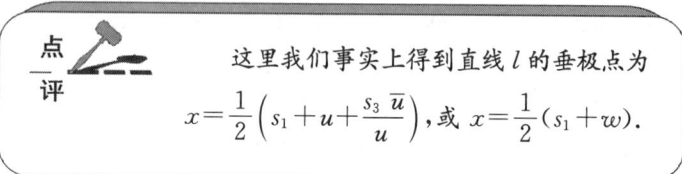

这里我们事实上得到直线 l 的垂极点为
$$x = \frac{1}{2}\left(s_1 + u + \frac{s_3 \overline{u}}{u}\right), 或 x = \frac{1}{2}(s_1 + w).$$

例 6 证明:过外心的直线的垂极点轨迹,恰好是九点圆.

证明 由上题结论,当直线 l 的方向向量为 w 时,其垂极点为
$$x = \frac{1}{2}(s_1 + w).$$

当 w 在单位圆上变化时,x 在以 $\frac{1}{2}s_1$ 为圆心,$\frac{1}{2}$ 为半径的圆上运动. 容易看到,$\frac{1}{2}s_1$ 正是外心与垂心连线的中点,因此这个轨迹恰好是九点圆.

例 7 证明:外接圆切线的垂极点轨迹,恰好是施泰纳三尖内摆线.

证明 由例 5 的点评知,直线 $\dfrac{z}{u}+\dfrac{\bar{z}}{\bar{u}}=1$ 的垂极点为

$$x=\frac{1}{2}\left(s_1+u+\frac{s_3\bar{u}}{u}\right).$$

现在,直线 l 是外接圆的切线,外心 O 关于它的对称点为 $u=2z_0$,其中 z_0 在外接圆上,因而

$$x=\frac{1}{2}(s_1+2z_0+s_3 z_0^{-2}).$$

可见当 z_0 遍经外接圆时,x 描出的正是施泰纳三尖内摆线.

习题 6

1. 设 P 为 $\angle BAC$ 的平分线上一点,过 B 作 CP 的平行线交 AC 于点 N,过 C 作 BP 的平行线交 AB 于点 M,设 BN 和 CM 的中点分别为 D,E. 求证:$AP \perp DE$.

2. 设 $ABCD$ 为四边形,点 X,Y,Z,W 分别在边 AB,BC,CD,DA 上,且它们外分各边的比为邻边之比的平方,即

$$\frac{\overline{AX}}{\overline{XB}} = -\frac{|DA|^2}{|BC|^2}, \frac{\overline{BY}}{\overline{YC}} = -\frac{|AB|^2}{|CD|^2},$$

$$\frac{\overline{CZ}}{\overline{ZD}} = -\frac{|BC|^2}{|DA|^2}, \frac{\overline{DW}}{\overline{WA}} = -\frac{|CD|^2}{|AB|^2}.$$

求证:X,Y,Z,W 四点共圆.

3. 设 D 为锐角 $\triangle ABC$ 内部一点,使得 $\angle ADB = \angle ACB + 90°$,并且 $|AC| \cdot |BD| = |AD| \cdot |BC|$. 求证:$|AB| \cdot |CD| = \sqrt{2}|AC| \cdot |BD|$.

4. 已知 $\triangle ABC$ 的外心为 O,过 O 的直线分别交 AB 和 AC 于 M 和 N,线段 BN 和 CM 的中点分别记作 P 和 Q. 求证:$\angle POQ = \angle BAC$.

5. 在圆内接四边形 $ABCD$ 中,AD 与 BC 交于点 P. 设 $\triangle PAB$ 和 $\triangle PCD$ 的垂心分别为 X 和 Y. 求证:XY,AC,BD 三线共点.

6. 四条一般位置的直线构成四个三角形. 证明:这四个三角形的外心共圆.

7. 在 $\odot O$ 的内接四边形 $ABCD$ 中,有一个圆切 AC 于点 M,切 BD 于点 N,且内切于 $\odot O$. 求证:$\triangle ABC$ 和 $\triangle BCD$ 的内心都在直线 MN 上.

8. 证明:过定点的直线,其垂极点之轨迹是椭圆.

参考答案及提示

习题 1.a

1. 将问题转化为比较 $A(-1,-1)$ 与 $B(10^{2001},10^{2000})$ 及 $C(10^{2002},10^{2001})$ 连线的斜率大小.

∵ B,C 两点的直线方程为 $y=\dfrac{1}{10}x$,点 A 在直线的下方,

∴ $k_{AB}>k_{AC}$,即 $M>N$.

故选 A.

2. 设三角形的另外两边长为 x,y,则
$$\begin{cases} 0<x\leqslant 11, \\ 0<y\leqslant 11, \\ x+y>11, \end{cases}$$

点 (x,y) 应在如图 A.1 所示区域内.

当 $x=1$ 时,$y=11$;当 $x=2$ 时,$y=10,11$;

当 $x=3$ 时,$y=9,10,11$;当 $x=4$ 时,$y=8,9,10,11$;

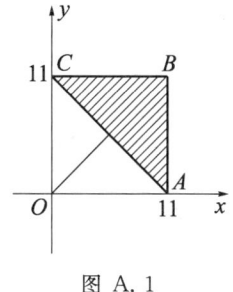

图 A.1

当 $x=5$ 时,$y=7,8,9,10,11$.

以上共有 15 个,x,y 对调又有 15 个,再加上 $(6,6),(7,7),(8,8),(9,9),(10,10),(11,11)$ 6 个,共有 36 个.

故选 C.

3. 找 A 关于 l 的对称点 A',$A'B$ 与直线 l 的交点即为所求的 P 点. 可得 $P(5,6)$.

4. 光线 l 所在的直线与圆 $x^2+y^2-4x-4y+7=0$ 关于 x 轴对称的圆相切. 可得直线方程为 $3x+4y-3=0$ 或 $4x+3y+3=0$.

5. $f(\theta)=\dfrac{\sin\theta-1}{\cos\theta-2}$ 表示两点 $(\cos\theta,\sin\theta)$ 与 $(2,1)$ 连线的斜率. 可得

最大值为 $\frac{4}{3}$,最小值为 0.

6. 原不等式变为 $(x^2-1)m+(1-2x)<0$,构造线段 $f(m)=(x^2-1)m+1-2x$,$-2\leqslant m\leqslant 2$,则 $f(-2)<0$,且 $f(2)<0$. 可得 $\frac{\sqrt{7}-1}{2}<x<\frac{\sqrt{3}+1}{2}$.

7. (1) 设 A,B 的横坐标分别为 x_1,x_2,由题设知 $x_1>1,x_2>1$,点 $A(x_1,\log_8 x_1),B(x_2,\log_8 x_2)$.

∵ A,B 在过点 O 的直线上, ∴ $\frac{\log_8 x_1}{x_1}=\frac{\log_8 x_2}{x_2}$.

又点 C,D 的坐标分别为 $(x_1,\log_2 x_1),(x_2,\log_2 x_2)$.

由于 $\log_2 x_1=3\log_8 x_1,\log_2 x_2=3\log_8 x_2$,故

$$k_{OC}=\frac{\log_2 x_1}{x_1}=\frac{3\log_8 x_1}{x_1},k_{OD}=\frac{\log_2 x_2}{x_2}=\frac{3\log_8 x_2}{x_2},$$

由此得 $k_{OC}=k_{OD}$,即 O,C,D 在同一直线上.

(2) 由 BC 平行于 x 轴,有 $\log_2 x_1=\log_8 x_2$,

又 $\log_2 x_1=3\log_8 x_1$,∴ $x_2=x_1^3$.

将其代入 $\frac{\log_8 x_1}{x_1}=\frac{\log_8 x_2}{x_2}$,得 $x_1^3\log_8 x_1=3x_1\log_8 x_1$.

由于 $x_1>1$,知 $\log_8 x_1\neq 0$,故 $x_1^3=3x_1$,解得 $x_1=\sqrt{3}$,于是 $A(\sqrt{3},\log_8 \sqrt{3})$.

8. (1) 由条件,得 $a_1=S_1=a$. 当 $n\geqslant 2$ 时,

有 $a_n=S_n-S_{n-1}=(na+n(n-1)b)-((n-1)a+(n-1)(n-2)b)=a+2(n-1)b$.

因此,当 $n\geqslant 2$ 时,有 $a_n-a_{n-1}=(a+2(n-1)b)-(a+2(n-2)b)=2b$.

∴ $\{a_n\}$ 是以 a 为首项、$2b$ 为公差的等差数列.

(2) ∵ $b\neq 0$,对于 $n\geqslant 2$,有

$$\frac{\left(\frac{S_n}{n}-1\right)-\left(\frac{S_1}{1}-1\right)}{a_n-a_1}=\frac{\frac{na+n(n-1)b}{n}-a}{a+2(n-1)b-a}=\frac{(n-1)b}{2(n-1)b}=\frac{1}{2},$$

∴ 所有的点 $P_n\left(a_n, \dfrac{S_n}{n}-1\right)(n=1,2,\cdots)$ 都落在通过 $P_1(a,a-1)$ 且以 $\dfrac{1}{2}$ 为斜率的直线上. 此直线方程为 $y-(a-1)=\dfrac{1}{2}(x-a)$，即 $x-2y+a-2=0$.

(3) 当 $a=1$, $b=\dfrac{1}{2}$ 时, P_n 的坐标为 $\left(n,\dfrac{n-1}{2}\right)$. 使 $P_1(1,0)$, $P_2\left(2,\dfrac{1}{2}\right)$, $P_3(3,1)$ 都落在圆 C 外的条件是

$$\begin{cases}(r-1)^2+r^2>r^2,\\(r-2)^2+\left(r-\dfrac{1}{2}\right)^2>r^2,\\(r-3)^2+(r-1)^2>r^2,\end{cases} 即 \begin{cases}(r-1)^2>0, & (1)\\ r^2-5r+\dfrac{17}{4}>0, & (2)\\ r^2-8r+10>0. & (3)\end{cases}$$

由不等式(1)，得 $r\neq 1$，

由不等式(2)，得 $r<\dfrac{5}{2}-\sqrt{2}$ 或 $r>\dfrac{5}{2}+\sqrt{2}$，

由不等式(3)，得 $r<4-\sqrt{6}$ 或 $r>4+\sqrt{6}$，

再注意到 $r>0, 1<\dfrac{5}{2}-\sqrt{2}<4-\sqrt{6}<\dfrac{5}{2}+\sqrt{2}<4+\sqrt{6}$，

故使 P_1, P_2, P_3 都落在圆 C 外时，r 的取值范围是 $(0,1)\cup\left(1,\dfrac{5}{2}-\sqrt{2}\right)\cup(4+\sqrt{6},+\infty)$.

习题 1. b

1. 本题有新意，审题是关键. 一考两直线垂直的充要条件，二考平移法则，辅以平几背景之旋转变换.

旋转 $90°$ 则与原直线垂直，故旋转后斜率为 $-\dfrac{1}{3}$. 再右移 1 单位得 $y=-\dfrac{1}{3}(x-1)$. 故选 A.

2. B **3.** A **4.** C **5.** C **6.** C **7.** B **8.** C **9.** D **10.** C **11.** C **12.** D **13.** B **14.** C **15.** C **16.** B **17.** B **18.** D

19. 9　**20.** $\dfrac{7}{4}$　**21.** 1　**22.** $(-\infty,0)\cup(10,+\infty)$　**23.** $\dfrac{1}{c}-\dfrac{1}{b}$

24. 易知点 C 为 $(-1,0)$，而直线与 $x+y=0$ 垂直，我们设待求的直线方程为 $y=x+b$，将点 C 的坐标代入马上就能求出参数 b 的值为 1，故待求的直线方程为 $x-y+1=0$.

25. $x^2+(y-1)^2=10$　**26.** 由数想形，所求最小值＝圆心到直线的距离－圆的半径. 圆心 $(1,1)$ 到直线 $x-y+6=0$ 的距离 $d=\dfrac{6}{\sqrt{2}}=3\sqrt{2}$，故最小值为 $3\sqrt{2}-\sqrt{2}=2\sqrt{2}$.

27. (1) 令 $x=0$，得抛物线与 y 轴的交点是 $(0,b)$.

令 $f(x)=0$，得 $x^2+2x+b=0$，由题意 $b\neq 0$ 且 $\Delta>0$，解得 $b<1$ 且 $b\neq 0$.

(2) 设所求圆的一般方程为 $x^2+y^2+Dx+Ey+F=0$.

令 $y=0$，得 $x^2+Dx+F=0$，这与 $x^2+2x+b=0$ 是同一个方程，故 $D=2, F=b$.

令 $x=0$，得 $y^2+Ey+b=0$，此方程有一个根为 b，代入得 $E=-b-1$.

所以圆 C 的方程为 $x^2+y^2+2x-(b+1)y+b=0$.

(3) 圆 C 必过定点 $(0,1),(-2,1)$.

证明如下：将 $(0,1)$ 代入圆 C 的方程，得左边 $=0^2+1^2+2\times 0-(b+1)\times 1+b=0$，右边 $=0$，

所以圆 C 必过定点 $(0,1)$.

同理可证圆 C 必过定点 $(-2,1)$.

习题 2.a

1. C　**2.** D　**3.** C　**4.** B　**5.** B

6. 易知圆 F_2 的半径为 c，$(2a-c)^2+c^2=4c^2$，$\left(\dfrac{c}{a}\right)^2+2\left(\dfrac{c}{a}\right)-2=0$，$\dfrac{c}{a}=\sqrt{3}-1$. 故选 A.

7. 我们普遍了解这样一个事实：在周长一定的 n 边形中，正 n 边

形面积最大.

当 $n=3$ 时,这个普遍了解的事实可以用椭圆的知识这样来感性地解释:

设 $\triangle ABC$ 的周长 l 为定值,角 A,B,C 分别对应三边 a,b,c.

先固定 B,C 两点,则 $b+c$ 是定值,这意味着点 A 在以 B,C 为焦点的椭圆上(去除两个长轴端点),当 A 为椭圆的短轴端点时,点 A 到线段 BC 的距离最远,此时 $\triangle ABC$ 为等腰三角形,满足 $b=c$.

假若 $a \neq b$,我们再固定 A,C 两点,再次调整点 B 的位置,可知,$a'=c'$ 时,$\triangle ABC$ 面积最大. 所以 $a'=\dfrac{a'+c'}{2}=\dfrac{a+c}{2}=\dfrac{a+b}{2}$,即 $a' \in (a,b)$. 换句话说,在数轴上,点 a' 对应的点被 a,b 分别对应的两个点"夹逼"着. 无论是用代数语言还是几何语言,我们都能得到结论:再次调整后 $|a'-b'|<|a-b|$.

只要类似于上述的调整可以一直进行,每进行一次,三角形的三边就"接近一次",直到三边长最接近. 最接近的情况当然是正三角形.

(以上只是感性理解,并不代表证明.)

按照我们所普遍了解的事实,调整 3 条边,使其尽可能相等,得到 7,7,6,此时三角形面积为 $6\sqrt{10}\text{cm}^2$. 故选 B.

8. $\dfrac{25}{12}$

9. $\because |PF_1|=\dfrac{b^2}{a}, AB // PO, \triangle OPF_1 \backsim \triangle ABO,$

$\therefore \dfrac{b}{a}=\dfrac{b^2}{ac}, \therefore b=c. \therefore e=\dfrac{c}{a}=\dfrac{b}{\sqrt{2}b}=\dfrac{\sqrt{2}}{2}.$

10. $\dfrac{x^2}{45}+\dfrac{y^2}{20}=1$

11. $x^2+\dfrac{4}{3}y^2=1$

12. $\dfrac{x^2}{12}+\dfrac{y^2}{9}=1$ 或 $\dfrac{x^2}{9}+\dfrac{y^2}{12}=1$

13. 根据椭圆的对称性知,

$|P_1F_1|+|P_7F_1|=|P_1F_1|+|P_1F_2|=2a,$

同理其余两对的和也是 $2a$.

又 $|P_4F_1|=a$,

∴ $|P_1F|+|P_2F|+|P_3F|+|P_4F|+|P_5F|+|P_6F|+|P_7F|=7a=35$.

14. 设椭圆方程为 $mx^2+ny^2=1(m>0,n>0)$.

设 $P(x_1,y_1),Q(x_2,y_2)$,解方程组
$$\begin{cases} y=x+1, \\ mx^2+ny^2=1, \end{cases}$$

消去 y,整理得 $(m+n)x^2+2nx+n-1=0$.

$\Delta=4n^2-4(m+n)(n-1)>0$,即 $m+n-mn>0$.

$OP\perp OQ \Rightarrow x_1x_2+y_1y_2=0$,

即 $x_1x_2+(x_1+1)(x_2+1)=0, 2x_1x_2+(x_1+x_2)+1=0$,

∴ $\dfrac{2(n-1)}{m+n}-\dfrac{2n}{m+n}+1=0$,

∴ $m+n=2$. (1)

由弦长公式得 $2\cdot\dfrac{4(m+n-mn)}{(m+n)^2}=\left(\dfrac{\sqrt{10}}{2}\right)^2$,将 $m+n=2$ 代入,得

$$mn=\dfrac{3}{4}. \qquad (2)$$

联立(1),(2)解得 $\begin{cases} m=\dfrac{1}{2}, \\ n=\dfrac{3}{2}, \end{cases}$ 或 $\begin{cases} m=\dfrac{3}{2}, \\ n=\dfrac{1}{2}. \end{cases}$

∴ 椭圆方程为 $\dfrac{x^2}{2}+\dfrac{3}{2}y^2=1$ 或 $\dfrac{3}{2}x^2+\dfrac{y^2}{2}=1$.

15. 设 $|PF_1|=r_1,|PF_2|=r_2$,

则 $S=\dfrac{1}{2}r_1r_2\sin2\theta$.

又 $|F_1F_2|=2c$,由余弦定理有

$(2c)^2=r_1^2+r_2^2-2r_1r_2\cos2\theta=(r_1+r_2)^2-2r_1r_2-2r_1r_2\cos2\theta$

$=(2a)^2-2r_1r_2(1+\cos2\theta)$,

于是 $2r_1r_2(1+\cos2\theta)=4a^2-4c^2=4b^2$,

所以 $r_1 r_2 = \dfrac{2b^2}{1+\cos 2\theta}$.

这样即有 $S = \dfrac{1}{2} \cdot \dfrac{2b^2}{1+\cos 2\theta} \sin 2\theta = b^2 \dfrac{2\sin\theta\cos\theta}{2\cos^2\theta} = b^2 \tan\theta$.

点评 解与 $\triangle PF_1F_2$（P 为椭圆上的点）有关的问题，常用正弦定理或余弦定理，并结合 $|PF_1|+|PF_2|=2a$ 来解决.

16.（1）由已知，得 $\begin{cases} \dfrac{1}{2}|\overrightarrow{OF}| \cdot |\overrightarrow{FQ}|\sin(\pi-\theta)=S, \\ |\overrightarrow{OF}| \cdot |\overrightarrow{FQ}|\cos\theta=1, \end{cases}$

∴ $\tan\theta = 2S$.

∵ $\dfrac{1}{2} < S < 2$，∴ $1 < \tan\theta < 4$，因此 $\dfrac{\pi}{4} < \theta < \arctan 4$.

（2）以 O 为原点，$\overrightarrow{OF}$ 所在直线为 x 轴建立平面直角坐标系.

设椭圆方程为 $\dfrac{x^2}{a^2} + \dfrac{y^2}{b^2} = 1 (a > b > 0)$，$Q(x, y)$.

∵ $\overrightarrow{OF} = (c, 0)$，∴ $\overrightarrow{FQ} = (x-c, y)$.

∵ $\dfrac{1}{2}|\overrightarrow{OF}| \cdot y = \dfrac{3}{4}c$，∴ $y = \dfrac{3}{2}$.

又∵ $\overrightarrow{OF} \cdot \overrightarrow{FQ} = c(x-c) = 1$，∴ $x = c + \dfrac{1}{c}$.

于是 $|\overrightarrow{OQ}| = \sqrt{x^2+y^2} = \sqrt{\left(c+\dfrac{1}{c}\right)^2 + \dfrac{9}{4}} (c \geqslant 2)$.

可以证明：当 $c \geqslant 2$ 时，函数 $t = c + \dfrac{1}{c}$ 为增函数，

∴ 当 $c = 2$ 时，

$|\overrightarrow{OQ}|_{\min} = \sqrt{\left(2+\dfrac{1}{2}\right)^2 + \dfrac{9}{4}} = \dfrac{\sqrt{34}}{2}$，

此时 $Q\left(\dfrac{5}{2},\dfrac{3}{2}\right)$. 将 Q 的坐标代入椭圆方程,得 $\begin{cases}\dfrac{25}{4a^2}+\dfrac{9}{4b^2}=1,\\ a^2-b^2=4,\end{cases}$

解得 $\begin{cases}a^2=10,\\ b^2=6.\end{cases}$

∴ 椭圆方程为 $\dfrac{x^2}{10}+\dfrac{y^2}{6}=1$.

17. (1) 由已知可得 $A(-6,0),F(4,0)$.

设点 P 的坐标是 (x,y),则 $\overrightarrow{AP}=\{x+6,y\},\overrightarrow{FP}=\{x-4,y\}$. 由已知得 $\begin{cases}\dfrac{x^2}{36}+\dfrac{y^2}{20}=1,\\ (x+6)(x-4)+y^2=0,\end{cases}$

故 $2x^2+9x-18=0$,

解得 $x=\dfrac{3}{2}$ 或 $x=-6$(舍),

于是 $y=\dfrac{5}{2}\sqrt{3}$. ∴ 点 P 的坐标是 $\left(\dfrac{3}{2},\dfrac{5}{2}\sqrt{3}\right)$.

(2) 直线 AP 的方程是 $x-\sqrt{3}y+6=0$.

设点 M 的坐标是 $(m,0)$,则 M 到直线 AP 的距离是 $\dfrac{|m+6|}{2}$,

于是 $\dfrac{|m+6|}{2}=|m-6|$. 又 $-6\leqslant m\leqslant 6$,解得 $m=2$.

对椭圆上的点 (x,y) 到点 M 的距离 d,有

$$d^2=(x-2)^2+y^2=x^2-4x+4+20-\dfrac{5}{9}x^2$$

$$=\dfrac{4}{9}\left(x-\dfrac{9}{2}\right)^2+15.$$

∵ $-6\leqslant x\leqslant 6$,∴ 当 $x=\dfrac{9}{2}$ 时,d 取得最小值 $\sqrt{15}$.

18. (1) 依题意得 $\begin{cases}a=2c,\\ \dfrac{a^2}{c}=4,\end{cases}$ 解得 $\begin{cases}a=2,\\ c=1,\end{cases}$ 从而 $b=\sqrt{3}$.

故椭圆方程为 $\dfrac{x^2}{4}+\dfrac{y^2}{3}=1$.

(2) **方法一**

由(1)得 $A(-2,0), B(2,0)$. 设 $M(x_0, y_0)$.

∵ 点 M 在椭圆上,

∴ $y_0^2 = \dfrac{3}{4}(4 - x_0^2)$. (1)

又点 M 异于顶点 A, B, ∴ $-2 < x_0 < 2$.

由 P, A, M 三点共线可得 $P\left(4, \dfrac{6y_0}{x_0+2}\right)$, 从而

$$\overrightarrow{BM} = (x_0 - 2, y_0), \overrightarrow{BP} = \left(2, \dfrac{6y_0}{x_0+2}\right),$$

∴ $\overrightarrow{BM} \cdot \overrightarrow{BP} = 2x_0 - 4 + \dfrac{6y_0^2}{x_0+2} = \dfrac{2}{x_0+2}(x_0^2 - 4 + 3y_0^2)$. (2)

将式(1)代入式(2), 化简得 $\overrightarrow{BM} \cdot \overrightarrow{BP} = \dfrac{5}{2}(2 - x_0)$.

∵ $2 - x_0 > 0$, ∴ $\overrightarrow{BM} \cdot \overrightarrow{BP} > 0$.

于是 $\angle MBP$ 为锐角, 从而 $\angle MBN$ 为钝角, 故点 B 在以 MN 为直径的圆内.

方法二

由(1)得 $A(-2,0), B(2,0)$. 设 $P(4, \lambda)(\lambda \neq 0), M(x_1, y_1), N(x_2, y_2)$, 则直线 AP 的方程为 $y = \dfrac{\lambda}{6}(x+2)$, 直线 BP 的方程为 $y = \dfrac{\lambda}{2}(x-2)$.

∵ 点 M, N 分别在直线 AP, BP 上,

∴ $y_1 = \dfrac{\lambda}{6}(x_1 + 2)$, $y_2 = \dfrac{\lambda}{2}(x_2 - 2)$,

从而 $y_1 y_2 = \dfrac{\lambda^2}{12}(x_1 + 2)(x_2 - 2)$. (3)

联立 $\begin{cases} y = \dfrac{\lambda}{6}(x+2), \\ \dfrac{x^2}{4} + \dfrac{y^2}{3} = 1, \end{cases}$

消去 y 得 $(27 + \lambda^2)x^2 + 4\lambda^2 x + 4(\lambda^2 - 27) = 0$.

∵ $x_1, -2$ 是方程的两根, ∴ $-2x_1 = \dfrac{4(\lambda^2 - 27)}{\lambda^2 + 27}$,

229

即 $$x_1=\frac{2(27-\lambda^2)}{\lambda^2+27}.\qquad(4)$$

又 $\overrightarrow{BM}\cdot\overrightarrow{BN}=(x_1-2,y_1)\cdot(x_2-2,y_2)$
$$=(x_1-2)(x_2-2)+y_1y_2,\qquad(5)$$

于是将式(3),(4)代入式(5),

化简可得 $$\overrightarrow{BM}\cdot\overrightarrow{BN}=\frac{5\lambda^2}{\lambda^2+27}(x_2-2).$$

∵ 点 N 在椭圆上,且异于顶点 A,B, ∴ $x_2-2<0$.

又∵ $\lambda\neq 0$, ∴ $\frac{5\lambda^2}{\lambda^2+27}>0$,

从而 $\overrightarrow{BM}\cdot\overrightarrow{BN}<0$.

故 $\angle MBN$ 为钝角,即点 B 在以 MN 为直径的圆内.

方法三

由(1)得 $A(-2,0),B(2,0)$.设 $M(x_1,y_1),N(x_2,y_2)$,

则 $-2<x_1<2,-2<x_2<2$.又 MN 的中点 Q 的坐标为 $\left(\frac{x_1+x_2}{2},\right.$
$\left.\frac{y_1+y_2}{2}\right)$,

∴ $|BQ|^2-\frac{1}{4}|MN|^2=\left(\frac{x_1+x_2}{2}-2\right)^2+\left(\frac{y_1+y_2}{2}\right)^2$
$$-\frac{1}{4}((x_1-x_2)^2+(y_1-y_2)^2),$$

化简得 $|BQ|^2-\frac{1}{4}|MN|^2=(x_1-2)(x_2-2)+y_1y_2.\qquad(6)$

直线 AP 的方程为 $y=\frac{y_1}{x_1+2}(x+2)$,

直线 BP 的方程为 $y=\frac{y_2}{x_2-2}(x-2)$.

∵ 点 P 在准线 $x=4$ 上, ∴ $\frac{6y_1}{x_1+2}=\frac{2y_2}{x_2-2}$,

即 $$y_2=\frac{3(x_2-2)y_1}{x_1+2}.\qquad(7)$$

又点 M 在椭圆上,

∴ $\frac{x_1^2}{4}+\frac{y_1^2}{3}=1$,

即 $y_1^2=\frac{3}{4}(4-x_1^2).$ (8)

将式(7),(8)代入式(6),化简可得

$$|BQ|^2-\frac{1}{4}|MN|^2=\frac{5}{4}(2-x_1)(x_2-2)<0,$$

从而 B 在以 MN 为直径的圆内.

习题 2.b

1. D **2.** B **3.** D **4.** C

5. 依题意可知 $a=\sqrt{3}, c=\sqrt{a^2+b^2}=\sqrt{3+9}=2\sqrt{3}, e=\frac{c}{a}=\frac{2\sqrt{3}}{\sqrt{3}}=2$,故选 C.

6. D **7.** A **8.** A **9.** B **10.** C

11. 由 $\overrightarrow{BP}=2\overrightarrow{PA}$ 及 A,B 分别在 x 轴的正半轴和 y 轴的正半轴上知,$A\left(\frac{3}{2}x,0\right),B(0,3y),\overrightarrow{AB}=\left(-\frac{3}{2}x,3y\right)$.由点 Q 与点 P 关于 y 轴对称知,$Q(-x,y),\overrightarrow{OQ}=(-x,y)$,则 $\overrightarrow{OQ}\cdot\overrightarrow{AB}=\left(-\frac{3}{2}x,3y\right)\cdot(-x,y)=\frac{3}{2}x^2+3y^2=1(x>0,y>0)$.故选 D.

12. 一看带参,马上戒备:有没有说哪个轴是实轴?至少没有明说.分析一下,因为等号后为常数"+",所以等号前系数为"+"的对应实轴.y^2 的系数为"+",所以这个双曲线是"立"着的.接下来可排除 C,D.既然说是双曲线,x^2 与 y^2 的系数的符号就不能相同.后面是一个"坑儿":双曲线的标准形式是 $\frac{x^2}{a^2}-\frac{y^2}{b^2}=1$ 或 $\frac{y^2}{a^2}-\frac{x^2}{b^2}=1(a,b>0)$,题目中的双曲线方程并不是标准形式,所以要变一下形,变成 $-\frac{x^2}{\frac{1}{|m|}}+y^2=1.$

由题意,半虚轴长的平方:半实轴长的平方$=4$,即 $\frac{1}{|m|}:1=4$,所以 $m=$

$-\frac{1}{4}$. 故选 A. 当然,我们也可以不算,只利用半虚轴比半实轴长即可直接把答案 A 圈出来.

这个题的形式总结起来是八个字:"没有坡度,只有陷阱". 也就是说,题目本身并不很难,但是它总在视觉上(不是知识上,是视觉上)给人挖"坑儿". 一般情况下,"坑儿"有三种:(1)不声明曲线是站着的还是躺着的;(2)该写在分母上的不往分母上写;(3)该写成平方形式的不写成平方.

仔细品味这个题,选项中并没有出现"-2"或"$-\frac{1}{2}$"这样的支项,也就是说第(3)点并没有考查. 第(1)点有所涉及,但似乎故意做了淡化,C,D 选项几乎是用眼睛扫一下就排除了. 主要考查的还是第(2)点. 如果题目中将"$mx^2+y^2=1$"改成"$mx^2+y^2=t$(t 为非零常数)",同时支项中出现"-2"、"$-\frac{1}{2}$"这样的干扰项,那就三点兼顾了.

值得一提的是,在二次曲线中,还有一个"坑儿"需要引起注意:那就是"轴和半轴"、"距和半距". 例如:椭圆 $\frac{x^2}{a^2}+\frac{y^2}{b^2}=1(a>b>0)$ 中,a 是半长轴而非长轴,c 是半焦距而非焦距.

13. 设双曲线的两个焦点分别是 $F_1(-5,0)$ 与 $F_2(5,0)$,则这两点正好是两圆的圆心. 当且仅当 P,M,F_1 三点共线且 P,N,F_2 三点共线时,所求的值最大,此时 $|PM|-|PN|=(|PF_1|-2)-(|PF_2|-1)=10-1=9$. 故选 D.

14. 由 $\frac{x^2}{10-m}+\frac{y^2}{6-m}=1(m<6)$ 知,该方程表示焦点在 x 轴上的

椭圆.由 $\dfrac{x^2}{5-m}+\dfrac{y^2}{9-m}=1(5<m<9)$ 知,该方程表示焦点在 y 轴上的双曲线,故只能选 A.

点评 本题考查了椭圆和双曲线方程及各参数的几何意义,同时着重考查了审题能力,即参数范围对该题的影响.

15. 设 $\dfrac{x^2}{2}-y^2=\lambda$,代入求 λ.答案 A. **16.** D **17.** A

18. $l\perp x$ 轴时的焦点弦长 $AB=4$ 最短,为通径,故交右半支弦长为 4 的直线恰有一条,过右焦点交左右两支的符合要求的直线有两条.故选 D.

19. 点 $(0,5)$ 为完整双曲线和椭圆的极值点,故 $y=5$ 为其切线.而当直线斜率不为 0 时,直线必与每个曲线交于两点.故选 D.

20. C **21.** $e=\dfrac{\sqrt{\tan\theta+\cot\theta}}{\sqrt{\tan\theta}}=\sqrt{1+\cot^2\theta}$.故选 C. **22.** A

23. 不妨设 $x_p,y_p>0$.由 $\dfrac{1}{2}\cdot 2c\cdot y_p=1$,得 $y_p=\dfrac{1}{\sqrt{5}}$,$P\left(\dfrac{2\sqrt{30}}{5},\dfrac{\sqrt{5}}{5}\right)$,

∴ $\overrightarrow{PF_1}=\left(-\sqrt{5}-\dfrac{2\sqrt{30}}{5},-\dfrac{\sqrt{5}}{5}\right)$,$\overrightarrow{PF_2}=\left(\sqrt{5}-\dfrac{2\sqrt{30}}{5},-\dfrac{\sqrt{5}}{5}\right)$,

∴ $\overrightarrow{PF_1}\cdot\overrightarrow{PF_2}=0$.故选 A.

24. 由双曲线方程可得焦点在 x 轴上,$a=2$,$b=3$.∴ 渐近线方程为 $y=\pm\dfrac{b}{a}x=\pm\dfrac{3}{2}x$.故选 A.

25. 由 $ab<0$,得 $a>0$,$b<0$ 或 $a<0$,$b>0$.由此可知 a 与 b 符号相反,则方程表示双曲线,反之亦然.故选 C.

26. 利用双曲线的第二定义知,P 到右准线的距离为 $\dfrac{8}{e}=8\times\dfrac{8}{10}=\dfrac{32}{5}$.故选 D.

233

27. 由渐近线方程 $y=\dfrac{3}{2}x$,且 $a=2$,可得 $b=3$.据定义有 $|PF_2|-|PF_1|=4$, $\therefore$ $|PF_2|=7$.故选 C.

28. 将 $y=2k$ 代入 $9k^2x^2+y^2=18k^2|x|$,得 $9k^2x^2+4k^2=18k^2|x|$ $\Rightarrow 9|x|^2-18|x|+4=0$.显然该关于 $|x|$ 的方程有两正解,即 x 有四解,所以交点有 4 个.故选 D.

> **点评** 本题考查了方程与曲线的关系以及绝对值的变换技巧,同时对二次方程的实根分布也进行了简单的考查.

29. A

30. $\sqrt{2}$(渐进线垂直,是开口开阔与否的分界值)

31. 由双曲线的几何性质,易知圆 C 过双曲线同一支上的顶点和焦点,所以圆 C 的圆心横坐标为 4.故圆心坐标为 $\left(4,\pm\dfrac{4\sqrt{7}}{3}\right)$,它到中心的距离为 $\dfrac{16}{3}$.

32. $\dfrac{x^2}{9}-\dfrac{y^2}{16}=1(x>0)$

33. 易知 P 与 F_1 在 y 轴的同侧,$|PF_2|-|PF_1|=2a$,$\therefore$ $|PF_2|=17$.

34. 数形结合,可知有两切线、两交线,共 4 条.

35. (1) 设双曲线 G 的渐近线方程为 $y=kx$,则由渐近线与圆 $x^2+y^2-10x+20=0$ 相切,可得 $\dfrac{|5k|}{\sqrt{k^2+1}}=\sqrt{5}$,所以 $k=\pm\dfrac{1}{2}$.

双曲线 G 的渐近线方程为:$y=\pm\dfrac{1}{2}x$.

(2) 由(1)可设双曲线 G 的方程为:$x^2-4y^2=m$.

把直线 l 的方程 $y=\dfrac{1}{4}(x+4)$ 代入双曲线方程,整理得 $3x^2-$

$8x-16-4m=0$,

则 $x_A+x_B=\dfrac{8}{3}$，$x_Ax_B=-\dfrac{16+4m}{3}$.

∵ $|PA|\cdot|PB|=|PC|^2$，P,A,B,C 共线且点 P 在线段 AB 上，

∴ $(x_P-x_A)(x_B-x_P)=(x_P-x_C)^2$，

即 $(x_B+4)(-4-x_A)=16$，整理得 $4(x_A+x_B)+x_Ax_B+32=0$，

解得 $m=28$.

所以，双曲线的方程为 $\dfrac{x^2}{28}-\dfrac{y^2}{7}=1$.

36.（1）设过 $P(1,2)$ 的直线 AB 方程为 $y-2=k(x-1)$，代入双曲线方程得 $(2-k^2)x^2+(2k^2-4k)x-(k^4-4k+6)=0$.

设 $A(x_1,y_1),B(x_2,y_2)$，则有 $x_1+x_2=-\dfrac{2k^2-4k}{2-k^2}$.

由已知，$\dfrac{x_1+x_2}{2}=x_P=1$，∴ $\dfrac{2k^2-4k}{k^2-2}=2$，解得 $k=1$.

又 $k=1$ 时，$\Delta=16>0$，从而直线 AB 方程为 $x-y+1=0$.

（2）按同样方法可求得 $k=2$，而当 $k=2$ 时，$\Delta<0$，所以这样的直线不存在.

37. 由题意，$k>0$，$c=\sqrt{1+\dfrac{1}{k}}$，渐近线 l 方程为 $y=\sqrt{k}x$，

准线方程为 $x=\pm\dfrac{1}{kc}$，于是 $A\left(\dfrac{1}{kc},\dfrac{\sqrt{k}}{kc}\right)$，

直线 FA 的方程为 $y=\dfrac{\sqrt{k}(x-c)}{1-kc^2}$，于是 $B\left(-\dfrac{1}{kc},\dfrac{1+kc^2}{\sqrt{k}(kc^2-1)}\right)$.

由 B 是 AC 中点，得

$x_C=2x_B-x_A=-\dfrac{3}{kc}$，$y_C=2y_B-y_A=\dfrac{3+kc^2}{\sqrt{k}(kc^2-1)}$.

将 x_C,y_C 代入方程 $kx^2-y^2=1$，得 $k^2c^4-10kc^2+25=0$，

$k\left(1+\dfrac{1}{k}\right)=5$，解得 $k=4$. 所以双曲线方程为 $4x^2-y^2=1$.

38.（1）$x^2-\dfrac{y^2}{3}=1$　（2）$Q(\pm 2,0)$

39. (1) ∵ 四边形 $OFPM$ 是平行四边形,

∴ $|OF|=|PM|=c$.

作双曲线的右准线交 PM 于 H,则 $|PM|=|PH|+2\dfrac{a^2}{c}$. 又

$$e=\dfrac{|PF|}{|PH|}=\dfrac{\lambda|OF|}{c-2\dfrac{a^2}{c}}=\dfrac{\lambda c}{c-2\dfrac{a^2}{c}}=\dfrac{\lambda c^2}{c^2-2a^2}=\dfrac{\lambda e^2}{e^2-2},$$

故 $e^2-\lambda e-2=0$.

(2) 当 $\lambda=1$ 时,$e=2,c=2a,b^2=3a^2$,双曲线为 $\dfrac{x^2}{4a^2}-\dfrac{y^2}{3a^2}=1$,四边形 $OFPM$ 是菱形. 所以直线 OP 的斜率为 $\sqrt{3}$,直线 AB 的方程为 $y=\sqrt{3}(x-2a)$,代入到双曲线方程,得 $9x^2-48ax+60a^2=0$.

又 $|AB|=12$,由 $|AB|=\sqrt{1+k^2}\sqrt{(x_1+x_2)^2-4x_1x_2}$,得 $12=2\sqrt{\left(\dfrac{48a}{9}\right)^2-4\cdot\dfrac{60a^2}{9}}$,解得 $a^2=\dfrac{9}{4}$,则 $b^2=\dfrac{27}{4}$,所以 $\dfrac{x^2}{9}-\dfrac{y^2}{\dfrac{27}{4}}=1$ 为所求双曲线方程.

40. 由双曲线的定义可知,曲线 E 是以 $F_1(-\sqrt{2},0),F_2(\sqrt{2},0)$ 为焦点的双曲线的左支,如图 A.2,且 $c=\sqrt{2},a=1$,易知 $b=1$.

故曲线 E 的方程为 $x^2-y^2=1(x<0)$.

设 $A(x_1,y_1),B(x_2,y_2)$,由题意建立方程组

$$\begin{cases}y=kx-1,\\ x^2-y^2=1,\end{cases}$$

消去 y,得 $(1-k^2)x^2+2kx-2=0$.

由已知直线与双曲线左支交于两点 A,B,有

$$\begin{cases}1-k^2\neq 0,\\ \Delta=(2k)^2+8(1-k^2)>0,\\ x_1+x_2=\dfrac{-2k}{1-k^2}<0,\\ x_1x_2=\dfrac{-2}{1-k^2}>0,\end{cases}$$

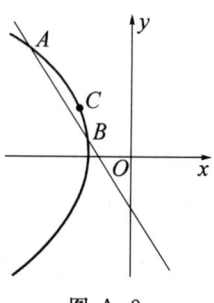

图 A.2

解得 $-\sqrt{2}<k<-1$.

又 $\because |AB|=\sqrt{1+k^2}\cdot|x_1-x_2|=\sqrt{1+k^2}\cdot\sqrt{(x_1+x_2)^2-4x_1x_2}$
$=\sqrt{1+k^2}\cdot\sqrt{\left(\dfrac{-2k}{1-k^2}\right)^2-4\times\dfrac{-2}{1-k^2}}=2\sqrt{\dfrac{(1+k^2)(2-k^2)}{(1-k^2)^2}}$,

依题意得 $2\sqrt{\dfrac{(1+k^2)(2-k^2)}{(1-k^2)^2}}=6\sqrt{3}$, 整理得 $28k^4-55k^2+25=0$,

$\therefore k^2=\dfrac{5}{7}$ 或 $k^2=\dfrac{5}{4}$. 但 $-\sqrt{2}<k<-1$, $\therefore k=-\dfrac{\sqrt{5}}{2}$.

故直线 AB 的方程为 $\dfrac{\sqrt{5}}{2}x+y+1=0$.

设 $C(x_C,y_C)$, 由已知 $\overrightarrow{OA}+\overrightarrow{OB}=m\overrightarrow{OC}$, 得 $(x_1,y_1)+(x_2,y_2)=(mx_C,my_C)$,

$\therefore (mx_C,my_C)=\left(\dfrac{x_1+x_2}{m},\dfrac{y_1+y_2}{m}\right), m\neq 0$.

又 $x_1+x_2=\dfrac{2k}{k^2-1}=-4\sqrt{5}$,

$y_1+y_2=k(x_1+x_2)-2=\dfrac{2k^2}{k^2-1}-2=\dfrac{2}{k^2-1}=8$,

$\therefore$ 点 $C\left(\dfrac{-4\sqrt{5}}{m},\dfrac{8}{m}\right)$.

将点 C 的坐标代入曲线 E 的方程, 得 $\dfrac{80}{m^2}-\dfrac{64}{m^2}=1$,

解得 $m=\pm 4$. 当 $m=-4$ 时, 所得的点在双曲线的右支上, 不合题意,

$\therefore m=4$.

C 点的坐标为 $(-\sqrt{5},2)$,

C 到 AB 的距离为 $\dfrac{\left|\dfrac{\sqrt{5}}{2}\times(-\sqrt{5})+2+1\right|}{\sqrt{\left(\dfrac{\sqrt{5}}{2}\right)^2+1^2}}=\dfrac{1}{3}$,

$\therefore \triangle ABC$ 的面积 $S=\dfrac{1}{2}\times 6\sqrt{3}\times\dfrac{1}{3}=\sqrt{3}$.

41. (1) 直线 l 的方程为：$y = -\dfrac{a}{b}(x-c)$.

由 $\begin{cases} y = -\dfrac{a}{b}(x-c), \\ y = \dfrac{b}{a}x, \end{cases}$ 得 $P\left(\dfrac{a^2}{c}, \dfrac{ab}{c}\right)$.

由 $|\overrightarrow{OA}|, |\overrightarrow{OB}|, |\overrightarrow{OF}|$ 成等比数列，得 $A\left(\dfrac{a^2}{c}, 0\right)$，有

$$\overrightarrow{PA} = \left(0, -\dfrac{ab}{c}\right), \overrightarrow{OP} = \left(\dfrac{a^2}{c}, \dfrac{ab}{c}\right), \overrightarrow{FP} = \left(-\dfrac{b^2}{c}, \dfrac{ab}{c}\right),$$

于是 $\overrightarrow{PA} \cdot \overrightarrow{OP} = -\dfrac{a^2b^2}{c^2}$，$\overrightarrow{PA} \cdot \overrightarrow{FP} = -\dfrac{a^2b^2}{c^2}$，

因此 $\overrightarrow{PA} \cdot \overrightarrow{OP} = \overrightarrow{PA} \cdot \overrightarrow{FP}$.

(2) 由 $a=1, b=2$，得 $c=\sqrt{5}, l: y = -\dfrac{1}{2}(x-\sqrt{5})$.

由 $\begin{cases} y = -\dfrac{1}{2}(x-\sqrt{5}), \\ x^2 - \dfrac{y^2}{4} = 1, \end{cases}$ 消去 x，整理得 $15y^2 - 16\sqrt{5}y + 16 = 0$.

设 $D(x_1, y_1), E(x_2, y_2)$，由已知有 $|y_1| > |y_2|$，且 y_1, y_2 是上述方程的两个根.

$y_1 + y_2 = \dfrac{16\sqrt{5}}{15}, y_1 y_2 = \dfrac{16}{15}, \dfrac{y_1}{y_2} + \dfrac{y_2}{y_1} = \dfrac{(y_1+y_2)^2 - 2y_1y_2}{y_1 y_2} = \dfrac{10}{3}$，解得 $\dfrac{y_2}{y_1} = 3$ 或 $\dfrac{1}{3}$.

又 $|y_1| > |y_2|$，得 $\dfrac{y_2}{y_1} = \dfrac{1}{3}$，因此 $\dfrac{|\overrightarrow{DF}|}{|\overrightarrow{DE}|} = \dfrac{y_1}{y_1 - y_2} = \dfrac{1}{1 - \dfrac{y_2}{y_1}} = \dfrac{3}{2}$.

42. (1) $F_1(1, 0), |AF_1| = |BF_2| = 2\sqrt{2}$. 设 $F_2(x, y)$，则

$$||AF_1| - |AF_2|| = ||BF_1| - |BF_2|| = 2a > 0.$$

去掉绝对值号有两种情况，分别得 F_2 的轨迹方程为 $x=1$ 和 $\dfrac{(x-1)^2}{8} + \dfrac{(y-2)^2}{4} = 1 (y \neq 0, y \neq 4)$.

(2) 直线 $l_1: x=1, l_2: y=x+m, D(1,4)$, 椭圆 $Q: \frac{(x-1)^2}{8} + \frac{(y-2)^2}{4} = 1$.

① 若 l_2 过点 F_1 或 D, 由 F_1, D 两点既在直线 l_1 上, 又在椭圆 Q 上, 但不在 F_2 的轨迹上, 知 l_2 与 F_2 的轨迹只有一个公共点, 不合题意.

② 若 l_2 不过 F_1, D 两点 ($m \neq -1, m \neq 3$), 则 l_2 与 l_1 必有一个公共点 E, 且点 E 不在椭圆 Q 上, 所以要使 l_2 与 F_2 的轨迹有且只有两个公共点, 必须使 l_2 与 Q 有且只有一个公共点.

把 $y=x+m$ 代入椭圆的方程, 整理得 $3x^2-(10-4m)x+2m^2-8m+1=0$,

由 $\Delta=0$, 得 $m=1\pm 2\sqrt{3}$.

43. 设 $M(x,y)$ 为曲线 C 上任一点, 曲线 C 的离心率为 $e(e>0, e\neq 1)$.

由条件①,②得 $\frac{\sqrt{x^2+y^2}}{|x-1|}=e$, 化简得

$$(1-e^2)x^2+y^2+2e^2x-e^2=0. \tag{1}$$

设弦 AB 所在的直线方程为

$$y=x+m, \tag{2}$$

式(2)代入式(1)整理后得

$$(2-e^2)x^2+2(m+e^2)x+m^2-e^2=0, \tag{3}$$

故 $2-e^2 \neq 0$, 可知 $e^2=2$ 不合题意.

设弦 AB 的端点坐标为 $A(x_1,y_1), B(x_2,y_2), AB$ 的中点 $P(x_0,y_0)$, 则 x_1, x_2 是方程(3)的两根.

$x_1+x_2 = -\frac{2(m+e^2)}{2-e^2}$,

$y_1+y_2 = (x_1+m)+(x_2+m) = -\frac{2(m+e^2)}{2-e^2}+2m$,

$x_0 = \frac{x_1+x_2}{2} = \frac{m+e^2}{e^2-2}$, $y_0 = \frac{y_1+y_2}{2} = \frac{(m+1)e^2-m}{e^2-2}$.

又中点 $P(x_0,y_0)$ 在直线 $x+y=0$ 上,

故 $\frac{m+e^2}{e^2-2} + \frac{(m+1)e^2-m}{e^2-2} = 0$, 解得 $m=-2$,

239

即 AB 的方程为 $y = x - 2$,方程(3)为

$$(2 - e^2)x^2 + 2(e^2 - 2)x + 4 - e^2 = 0,$$

它的 $\Delta = 8(e^2 - 2) > 0$,解得 $e^2 > 2$.

$$x_1 + x_2 = -\frac{2(-2 + e^2)}{2 - e^2} = 2, x_1 \cdot x_2 = \frac{4 - e^2}{2 - e^2}.$$

由 $|AB| = \sqrt{1 + k^2} |x_1 - x_2|$,得

$$AB^2 = (x_1 - x_2)^2 (1 + k^2) = ((x_1 + x_2)^2 - 4x_1 x_2)(1 + k^2),$$

即 $(2\sqrt{2})^2 = \left(2^2 - 4 \cdot \dfrac{4 - e^2}{2 - e^2}\right)(1 + 1^2)$,解得 $e^2 = 4 > 2$,将它代入式(1)得 $3x^2 - y^2 - 8x + 4 = 0$.

故所求的曲线 C 的方程为双曲线方程:$\dfrac{\left(x - \dfrac{4}{3}\right)^2}{\dfrac{4}{9}} - \dfrac{y^2}{\dfrac{4}{3}} = 1.$

44. (1) $F_1(-2, 0), F_2(2, 0), AB: y = \dfrac{\sqrt{3}}{3}(x + 2).$

代入 $x^2 - \dfrac{y^2}{3} = 1$,得 $8x^2 - 4x - 13 = 0$,

∴ $|AB| = \sqrt{1 + k^2} \cdot |x_1 - x_2| = 3.$

(2) 设 $A(x_1, y_1), B(x_2, y_2)$,且 $x_1 < x_2$,则 $|AF_1| = -a - ex_1$,
$|AF_2| = |AF_1| + 2a = 1 - 2x_1, |BF_2| = -1 + 2x_2$,

∴ $|AF_2| + |BF_2| = 1 - 2x_1 + (-1 + 2x_2) = 2(x_2 - x_1)$

$$= 2 \cdot \frac{3\sqrt{3}}{2} = 3\sqrt{3}.$$

∴ 周长 $= |AB| + |AF_2| + |BF_2| = 3 + 3\sqrt{3}.$

45. 设 F_1 为左焦点 $(-2, 0)$,则 $|PA| + |PF| = |PA| + |PF_1| - 2a$.

∴ 当 P, A, F_1 三点共线时,$|PA| + |PF|$ 最小,且最小值为 $|AF_1| - 2a = \sqrt{26} - 2\sqrt{3}.$

习题 2.c

1. 椭圆 $\dfrac{x^2}{6} + \dfrac{y^2}{2} = 1$ 的右焦点为 $(2, 0)$,所以抛物线 $y^2 = 2px$ 的焦

点为 $(2,0)$，则 $p=4$，故选 D.

2. 抛物线上任意一点 $(t,-t^2)$ 到直线的距离 $d=\dfrac{|4t-3t^2-8|}{5}=\dfrac{|3t^2-4t+8|}{5}$. 因为 $4^2-4\times 3\times 8<0$，所以 $3t^2-4t+8>0$ 恒成立. 从而有 $d=\dfrac{1}{5}(3t^2-4t+8)$，$d_{\min}=\dfrac{1}{5}\times\dfrac{4\times 3\times 8-4^2}{4\times 3}=\dfrac{4}{3}$. 故选 A.

3. B **4.** A **5.** $k=0,-1<b<1$ **6.** 32

7. (1) 由已知条件，得 $F(0,1)$.

设 $A(x_1,y_1)$，$B(x_2,y_2)$. 由 $\overrightarrow{AF}=\lambda\overrightarrow{FB}$，得 $(-x_1,1-y_1)=\lambda(x_2,y_2-1)$，

$$\begin{cases}-x_1=\lambda x_2, & (1)\\ 1-y_1=\lambda(y_2-1). & (2)\end{cases}$$

将式 (1) 两边平方，并把 $y_1=\dfrac{1}{4}x_1^2$，$y_2=\dfrac{1}{4}x_2^2$ 代入得

$$y_1=\lambda^2 y_2. \qquad (3)$$

联立式 (2)，(3)，解得 $y_1=\lambda$，$y_2=\dfrac{1}{\lambda}$，

且有 $x_1x_2=-\lambda x_2^2=-4\lambda y_2=-4$.

抛物线方程为 $y=\dfrac{1}{4}x^2$，求导得 $y'=\dfrac{1}{2}x$.

所以过抛物线上 A，B 两点的切线方程分别是

$$y=\dfrac{1}{2}x_1(x-x_1)+y_1, \ y=\dfrac{1}{2}x_2(x-x_2)+y_2,$$

即 $y=\dfrac{1}{2}x_1 x-\dfrac{1}{4}x_1^2$，$y=\dfrac{1}{2}x_2 x-\dfrac{1}{4}x_2^2$.

解出两条切线的交点 M 的坐标为 $\left(\dfrac{x_1+x_2}{2},\dfrac{x_1x_2}{4}\right)=\left(\dfrac{x_1+x_2}{2},-1\right)$，

所以 $\overrightarrow{FM}\cdot\overrightarrow{AB}=\left(\dfrac{x_1+x_2}{2},-2\right)\cdot(x_2-x_1,y_2-y_1)=\dfrac{1}{2}(x_2^2-x_1^2)-2\left(\dfrac{1}{4}x_2^2-\dfrac{1}{4}x_1^2\right)=0$，为定值.

(2) 由 (1) 知，在 $\triangle ABM$ 中，$FM\perp AB$，因而 $S=\dfrac{1}{2}|AB|\cdot|FM|$.

$$|FM| = \sqrt{\left(\frac{x_1+x_2}{2}\right)^2 + (-2)^2} = \sqrt{\frac{1}{4}x_1^2 + \frac{1}{4}x_2^2 + \frac{1}{2}x_1x_2 + 4}$$

$$= \sqrt{y_1 + y_2 + \frac{1}{2}\times(-4) + 4}$$

$$= \sqrt{\lambda + \frac{1}{\lambda} + 2} = \sqrt{\lambda} + \frac{1}{\sqrt{\lambda}}.$$

因为 $|AF|$, $|BF|$ 分别等于 A, B 到抛物线准线 $y=-1$ 的距离, 所以

$$|AB| = |AF| + |BF| = y_1 + y_2 + 2 = \lambda + \frac{1}{\lambda} + 2 = \left(\sqrt{\lambda} + \frac{1}{\sqrt{\lambda}}\right)^2.$$

于是 $S = \frac{1}{2}|AB| \cdot |FM| = \frac{1}{2}\left(\sqrt{\lambda} + \frac{1}{\sqrt{\lambda}}\right)^3$.

由 $\sqrt{\lambda} + \frac{1}{\sqrt{\lambda}} \geqslant 2$ 知 $S \geqslant 4$, 且当 $\lambda = 1$ 时, S 取得最小值 4.

8. (1) 当 $AB \perp x$ 轴时, 点 A, B 关于 x 轴对称, 所以 $m=0$, 直线 AB 的方程为 $x=1$, 从而点 A 的坐标为 $\left(1, \frac{3}{2}\right)$ 或 $\left(1, -\frac{3}{2}\right)$.

因为点 A 在抛物线上, 所以 $\frac{9}{4} = 2p$, 即 $p = \frac{9}{8}$.

此时 C_2 的焦点坐标为 $\left(\frac{9}{16}, 0\right)$, 该焦点不在直线 AB 上.

(2) **方法一** 当 C_2 的焦点在 AB 上时, 由(1)知直线 AB 的斜率存在, 设直线 AB 的方程为 $y = k(x-1)$.

由 $\begin{cases} y = k(x-1), \\ \dfrac{x^2}{4} + \dfrac{y^2}{3} = 1, \end{cases}$

消去 y 得 $\qquad (3+4k^2)x^2 - 8k^2 x + 4k^2 - 12 = 0.$ \hfill (4)

设 A, B 的坐标分别为 (x_1, y_1), (x_2, y_2),

则 x_1, x_2 是方程(4)的两根, $x_1 + x_2 = \dfrac{8k^2}{3+4k^2}$.

因为 AB 既是过 C_1 的右焦点的弦, 又是过 C_2 的焦点的弦,

所以 $|AB| = \left(2 - \frac{1}{2}x_1\right) + \left(2 - \frac{1}{2}x_2\right) = 4 - \frac{1}{2}(x_1+x_2)$, 且

$$|AB| = \left(x_1+\frac{p}{2}\right)+\left(x_2+\frac{p}{2}\right) = x_1+x_2+p,$$

从而
$$x_1+x_2+p = 4-\frac{1}{2}(x_1+x_2),$$
$$x_1+x_2 = \frac{2}{3}(4-p) = \frac{16}{9}, p = \frac{4}{3}.$$
$$\frac{8k^2}{3+4k^2} = \frac{16}{9},$$

解得 $k^2=6$,即 $k=\pm\sqrt{6}$.

因为 C_2 的焦点 $F'\left(\frac{2}{3},m\right)$ 在直线 $y=k(x-1)$ 上,所以 $m=-\frac{1}{3}k$,即 $m=\frac{\sqrt{6}}{3}$ 或 $m=-\frac{\sqrt{6}}{3}$.

当 $m=\frac{\sqrt{6}}{3}$ 时,直线 AB 的方程为 $y=-\sqrt{6}(x-1)$;

当 $m=-\frac{\sqrt{6}}{3}$ 时,直线 AB 的方程为 $y=\sqrt{6}(x-1)$.

方法二 当 C_2 的焦点在 AB 上时,由(1)知直线 AB 的斜率存在,设直线 AB 的方程为 $y=k(x-1)$.

由
$$\begin{cases}(y-m)^2=\frac{8}{3}x,\\ y=k(x-1),\end{cases}$$

消去 y 得
$$(kx-k-m)^2 = \frac{8}{3}x. \tag{5}$$

因为 C_2 的焦点 $F'\left(\frac{2}{3},m\right)$ 在直线 $y=k(x-1)$ 上,

所以 $m=k\left(\frac{2}{3}-1\right)$,即 $m=-\frac{1}{3}k$.

代入式(5)有
$$\left(kx-\frac{2k}{3}\right)^2 = \frac{8}{3}x,$$

即
$$k^2x^2 - \frac{4}{3}(k^2+2)x + \frac{4k^2}{9} = 0. \tag{6}$$

设 A,B 的坐标分别为 $(x_1,y_1),(x_2,y_2)$,则 x_1,x_2 是方程(6)的两根,

$$x_1+x_2=\frac{4(k^2+2)}{3k^2}.$$

由
$$\begin{cases} y=k(x-1), \\ \dfrac{x^2}{4}+\dfrac{y^2}{3}=1, \end{cases}$$

消去 y 得 $\quad (3+4k^2)x^2-8k^2x+4k^2-12=0. \qquad (7)$

由于 x_1,x_2 也是方程(7)的两根,所以 $x_1+x_2=\dfrac{8k^2}{3+4k^2}$,

从而 $\qquad \dfrac{4(k^2+2)}{3k^2}=\dfrac{8k^2}{3+4k^2},$

解得 $k^2=6$,即 $k=\pm\sqrt{6}$. 于是 $p=\dfrac{4}{3}$.

因为 $m=-\dfrac{1}{3}k$,所以 $m=\dfrac{\sqrt{6}}{3}$ 或 $m=-\dfrac{\sqrt{6}}{3}$.

当 $m=\dfrac{\sqrt{6}}{3}$ 时,直线 AB 的方程为 $y=-\sqrt{6}(x-1)$;

当 $m=-\dfrac{\sqrt{6}}{3}$ 时,直线 AB 的方程为 $y=\sqrt{6}(x-1)$.

方法三 设 A,B 的坐标分别为 $(x_1,y_1),(x_2,y_2)$.

因为 AB 既过 C_1 的右焦点 $F(1,0)$,又过 C_2 的焦点 $F'\left(\dfrac{2}{3},m\right)$,

所以 $|AB|=\left(x_1+\dfrac{p}{2}\right)+\left(x_2+\dfrac{p}{2}\right)=x_1+x_2+p$

$\qquad =\left(2-\dfrac{1}{2}x_1\right)+\left(2-\dfrac{1}{2}x_2\right),$

即 $x_1+x_2=\dfrac{2}{3}(4-p)=\dfrac{16}{9},p=\dfrac{4}{3}.$

由(1)知 $x_1\neq x_2$,

于是直线 AB 的斜率 $k=\dfrac{y_2-y_1}{x_2-x_1}=\dfrac{m-0}{\dfrac{2}{3}-1}=-3m,$

直线 AB 的方程是 $y=-3m(x-1)$,

所以 $y_1+y_2=-3m(x_1+x_2-2)=\dfrac{2m}{3}.$

又因为 $\begin{cases} 3x_1^2 + 4y_1^2 = 12, \\ 3x_2^2 + 4y_2^2 = 12, \end{cases}$

所以 $3(x_1 + x_2) + 4(y_1 + y_2) \cdot \dfrac{y_2 - y_1}{x_2 - x_1} = 0.$

联立解得 $m^2 = \dfrac{2}{3}$,即 $m = \dfrac{\sqrt{6}}{3}$ 或 $m = -\dfrac{\sqrt{6}}{3}$.

当 $m = \dfrac{\sqrt{6}}{3}$ 时,直线 AB 的方程为 $y = -\sqrt{6}(x-1)$;

当 $m = -\dfrac{\sqrt{6}}{3}$ 时,直线 AB 的方程为 $y = \sqrt{6}(x-1)$.

9. 设 $A(y_1^2, y_1), B(y_2^2, y_2), AB$ 的中点 $M(x, y)$,

则 $\begin{cases} x = \dfrac{1}{2}(y_1^2 + y_2^2), \\ y = \dfrac{1}{2}(y_1 + y_2) \end{cases} \Rightarrow \begin{cases} y_1^2 + y_2^2 = 2x, \\ y_1 + y_2 = 2y \end{cases} \Rightarrow 2y_1 y_2 = 4y^2 - 2x.$

$\sqrt{(y_1^2 - y_2^2)^2 + (y_1 - y_2)^2} = a \Rightarrow (4x - 4y^2)(4y^2 + 1) = a^2$

$\Rightarrow x = \dfrac{1}{4}\left(\dfrac{a^2}{4y^2 + 1} + 4y^2\right).$

令 $t = 4y^2 + 1$,则 $t \in [1, +\infty)$,

可证 $u = t + \dfrac{a^2}{t}$ 在 $(0, a]$ 上递减,在 $[a, +\infty)$ 上递增.

∴ 当 $a \geqslant 1$ 时,$u_{\min} = 2a$;

当 $0 < a < 1$ 时,$u_{\min} = 1 + a^2$.

因此,当 $a \geqslant 1$ 时,$d_{\min} = \dfrac{2a - 1}{4}$;

当 $0 < a < 1$ 时,$d_{\min} = \dfrac{a^2}{4}.$

点评 本题要求综合运用函数方程、不等式等有关知识,解决解析几何的范围、最值问题,强调代数方法的运用.

10. (1) 设直线 AB 的方程为 $y=kx+c$,
将该方程代入 $y=x^2$ 得 $x^2-kx-c=0$.

令 $A(a,a^2),B(b,b^2)$,则 $ab=-c$.

因为 $\overrightarrow{OA}\cdot\overrightarrow{OB}=ab+a^2b^2=-c+c^2=2$,解得 $c=2$,或 $c=-1$(舍去). 故 $c=2$.

(2) 由题意知 $Q\left(\dfrac{a+b}{2},-c\right)$,

直线 AQ 的斜率 $k_{AQ}=\dfrac{a^2+c}{a-\dfrac{a+b}{2}}=\dfrac{a^2-ab}{\dfrac{a-b}{2}}=2a$.

又 $y=x^2$ 的导数为 $y'=2x$,所以点 A 处切线的斜率为 $2a$,因此 AQ 为该抛物线的切线.

(3) (2)的逆命题成立,证明如下:

设 $Q(x_0,-c)$. 若 AQ 为该抛物线的切线,则 $k_{AQ}=2a$,

又直线 AQ 的斜率 $k_{AQ}=\dfrac{a^2+c}{a-x_0}=\dfrac{a^2-ab}{a-x_0}$,所以 $\dfrac{a^2-ab}{a-x_0}=2a$,

得 $2ax_0=a^2+ab$. 因 $a\neq 0$,有 $x_0=\dfrac{a+b}{2}$.

故点 P 的横坐标为 $\dfrac{a+b}{2}$,即点 P 是线段 AB 的中点.

习题 2.d

1. $(2,1)$ $4x-2y+3=0$

2. $(-4,4)$ $(-\infty,-4)\cup(4,+\infty)$ ± 4

3. $1:3$ 与 $1:-1$ $6x-2y+19=0$ 与 $2x+2y-1=0$

4. $a_{11}XX'+a_{12}(XY'+X'Y)+a_{22}YY'=0$

5. $5x+5y+2=0$

6. $\lambda\neq 9$ $\lambda=9$ 且 $\mu\neq 9$ $\lambda=\mu=9$

7. $3x-y=0$ $x+3y-10=0$

8. $\left(\dfrac{2}{3},-\dfrac{7}{3}\right)$ $y+1=0$ 与 $x+y+3=0$ $2x+y+1=0$

9. 4 -6

10. $a_{11}x^2 + 2a_{12}xy + a_{22}y^2 + a_{33} = 0$ $a_{11}x^2 + a_{22}y^2 + 2a_{23}y + a_{33} = 0$
$xy + \lambda = 0$ (λ 为参数).

11. **方法一** 设抛物线 $y^2 = 2px$ 的两条相互垂直切线的交点为 $M_0(x_0, y_0)$，那么过 M_0 的直线

$$\begin{cases} x = x_0 + Xt, \\ y = y_0 + Yt \end{cases}$$

与抛物线 $y^2 = 2px$ 相切的充要条件为

$$(XF_1(x_0, y_0) + YF_2(x_0, y_0))^2 - \Phi(X, Y)F(x_0, y_0) = 0,$$

这里 $F(x_0, y_0) = y_0^2 - 2px_0, \Phi(X, Y) = Y^2, F_1(x_0, y_0) = -p$，
$F_2(x_0, y_0) = y_0$，所以相切条件为

$$(-pX + y_0 Y)^2 - Y^2(y_0^2 - 2px_0) = 0,$$

化简得 $$pX^2 - 2y_0 XY + 2x_0 Y^2 = 0.$$

因为 $\dfrac{Y}{X} = k$，所以可用斜率表示为

$$2x_0 k^2 - 2y_0 k + p = 0,$$

又因为两切线相互垂直，所以它们的斜率 k_1 与 k_2 满足

$$k_1 \cdot k_2 = -1.$$

根据韦达定理知 $$k_1 k_2 = \dfrac{p}{2x_0},$$

所以有 $$\dfrac{p}{2x_0} = -1 \Rightarrow x_0 = -\dfrac{p}{2},$$

这就是 $M_0(x_0, y_0)$ 满足的充要条件，所以 M_0 的轨迹方程为

$$x = -\dfrac{p}{2}.$$

因此抛物线的两相互垂直切线的交点轨迹是一条直线，这条直线恰好是抛物线的准线.

方法二 利用抛物线的切线公式 $y = kx + \dfrac{p}{2k}$. 设两条垂直相交的切线为 $$y = k_1 x + \dfrac{p}{2k_1}, y = k_2 x + \dfrac{p}{2k_2},$$

其中 $$k_1 k_2 = -1.$$

由这三式消去参数 k_1, k_2，就得两切线交点的轨迹方程为

$$x = -\frac{p}{2},$$

12. 设在新坐标系 $x'O'y'$ 下的双曲线方程为
$$a'_{11}x'^2 + 2a'_{12}x'y' + a'_{22}y'^2 + 2a'_{13}x' + 2a'_{23}y' + a'_{33} = 0.$$
因为原点 O' 是曲线的中心,从而有
$$a'_{13} = a'_{23} = 0.$$
又因为 y' 轴为双曲线的渐近线,而它的方向在新坐标系内是 $0:1$,所以有
$$\Phi(0,1) = 0 \Rightarrow a'_{22} = 0,$$
所以双曲线在新坐标系下的方程为
$$a'_{11}x'^2 + 2a'_{12}x'y' + a'_{33} = 0.$$
又有
$$a'_{11} = I'_1 = I_1 = a_{11} + a_{22},$$
$$I'_2 = I_2 \Rightarrow -a'^2_{12} = a_{11}a_{22} - a^2_{12},$$
所以
$$a'_{12} = \pm \sqrt{a^2_{12} - a_{11}a_{22}}.$$
又
$$I'_3 = I_3 \Rightarrow \begin{vmatrix} a'_{11} & a'_{12} & 0 \\ a'_{12} & 0 & 0 \\ 0 & 0 & a'_{33} \end{vmatrix} = \begin{vmatrix} a_{11} & a_{12} & a_{13} \\ a_{12} & a_{22} & a_{23} \\ a_{13} & a_{23} & a_{33} \end{vmatrix},$$
所以
$$a'_{33} = \frac{\begin{vmatrix} a_{11} & a_{12} & a_{13} \\ a_{12} & a_{22} & a_{23} \\ a_{13} & a_{23} & a_{33} \end{vmatrix}}{\begin{vmatrix} a'_{11} & a'_{12} \\ a'_{12} & 0 \end{vmatrix}} = \frac{\begin{vmatrix} a_{11} & a_{12} & a_{13} \\ a_{12} & a_{22} & a_{23} \\ a_{13} & a_{23} & a_{33} \end{vmatrix}}{\begin{vmatrix} a_{11} & a_{12} \\ a_{12} & a_{22} \end{vmatrix}}.$$

13. (1) 设直径的共轭方向为 $X:Y$,那么直径为 $XF_1(x,y) + YF_2(x,y) = 0$,它通过点 (x_0, y_0),所以有
$$XF_1(x_0, y_0) + YF_2(x_0, y_0) = 0.$$
又因为点 (x_0, y_0) 为非中心点,所以 $F_1(x_0, y_0), F_2(x_0, y_0)$ 不全为零,故
$$X:Y = F_2(x_0, y_0) : -F_1(x_0, y_0),$$
因此过非中心点 (x_0, y_0) 的曲线的直径为
$$F_2(x_0, y_0)F_1(x,y) - F_1(x_0, y_0)F_2(x,y) = 0,$$

即
$$\begin{vmatrix} F_1(x,y) & F_2(x,y) \\ F_1(x_0,y_0) & F_2(x_0,y_0) \end{vmatrix} = 0.$$

(2) 以 (x_0, y_0) 为中点的弦就是(1)中直径的共轭弦,弦的方向就是直径的共轭方向,该方向为
$$X:Y = F_2(x_0, y_0) : -F_1(x_0, y_0),$$
所以以 (x_0, y_0) 为中点的弦为
$$\frac{x-x_0}{F_2(x_0,y_0)} = \frac{y-y_0}{-F_1(x_0,y_0)},$$
即 $F_1(x_0, y_0)(x - x_0) + F_2(x_0, y_0)(y - y_0) = 0.$

14. (1) $I_1 = 0$, $I_2 = \begin{vmatrix} 0 & 1 \\ 1 & 0 \end{vmatrix} = -1$, $I_3 = \begin{vmatrix} 0 & 1 & -2 \\ 1 & 0 & -1 \\ -2 & -1 & 5 \end{vmatrix} = -1,$

所以 $I_2 < 0, I_3 \neq 0,$

因此曲线为双曲线.

特征方程为 $\lambda^2 - 1 = 0,$

特征根为 $\lambda = 1$ 或 $-1,$

而 $\dfrac{I_3}{I_2} = 1,$

所以简化方程(略去撇号)为 $x^2 - y^2 + 1 = 0,$

从而实轴长 $= 2a = 2$,虚轴长 $= 2b = 2$.

(2) $I_1 = 1 + 1 = 2$, $I_2 = \begin{vmatrix} 1 & 1 \\ 1 & 1 \end{vmatrix} = 0$, $I_3 = \begin{vmatrix} 1 & 1 & 1 \\ 1 & 1 & 1 \\ 1 & 1 & \lambda \end{vmatrix} = 0,$

$K_1 = \begin{vmatrix} 1 & 1 \\ 1 & \lambda \end{vmatrix} + \begin{vmatrix} 1 & 1 \\ 1 & \lambda \end{vmatrix} = 2(\lambda - 1) < 0$ (因为 $\lambda < 0$),

所以曲线为两条平行线,它的简化方程(略去撇号)为
$$2y^2 + \frac{2(\lambda - 1)}{2} = 0,$$
所以 $y^2 = \dfrac{1-\lambda}{2} \Rightarrow y = \pm \dfrac{\sqrt{2(1-\lambda)}}{2},$

因此两平行线间的距离为

$$d=\sqrt{2(1-\lambda)} \quad (\lambda<0).$$

15. $I_1=0+8=8$, $I_2=\begin{vmatrix} 0 & 3 \\ 3 & 8 \end{vmatrix}=-9$,

$$I_3=\begin{vmatrix} 0 & 3 & -6 \\ 3 & 8 & -13 \\ -6 & -13 & 11 \end{vmatrix}=81,$$

因 $I_2<0, I_3\neq 0$,故曲线为双曲线.

特征方程为 $\lambda^2-8\lambda-9=0$,

解得特征根为 $\lambda_1=9, \lambda_2=-1$,

而 $\dfrac{I_3}{I_2}=-9$,所以曲线的简化方程为

$$9x'^2-y'^2-9=0.$$

为了画出曲线的图形,首先要求出 x' 轴与 y' 轴的方程并画出它们.

x' 轴的方向为简化方程中 x'^2 项的系数特征根 9 确定的主方向,即 $X_2:Y_1=3:9=1:3$.

y' 轴的方向为简化方程中 y'^2 项的系数特征根 -1 确定的主方向,即 $X_2:Y_2=-3:1$.

而 x' 轴的方向与 y' 轴的方向相互共轭,而且

$$F_1(x,y)=3y-6, F_2(x,y)=3x+8y-13,$$

所以两轴的方程分别为:

x' 轴:$-3(3y-6)+(3x+8y-13)=0\Rightarrow 3x-y+5=0$,

y' 轴:$(3y-6)+3(3x+8y-13)=0\Rightarrow x+3y-5=0$.

画出这两条轴,并且把简化方程化为标准方程

$$\frac{x'^2}{1}-\frac{y'^2}{9}=1,$$

然后按此方程在 $x'Oy'$ 中画图,如图 A.3 所示.

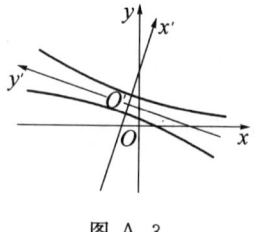

图 A.3

习题 3

1. 设 AC 交 EF 于点 S,则 $[A,C;O,S]=-1$,从而 $[PA,PC;PO,$

PS] $=-1$. 再结合 $PO \perp PS$, 不难得出 PO 平分 $\angle APC$. 同理, PO 平分 $\angle BPD$. 所以 $\angle APD = \angle BPC$.

2. 只需证 AD, BE, CF 交于一点即可.

3. 提示: 应用帕斯卡定理.

4. 设这个圆与外接圆的切点为 T, 并设 TD, TE 与外接圆的交点分别为 M, N, 则 CM 和 BN 都是角平分线. 对六点 B, T, C, M, A, N 应用帕斯卡定理即得结论.

5. 先证明如下彭赛列引理: 存在平面射影变换, 将圆变为圆, 而将指定的一点变为圆心. 事实上, 考虑复平面的变换
$$f(z) = \frac{(z+\bar{z}-2\sin\theta)-\cos\theta(z-\bar{z})}{\sin\theta(z+\bar{z})-2},$$
则 f 将直线仍变为直线, 且把单位圆 $|z|=1$ 仍变为单位圆, 但把圆内一点 $z=\sin\theta$ 变为原点.

6. 考虑以 AD 为射影轴的(平面)射影变换, 则 B 和 C, M 和 N 恰好是对应点.

7. 方法一 取两条公切线的交点 O, 则 A_1B_1 就是 O 关于 $\odot O_1$ 的极线, A_2B_2 就是 O 关于 $\odot O_2$ 的极线.

设 O 在 O_1O_2 上的投影为 Q, 点 Q 关于 $\odot O_1$ 的反演点为 P. 简单的计算表明, P 也是 Q 关于 $\odot O_2$ 的反演点. 这样, P 关于两个圆的极线重合, 都经过 O, 从而 O 关于两个圆的极线都经过 P, 即这三线共点于 P.

方法二 取两条公切线的交点 O 为原点, OO_1 和 OO_2 所在的直线为 x 轴和 y 轴. 可设 $O_1(d_1,0), O_2(0,d_2)$, 因此 O_1O_2 的方程为 $\frac{x}{d_1}+\frac{y}{d_2}=1$. 再设 A_1A_2 的倾角为 θ, 则 B_1B_2 的倾角为 $-\theta$. 由此可知 A_1B_1 的方程为 $x=d_1\cos^2\theta, A_2B_2$ 的方程为 $y=d_2\sin^2\theta$. 这三条直线显然交于一点 $(d_1\cos^2\theta, d_2\sin^2\theta)$.

8. 设 $\Gamma_1: \alpha\beta=\gamma^2, P(f_1(t)/f_3(t), f_2(t)/f_3(t))$, 其中 $f_i(t)$ 是关于 t 的至多二次的多项式. 现在, P 关于 Γ_1 的极线为
$$\beta(P)\alpha+\alpha(P)\beta=2\gamma(P)\gamma.$$
将 P 的坐标代入, 整理得到一个形如 $t^2u+2tv+w=0$ 的式子, 其中

251

u,v,w 都只是 x,y 的一次式. 可见, 这些极线都与二次曲线 $uw=v^2$ 相切.

9. 轨迹是一条二次曲线(注:若 A,B 不在 Γ 上, 则轨迹是高次曲线).

10. 不妨设 AB 平行于 x 轴, 则直接计算即可得出结论.

11. 取 Γ 与 Γ' 的四个交点, 每次取其中一对点的连线与剩下两点的连线相交, 如此得到三个交点, 它们所形成的三角形即是自共轭三角形.

习题 4

1. 参见 4.3 节例 2.

2. 利用光学性质, M 和 N 分别是焦点 F 关于 P 和 Q 点处切线的对称点.

3. 利用光学性质.

4. 参见 4.2 节例 1 的点评.

5. 利用彭赛列小定理.

6. 利用德萨格对合定理.

7. 设四个交点为 A,B,C,D, 并设抛物线的对称轴为 x 轴. 由德萨格对合定理可知, AB 与 CD 的斜率互为相反数, 这样 AB 的中点所在直径与 CD 的中点所在直径关于 x 轴是对称的.

8. 利用椭圆的参数方程直接计算.

9. 注意所给的四点都在椭圆 $\dfrac{x^2}{a^2}+\dfrac{y^2}{b^2}=1$ 上. 对这四点和无穷远直线应用德萨格对合定理, 这四点共圆当且仅当 D_1D_2 与 D_3D_4 的斜率互为相反数. 令 $C_i(\cos t_i, \sin t_i)$, 则这也等价于 C_1C_2 与 C_3C_4 的斜率互为相反数. 而这时的结论是明显的.

10. 利用彭赛列小定理.

11. 应用德萨格对合定理的退化情形.

12. 这三条线都经过焦点 F. 事实上, 焦点 F 关于三边的对称点 F_1,F_2,F_3 都在准线上. 过 F_1 作准线的垂线, 交 BC 于点 A', 则 A' 就是 BC 边上的切点. 由于 $\triangle ABC$ 是等边三角形, 外心 O 重合于垂心 H, 它也在准线上, 因此我们也可考虑准线关于 BC 的对称线, 即 FA'', 这里 A'' 是 A 的对径点. 不难看到, 若过 F 作 FA'' 的垂线与 BC 相交, 则交点

也是切点 A'. 因此 AA' 经过点 F. 同理,另两条线 BB' 和 CC' 也都经过点 F.

13. 利用抛物线的焦点在任意切线上的投影落在准线上.

14. 提示：一个焦点是 P. 参见 4.2 节例 6.

15. 结论是类似的. 只是焦点不再是 P.

16. 固定内接三角形的一条边,而令第三个顶点在抛物线上运动,观察外切三角形的运动情况.

17. 设 $A(a\cos t_1, b\sin t_1)$, $B(a\cos t_2, b\sin t_2)$, $C(a\cos t_3, b\sin t_3)$. 由原点到 AB 的距离为 1 可得出 t_1, t_2 之间的关系式,类似可得另两式,化简即可.

18. 设 F_1, F_2 为两个焦点. 利用光学性质,这事实上成为一道初中几何题：在 $\triangle AF_1F_2$ 中,设 $\angle F_1AF_2$ 的内角平分线和外角平分线分别交 F_1F_2 的中垂线于 B, C,求证：BC 是 $\triangle AF_1F_2$ 的直径.

由证明可见,这题的结论对于双曲线也是成立的,只需把短轴改为虚轴.

19. 令 A 在 AX 上运动. 考察 B' 向 AC 及 C' 向 AB 所作垂线的交点之轨迹.

习题 5

1. 只需验证 P 在三边的投影满足此方程.

2. 先求出九点圆和内切圆的方程(参见 F. C. Gentry, Analytical Geometry of the Triangle, *National Math. Magazine*, vol. 16, No. 3(1941), pp. 127—140). 然后取这两个方程的线性组合,得到一个新的方程. 这个方程所表示的实曲线恰好只有一个点,即切点.

3. 直接用三线坐标系进行计算即可,注意度量矩阵的应用.

4. 参考上题.

5. 只需证两个垂心到 l 的距离相等. 设 A_i 到 l 的距离为 u_i, B_i 到 l 的距离为 v_i, 则 $\triangle A_1A_2A_3$ 的垂心 H 到 l 的距离为

$$\frac{\sum u_i \tan A_i}{\sum \tan A_i},$$

同理,$\triangle B_1B_2B_3$ 的垂心 H' 到 l 的距离为
$$\frac{\sum v_i\tan B_i}{\sum \tan B_i}.$$

注意 $B_i=\pi-A_i$. 设 A_2A_3 与 l 的夹角为 θ_1,类似设 θ_2,θ_3,则
$$\frac{X_2X_3}{\sin A_1}=\frac{A_1X_3}{\sin\theta_2}=\frac{u_1}{\sin\theta_2\sin\theta_3},$$
这样
$$u_1\tan A_1=\frac{X_2X_3\sin\theta_2\sin\theta_3}{\cos A_1}.$$
同理
$$v_1\tan B_1=-\frac{X_2X_3\cos\theta_2\cos\theta_3}{\cos A_1},$$
这样
$$u_1\tan A_1+v_1\tan B_1=-X_2X_3,$$
从而得证.

6. 轨迹是基佩特双曲线.

7. 注意圆锥曲线 Γ 的对称轴方向的特征性质是:它与其共轭方向垂直. 设 P^* 为 P 的等角共轭点,则西姆森线 $w(P)$ 垂直于 OP^*. 再设无穷远点 P^* 关于 Γ 的极线为 m. 要证明 $w(P)$ 平行于 Γ 的一条对称轴,即 OP^* 平行于另一条对称轴,只需证明 $w(P)$ 平行于 m. 这可直接计算得到.

习题 6

1. 取 A 为原点,不妨设 $P=1,B=bx,C=\dfrac{c}{x}$,其中 b,c 为正实数,$|x|=1$. 又设 $M=mx$,m 为实数. 则由 $CM/\!/BP$,可得
$$\frac{\dfrac{c}{x}-mx}{bx-1}-\frac{cx-\dfrac{m}{x}}{\dfrac{b}{x}-1}=0,$$
解得 $m=c\left(bx+\dfrac{b}{x}-1\right)$,即 $M=c(bx^2+b-x)$. 因此,CM 的中点为 $E=\dfrac{1}{2}cb(x^2+1)$. 同理,BN 的中点为 $D=\dfrac{1}{2}bc\left(\dfrac{1}{x^2}+1\right)$. 明显地,$D-E$ 是纯虚数,因此 $AP\perp DE$.

2. 通过定比分点公式表示出 X,Y,Z,W 之后,直接计算交比即可.

3. 由已知可得
$$\frac{B-D}{A-D}=\frac{B-C}{A-C}\cdot i,$$
即 $(A-D)(B-C)\cdot i=(B-D)(A-C)$. 注意到恒等式
$$(A-D)(B-C)-(B-D)(A-C)=(A-B)(D-C),$$
就得到 $(A-D)(B-C)(1-i)=(A-B)(D-C)$. 两端取模长就得到要证的结论.

4. 取 O 为原点,并设外接圆半径为 1. 进一步,设直线 MN 的方程为 $tz-\bar{t}=0$,其中 $|t|=1$. 由于 O 关于 AB 的对称点为 $A+B$,因此直线 AB 的方程为
$$\frac{z}{A+B}+\frac{\bar{z}}{\overline{A}+\overline{B}}=1,\text{即}\ z+AB\bar{z}=A+B,$$
由此可得 $M=\dfrac{A+B}{1+ABt}$. 同理,$N=\dfrac{A+C}{1+ACt}$.

这样,BN 与 CM 的中点分别为
$$P=\frac{1}{2}\cdot\frac{A+B+C+ABCt}{1+ACt},Q=\frac{1}{2}\cdot\frac{A+B+C+ABCt}{1+ABt}.$$

要证明 $\angle POQ=\angle BAC$,只需证明 $2\angle POQ=\angle BOC$,即 $\left(\dfrac{Q}{P}\right)^2\cdot\dfrac{B}{C}$ 为实数.

令 $b=ABt,c=ACt$,则上式也等价于 $\left(\dfrac{1+c}{1+b}\right)^2\cdot\dfrac{b}{c}$ 为实数.

注意到 $|b|=1$,则 $\dfrac{(1+b)^2}{b}=b+\bar{b}+2$ 为实数,因此上式显然为实数.

点评 本题事实上是蝴蝶定理的一个变体. 换句话说,上述方法也可用来证明蝴蝶定理.

5. 取 P 为原点,并不妨设 $D=\dfrac{1}{A}, C=\dfrac{1}{B}$. 容易求得,$\triangle PAB$ 的垂心为
$$X=\dfrac{(A-B)(A\overline{B}+B\overline{A})}{A\overline{B}-B\overline{A}},$$
将 A 和 B 分别换为 $\dfrac{1}{A}$ 和 $\dfrac{1}{B}$,即得 $\triangle PCD$ 的垂心为
$$Y=-\dfrac{(\overline{A}-\overline{B})(A\overline{B}+B\overline{A})}{A\overline{B}(A\overline{B}-B\overline{A})}.$$
最后,求出 AC 与 BD 的交点为
$$Z=\dfrac{A(1-|B|^2)+B(1-|A|^2)}{1-|A|^2|B|^2}.$$
令 $t=\dfrac{A\overline{B}+B\overline{A}-2|A|^2|B|^2}{(A\overline{B}+B\overline{A})(1-|A|^2|B|^2)}$,则可以看出,
$$Z=tX+(1-t)Y,$$
即 X,Y,Z 三点共线.

6. 考虑完全四边形的密格尔点,并利用西姆森定理的逆定理.

7. 利用习题 3 第 7 题的结论.

8. 利用 6.3 节例 5 的结论.注意过点 P 的直线可设为 $z-P=t(\overline{z}-\overline{P})$,整理为 $\dfrac{z}{u}+\dfrac{\overline{z}}{\overline{u}}=1$ 的形式,则 $u=P-t\overline{P}$. 将之代入垂极点的公式,立即可看出,当 t 遍经单位圆时,垂极点 x 遍经一个椭圆,长短半轴长分别为 $1+|P|$ 和 $|1-|P||$,中心为 $\dfrac{1}{2}(s_1+P)$,即 P 与垂心连线的中点.